KB039615

RETHINKING THE BIG DATA SYSTEM

빅데이터 시스템론

빅데이터와 인공지능 시스템
설계를 위한 지침서

문영상 · 홍성문 · 윤형만 공저 / 박준호 감수

박영사

머리말

빅데이터와 인공지능 기술의 비약적인 발전으로 우리가 꿈처럼 생각했던 일들이 현실이 되고 있는 가운데 빅데이터를 기술적인 관점으로, 원점에서부터 다시 바라보아야겠다는 생각이 들었다. 수많은 디지털 기기가 인터넷에 연결되어 데이터가 생성되고 축적되어 이를 효과적으로 활용하는 기업만이 비즈니스의 세계에서 강자로 군림하고 있는 이때, 빅데이터를 공부할 수 있는 체계적인 교재가 없는 것이 매우 안타깝게 생각되었다.

디지털 기술을 떠나 인류학적 측면에서 인간과 문명을 바라보면 기록과 학습에서부터가 이 모든 것의 시작이 되었다고 생각한다. 데이터는 인문, 예술, 과학, 기술, 사회 등 다양한 부분을 포괄적으로 포함하고 있는 인류의 삶 그 자체라고 해도 과언이 아닐 것이다.

단언컨대 데이터는 과거에도 있었고, 현재도 있으며 미래에도 있을 것이다. 하지만 우리는 데이터의 실체를 이해하고는 있지만 시간이 지나면서 어떻게 변화될지는 현재로서는 아무도 모른다고 얘기하고 싶다. 데이터는 예술의 영역일 수도 있고 인문의 영역일 수도 있고 과학과 기술의 영역일 수도 있으며, 이 부분이 구체화된 논리적, 물리적인 영역일 수도 있다. 이것이 의미하는 바를 이해한다는 것은 어려운 부분이며 그 이유는 논리적, 물리적인 부분에서 예술과 인문 그리고 우리가 알고 있고 발전시켜 나간 그 모든 것이 미래의 데이터일 수도 있기 때문이다.

사실은 우리가 알고 있는 데이터는 극히 작은 부분만을 알고 있으며, 이 데이터가 의미하는 속성은 무엇이고 무엇을 지향하고 있는지는 최종적으로 독자 여러분께 맡기려고 한다. 결론적으로 본서를 읽는 동안 독자 여러분의 상상력을 넣어서 새로운 기술을 만들어 나가는 데 조금이나마 도움이 되었으면 한다.

본서는 총 8개의 PART로 구성되며 PART 01은 서론에 해당되고 데이터에 대한 이해에서부터 시작된다. PART 02~05는 데이터를 처리하는 기반 기술에서 하둡을 중심으로 한 에코 소프트웨어에 대한 기술을 심도 있게 소개하고 있다. 이후 PART 06~PART 08은 분석을 중심으로 한 인공지능 기술, 빅데이터 플랫폼의 운영과 함께 빅데이터 플랫폼을 이루는 원천 기반 기술에 대해서 다루고 있다.

우리가 익숙했던 정보기술은 데이터를 중심으로 한 학습으로 인간의 뇌를 모방한 방식으로 진화하고 있다. 기록과 학습이라는 행위로 파생되는 빅데이터와 인공지능 기술의 발전은 어디까지일지 아무도 모르지만 인간의 삶을 풍요롭게 만들어 주는 토양이 될 것이라는 것을 믿는다. 따라서 데이터와 그를 처리하는 기술을 이해하고 우리의 경험을 융합하여 인간이 풍요로운 삶을 영위할 수 있는 새로운 창조적 아이디어가 탄생하는 데 본서가 조금이라도 도움이 되었으면 하는 마음이 간절하다.

본서는 컴퓨터 과학이나 인공지능을 전공하는 학부 및 대학원생뿐만 아니라 빅데이터와 인공지능에 관심이 있는 모든 독자를 대상으로 하고 있다. 낯설고 어렵게만 느껴지는 빅데이터의 제반 기술들이 쉽고 재미있게 다가갈 수 있기를 기대해 본다. 끝으로 본서가 나올 수 있도록 많은 관심을 주신 숭실대학교 정보과학대학원 원생 여러분, 고려대학교 융합데이터과학대학원 박재성 선생님, 그리고 님버스테크 김길래 고문님, 박영사 대표님 그리고 임직원 여러분께 깊은 감사를 드린다.

2024년 8월

저자 **문영상, 홍성문, 윤형만**

최근 디지털 기술의 급격한 발전으로 대량생산 중심의 물질 경제에서 공유와 구독 중심의 디지털 경제로 경제의 패러다임이 변화하고 있습니다. 디지털 경제는 빅데이터와 머신러닝을 기반으로 한 인공지능 중심의 차세대 산업 생태계로 빠르게 진화하고 있습니다. 산업계는 물론 정부 및 공공기관 등도 이러한 변화에 발맞추어 빅데이터와 인공지능 기술을 경영활동과 고객 서비스 등에 활발하게 적용하고 있습니다. 선진 각국에서는 이미 빅데이터와 인공지능을 전략화하여 경쟁력 향상과 지속경영의 지렛대로 활용하고 있습니다.

이 책은 디지털 경영혁신의 핵심인 빅데이터에 대해 데이터의 이해에서부터 하둡을 중심으로 한 에코시스템까지 데이터를 처리하는 전 과정을 체계적으로 설명합니다. 빅데이터를 구성하는 원천인 원시 데이터의 유형과 수집, 변환 및 분석 과정을 실무적으로 다루며, 오픈소스 기반의 병렬처리 데이터 프레임워크인 하둡을 소프트웨어 구성과 함께 쉽게 설명합니다.

저자는 데이터 기술 분야에서 학술적 역량뿐만 아니라 실무 경험을 토대로 광범위하고 복잡한 개념들을 명확하고 쉽게 이해할 수 있도록 구성하였습니다.

이 책을 통해 독자들은 빅데이터를 이해하고, 실무적으로 활용할 수 있는 다양한 소프트웨어 도구를 배우며, 최신 기술과 트렌드를 통해 데이터 비즈니스 세계를 경험하고, 빅데이터와 인공지능 시스템을 설계하는 실무적 방법을 익히게 될 것입니다. 또한, 다양한 산업 현장에서 빅데이터 시스템을 실무적으로 매우 유용하게 활용할 수 있을 것입니다.

벨기에 화가 르네 마그리트의 1955년작 〈지평선의 신비〉에는 3명의 중절모를 쓴 신사와 각각의 초승달이 그려져 있습니다. 우주에 떠 있는 달은 하나지만, 사람들의 마음속에서는 서로 다른 여러 모습의 달이 존재할 수 있음을 표현한 것입니다. 데이터도 이와 같다고 할 수 있습니다. 누구에게나 공평하게 제공되는 데이터는 이를 활용하는 사람에 따라 그 효과성과 결과가 다르게 나타날 것입니다.

마치 황무지에서 숨겨진 금맥을 찾듯, 수많은 빅데이터 속에서 의미와 가치를 찾는 소중한 노력이 이 책과 함께하기를 권장합니다. 빅데이터와 인공지능을 이해하고 기술적으로 접근하여 우리가 꿈꿔왔던 일들을 가능하게 하는 실현서가 되기를 기원합니다.

이 책은 빅데이터와 인공지능의 밀접한 관계를 강조하며, 이 두 기술을 기반으로 한 새로운 데이터 경제를 준비할 수 있는 이론과 실무 지식을 균형 있게 전달합니다. 빅데이터와 인공지능의 세계로 여러분을 초대합니다. 지금 바로 이 책을 통해 데이터 혁명의 선두주자가 되시길 바랍니다.

현) 한국핀테크블록체인학회장, 한국산업융합학회장
동국대학교 경영대학장, 전문경영대학원장
이원부 학장

노석종 (주)지티지 부사장

이 책은 빅데이터를 처음 접하는 입문자부터 전문성을 높이고자 하는 실무자까지를 위한 종합적인 안내서입니다. 빅데이터의 이해에서부터 최신 데이터 융합 기술에 이르기까지 빅데이터 시스템의 전반적인 내용을 체계적으로 다루고 있습니다. 데이터 수집과 저장 기술부터 데이터 분석과 운영 관리까지, 각 주제를 깊이 있게 탐구하며 실용적인 지식을 제공합니다. 독자들은 빅데이터 시스템에 대한 종합적인 이해를 통해 분야의 전문성을 향상시킬 수 있을 것입니다. 실무자뿐만 아니라 이론적 기초를 다지고자 하는 학습자에게도 유익한 지침서입니다. 이 책과 함께 빅데이터의 세계로 한 걸음 더 나아가세요. 빅데이터의 세계로 나아가는 여정에서 이 책을 강력히 추천합니다.

김 산 키움증권(주) IT기획팀장

기술의 발전은 인간의 삶을 지속적으로 풍요롭게 변화시키고 있으며 그 풍요로움의 가치를 더욱 윤택하게 하는 것은 데이터라고 할 수 있습니다. 모든 금융회사가 초개인화된 마케팅을 위하여 치열하게 연구하고 서비스의 질을 개선할 수 있는 것은 바로 이러한 데이터의 힘입니다. 처음 금융회사의 전산실에 입사하여 일을 배울 때만 해도 데이터를 통해 업무를 지원하는 인력은 극소수에 지나지 않았고 도메인 지식을 바탕으로 현업들이 원하는 정보를 제공하는 정도에 지나지 않았으나 오늘의 금융회사는 경쟁하듯 디지털본부, 인공지능 본부를 신설하고 대규모의 데이터 과학자와 인공지능 전문가를 채용하는 것이 당연시되고 있습니다. 이들은 오래된 책처럼 아무도 열어보지 않고 쌓여만 있던 해묵은 데이터들로부터 새로운 가치를 찾아내고 모르고 지나쳤던 주요 비즈니스와의 상관관계를 해석하여 최고경영자의 의사결정을 도우며 신규 상품의 런칭을 더욱 성공적으로 이끌 수 있는 해법을 제시해 줍니다. 너무나 흥분되고 멋진 일이지 않을 수 없습니다. 이 책은 데이터와 인공지능을 통해 세상을 더욱 풍요롭게 만들고 싶어 하는 꿈을 가진 많은 학생들에게 방향성을 제시하고 전문가로 성장할 수 있도록 동기부여를 제공하는 훌륭한 가이드가 될 것입니다.

정상섭 코오롱베니트(주) DX사업본부장 상무

현재 DX 사업을 총괄하고 있으며 데이터 기술을 생각하는 저에게 이 책은 빅데이터 시스템의 모든 구성요소와 그 기술들에 대해서 체계적이고 구체적으로 기술하고 있는 훌륭한 바이블이라고 생각됩니다. 빅데이터 시스템을 처음 접하는 분들뿐만 아니라, 현업에서 활용하려는 전문가들에게도 핵심 개념과 최신 기술 동향을 이해하는 데 탁월한 길잡이가 될 것입니다. 이 책을 통해 빅데이터 시스템의 세계를 깊이 있게 탐구하시기를 바랍니다.

이주환 (주)아이티브릭 대표이사

빅데이터를 중심으로 한 인공지능 서비스가 우리의 삶에 많은 변화를 불러일으키고 있습니다. 또한, 기술의 대역폭이 커지면서 관련 기술을 익힐 수 있는 책이 부족하는 것을 느꼈습니다. 이 책은 데이터에 대한 기본적인 개념에서부터 우리가 알아야 할 기술 영역을 알기 쉽고 편안하게 익힐 수 있는 스토리 중심의 기술 서적이라는 생각이 들었습니다. 이 책을 통하여 빅데이터와 인공지능을 갈망하는 많은 개발자에게 좋은 지침서가 되었으면 하는 바람입니다.

박성우 (주)디엠아이시스템즈 전무이사

빅데이터와 인공지능 기술의 발전으로 많은 데이터가 생성됨에 따라 이를 효과적으로 분석하고 활용하는 능력이 중요해졌지만, 관련 기술을 습득하고 이해할 수 있는 책은 많지 않다는 것을 느끼게 되었습니다. 이 책은 데이터를 바라보는 관점부터 데이터 속성에 따른 다양한 분석 방법까지 보다 쉽게 설명하고 있습니다. 또한 빅데이터와 인공지능이 어떻게 우리의 삶과 사회를 변화시키는지에 대해 다루고 있으며, 스토리텔링 중심으로 설명되어 있어 데이터 처리 과정을 쉽게 이해하는 데 도움을 주는 좋은 길라잡이가 될 것입니다.

안종찬 (주)케이씨에이 이사/정보관리기술사

빅데이터의 시대에서 인공지능의 시대로 정보기술의 패러다임이 빠르게 변화하고 있습니다. 이 책은 4차 산업혁명의 기반이 되는 빅데이터 기술을 이해하고 실무적으로 적용할 수 있는 깊이 있는 지식을 제공해 주는 지침서라고 생각됩니다. 모쪼록 빅데이터와 인공지능 기술을 통해서 우리가 상상하는 꿈같은 일들을 실현하고 많은 개발자들에게 도움이 되는 지침서가 되기를 바랍니다.

신중철 더링크(주) 대표이사

저자는 빅데이터 분야에 풍부한 경험과 이론을 겸비한 이 분야 최고의 전문가입니다. 이 책은 빅데이터의 이해부터 수집, 저장, 처리, 분석, 운영 및 관리, 데이터 융합 기술까지 최신 빅데이터와 인공지능 시스템 구축에 필요한 핵심 지침과 기술을 종합적으로 제공합니다. 빅데이터 시스템 구축 시 여러 요소 기술이 서비스의 특성에 따라 호환성 및 가용성을 보장하는 아키텍처 설계가 중요하다고 할 수 있습니다. 오랜 기간 데이터 관련 사업을 해오면서 필요했던 기술이 광범위하게 포함되어 있는 것 같습니다. 이 책은 빅데이터 프로젝트를 성공적으로 수행하기 위한 혜안과 함께 빅데이터와 인공지능 시스템 설계 시 고려사항과 해결방안을 안내해줄 것이라 확신합니다.

김관년 (주)유웨이써치앤컨설팅 상무

오랜 기간 IT 업계에 종사한 경험을 바탕으로 IT 관련 인재영입회사를 운영하고 있으며, 정보기술의 트렌드를 넓은 시각에서 바라보고 늘 새로운 시각으로 보려는 노력을 하고 있습니다. 이 책은 데이터에 대한 초보적인 이해에서부터 시작하여 처리를 기반으로 기술 영역까지 광범위한 영역을 다루고 있습니다. 인공지능이 발전하고 생성형 인공지능 기술 등을 기반으로 하는 다양한 서비스가 쏟아져 나오고 있는 이때 시스템 관점에서 체계적으로 배울 수 있는 유익한 책이라고 생각합니다. 빅데이터를 시스템 관점에서 흥미를 유발하고 실무적 기술을 익힐 수 있는 책이라고 할 수 있습니다.

목차

Whatever you do, or dream you can do, begin it.
Boldness has genius, power and magic in it.

- Johann Wolfgang von Goethe

PART 01

빅데이터의 이해

OVERVIEW

학습 목표

빅데이터의 생성부터 데이터에 기반한 다양한 관점을 이해하고 정보기술 측면에서 수집, 저장, 처리, 분석의 단계별로 데이터에 대한 기술을 이해한다.

학습 항목

- 데이터의 생성을 중심으로 한 데이터의 속성의 이해
- 데이터와 데이터 간의 융합을 통한 산업의 발전
- 융합된 데이터의 발전을 중심으로 한 인식의 변화
- DIKW 이론의 이해

키워드

데이터, 빅데이터, 정형 데이터, 비정형 데이터

기술분류

인문학, 데이터과학, 정보기술

NOTICE

디지털 기술의 발전으로 인간의 연결성의 대역폭은 기하급수적으로 늘어나고 있으며, 이러한 연결성은 필수적으로 이전에 생각할 수 없었던 만큼의 많은 데이터를 생성하고 있다.

데이터는 우리의 삶 자체이며, 연결을 중심으로 한 인간의 상호작용 결과물이라는 측면에서 데이터를 이해하는 것이 옳을 것이다. 현대 사회에서 생성되고 활용되는 방대한 양의 데이터는 정보로서 가공되어 지식과 지혜로 재생산되어 다양한 산업 또는 업무와 융합하여 새로운 혁신적인 서비스를 창출하고 있다.

우리가 알고 있는 데이터는 정형과 비정형의 형태를 가지고 있으며 분류 방식으로 본다면 다양성을 포함하고 있다. 데이터는 그의 한계가 명확하게 존재하지만 속성적인 측면에서 본다면 단순하게 정의할 수 없을 만큼 포괄적이고 다양한 측면을 가지고 있다.

따라서 본서에서는 이러한 데이터를 정보기술적인 측면에서 이해하기 위해 병렬과 분산처리 기반의 하둡을 중심으로 시스템을 정의하고 처리, 분석 가공하는 것에 대한 기술적인 측면을 다루려고 한다.

CHAPTER 01

데이터의 생성

우리는 데이터를 얘기할 때 먼저 기록이라는 것을 생각하게 된다. 기록은 보존 또는 활용할 목적으로 어떤 사실을 적은 것을 의미하며, 이러한 기록은 다양한 형태로 작성되어 저장이 된다. 기록의 의미에 따라 역사적, 언어적, 미술적 관점을 가지고 있으며, 지식이라는 관점의 기술적 또는 생물학적인 측면에서 유전적 기록 등이 포함될 수 있을 것이다. 따라서 의미적 측면으로 본다면 인류학적 측면에서 접근해야 기록이라는 것을 정확히 이해할 수 있다.

그림 1-1 기록의 분류

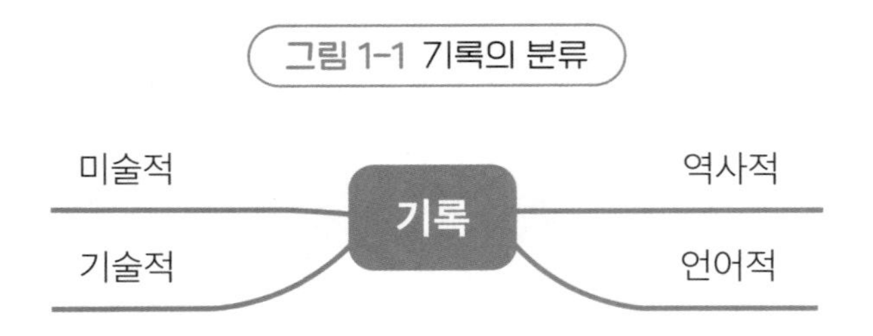

기록은 인류의 발전에 매우 중요한 영향을 미치며 문화적 또는 사회적으로 깊은 의미를 지니고 있다는 것을 우리는 알고 있을 것이다. 이러한 기록은 [표 1-1]에서 볼 수 있듯이 여러 종류가 존재한다. 따라서 기록은 역사, 언어 등 종류에 따라, 속해 있는 부분에 따라 각각 다양한 부분으로 영향을 미친 것을 알 수 있다. 하지만 기록은 경험과 지식 그리고 문화 등을 보존 전달한다는 의미는 같으며, 역할은 각각 의미하는 바가 다르다는 것을 알 수 있다.

특히, 생물학적 유전 정보는 인간이 부모로부터 물려받은 자연적 정보가 후대에게도 전달되어 지능, 본능 등 다양한 부분으로 표출이 된다는 것은 다양한 사례를 통하여 알 수 있다.

| 표 1-1 | 기록의 속성

기록의 종류	설명	의미	영향
역사	과거의 사건이나 상황	경험의 전달	경험의 학습
언어	말, 문서, 서적	지식의 보존	지식의 전달
미술	그림, 조각 등의 표현	예술의 전달	문화의 발전
기술	지식, 기술 기반	기술의 진보	기술의 혁신
생물	생물학적 유전자 정보	생물 다양성	종족의 보전

인류학적으로 최초의 기록을 유추해 보자면 선사 시대부터라고 할 수 있으며 인간이 그린 동굴의 벽화나 돌 등에 새겨진 상형문자 같은 것을 기록이라고 할 수 있다. 그 기록을 살펴보면 산과 강과 같은 풍경, 농사를 짓거나 동물을 사냥하는 모습 등의 일상 생활 또는 제사를 지내는 모습 등의 신앙 생활로 우리의 실제적인 생활과 밀접한 것들이 대부분이다. 그리고 고대나 중세로 넘어 오면서 문자가 발명이 되고, 이를 중심으로 매개체의 한 수단인 종이와 인쇄술을 통하여 기록은 비약적으로 발전하게 된다.

오늘날 디지털 기술의 발전으로 새로운 형태의 기록이 가능해지면서 기록의 수단은 지속적으로 변화, 발전하고 있으며 인류가 지금까지 축적한 모든 것을 데이터로 비유한다면 인터넷 이후에 축적된 정보가 그 이전의 정보보다 많다는 것을 알 수 있다. 기록은 보존의 측면이 아닌 학습의 단계로 그의 쓰임이 넘어가고 있으며 IT 기술과 결합하여 컴퓨터가 처리하고 이해할 수 있는 인공지능과 같은 지능 또는 지혜의 단계로 발전해 나가고 있다. 기록은 앞서 설명한 현상과 같은 사실을 기반으로 하는 것을 남기는 측면이었다면 데이터는 이해와 분석이라는 측면에서의 원시적인 정보를 의미한다는 것을 우리는 깨닫게 된다.

데이터는 정보를 나타내는 사실에 기반한 숫자, 문자 또는 이미지 등의 집합으로 정의할 수 있고, 그의 구성 형태에 따라 구조화 또는 비구조화되어 있으며 우리는 그것을 정형 또는 비정형 데이터라고 구분하고 있다.

그림 1-2 인간의 연결성

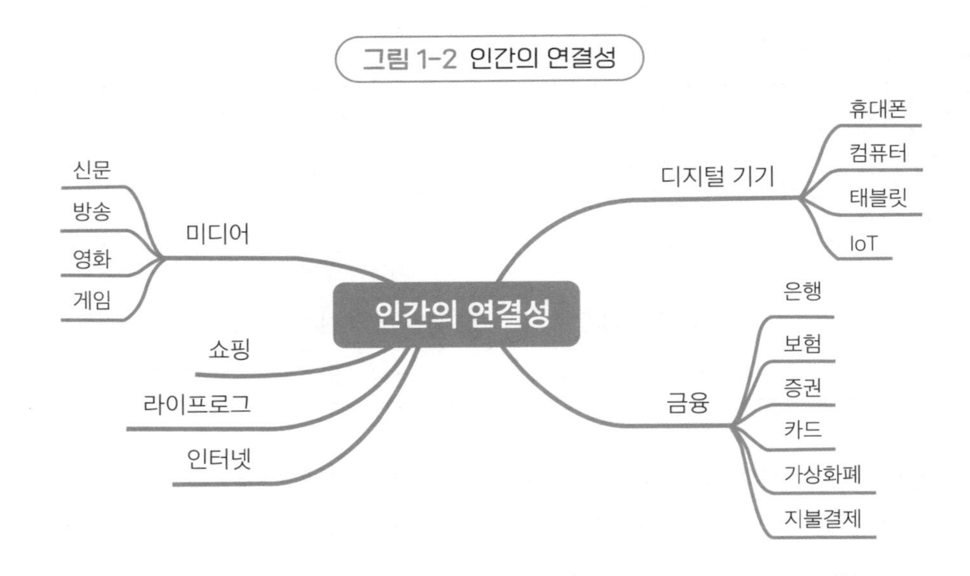

데이터는 문자, 숫자, 이미지, 동영상 등 다양한 형태로 되어 있으며 그 구분을 세분화할수록 복잡하고 다양한 형태로 존재한다. 정보기술의 발전으로 인하여 우리는 빅데이터와 관련된 연관 기술을 활용하여 수집, 저장, 처리, 분석하는 일련의 기술 세트를 빅데이터 기술이라고 할 수 있다.

1 데이터의 형식

데이터는 과거와 현재에도 생성되고 있으며 미래에도 끊임없이 생성되고 소멸될 것이다. 데이터의 생성 주체는 인간이며 정보를 수집하고 기록하는 데 사용되는 어떠한 값들의 모음이라고도 정의할 수 있을 것이다. 이러한 데이터가 디지털을 중심으로 한 정보기술과 융합하여 우리가 종래에 상상하지 못했던 혁신적인 서비스가 탄생하고 있다.

데이터는 다음과 같은 특징을 가지고 있다. 첫째, 데이터의 유형적인 측면에서 정형(Structured), 반정형(Semi-structured), 비정형 데이터(Unstructured) 등으로 구분된다.

1) 정형 데이터(Structured Data)

정형 데이터(Structured Data)는 구조화되고 고정된 형식의 데이터 형태를 가지고 있으며 테이블 형태로 구성되어 있는 특징을 가지고 있다. 데이터의 구조가 명시적으로 정의되어 있어 구조화된 형태를 가지고 있기 때문에 구조와 구성 요소들을 정의하여 사용하는 데이터베이스의 스키마에 따라 저장된다. 우리가 흔히 사용하는 관계형 데이터베이스에서 스키마를 설계한다는 것은 데이터의 속성에 따른 테이블, 필드, 관계 등에 대한 설계와 구조를 의미한다. 따라서 건물을 지을 때 설계 단계에서 사용하려는 용도에 따라 공간을 정의하고 각각의 기능에 맞는 형태로 틀을 정의해서 필요한 용로로 사용하게 되는 것과 매우 유사한 특징을 가지고 있다.

이러한 스키마는 물리적(Physical) 스키마와 논리적(Logical) 스키마로 구분되며 물리적 스키마는 데이터를 실제적으로 저장하는 방식을 정의하는 것이며, 논리적 스키마는 데이터의 논리적 구조를 정의하는 것이라고 할 수 있다. 이러한 스키마는 정형 데이터를 활용하기 위한 데이터베이스를 설계하고 구축하는 과정에서 매우 중요한 역할을 하며 정형 데이터의 특성상 데이터의 무결성을 유지하고 다양한 용도별 응용 소프트웨어에 의해 활용하는 데 필요한 규칙과 제약 등을 정의한다고 할 수 있다.

정형 데이터를 처리하기 위해서는 데이터는 표준화된 형식의 일관성이 있으며 쉽고 빠르게 검색하기 위해서 인덱스를 활용하며 인덱스를 통하여 검색과 연산에 있어서 빠르고 정확한 결과를 만들 수 있다. 하지만 데이터의 구조를 변경하거나 새로운 데이터의 속성을 추가하기 위해서는 제약이 존재할 수 있는 단점 또한 가지고 있다. 과거에는 주로 정형 데이터를 기반으로 활용하는 부분이 프로그래밍의 주된 기능이었다면 디지털 기술이 발전하면서 이와는 반대로 반정형 또는 비정형 데이터의 활용이 더욱 증가되고 있다.

2) 반정형 데이터(Semi Structured Data)

반정형 데이터(Semi Structured Data)는 일부 구조적인 특징과 함께 비구조적인 특징 또한 가지고 있는 형태의 데이터를 의미한다. 이러한 형태는 일반적으로 텍스트 기반의 형태로 하이퍼 텍스트 마크업 언어인(HTML; HyperText Markup Language) 또는 확장형 마크업 언어(XML; eXtensible Markup Language), JSON(JavaScript Object Notation) 등의 형태가 있다.

이러한 반정형 데이터의 특징은 정형 데이터와는 다르게 데이터의 구조를 변경하거나 추가하는 것이 수월하다. 데이터의 크기가 가변적이라 다양한 크기 또는 형태의 데이터를 처리하는 것이 용이하며 대용량 데이터를 처리하는 데도 유용하다. 하지만 분석 및 활용에 있어서 용도에 따라서 정형 데이터보다는 다소 용이하지 않은 특성 또한 가지고 있다. 이러한 데이터의 형태는 원천 데이터를 가공 및 활용하기 쉬운 장점이 있기 때문에 미국의 공공 데이터 플랫폼, 즉 www.data.gov와 같은 데이터 공개 플랫폼에서 많이 사용하고 있다.

3) 비정형 데이터(Unstructured Data)

비정형 데이터(Unstructured Data)는 데이터가 구조화되어 있지 않은 자유로운 형식을 가지고 있다. 이러한 데이터는 디지털 기술이 발전하면서 최근 생성되는 데이터의 70~80%가 비정형 데이터라고 할 수 있다. 따라서 이러한 데이터는 텍스트, 이미지, 동영상, 소리 등이 포함되며 각종 인공지능 서비스에서 원천 데이터로 활용이 되고 있으나 비구조화되어 있기 때문에 다양한 처리 및 분석이 어려울 수 있는 단점을 가지고 있다.

이러한 비정형 데이터는 종래의 정보기술로는 처리하는 데 많은 장애 요소가 있기 때문에 오픈소스 소프트웨어 재단에서 이러한 비정형 데이터를 수집, 저장, 분석을 용이하게 해줄 수 기능을 가진 소프트웨어가 많이 개발되고 있으며 머신러닝, 딥러닝 등의 기술 발전으로 활용적인 측면에서 빠르게 발전하고 있다.

비정형 데이터의 형태는 앞서 말한 텍스트 및 이미지, 동영상 중심의 원천 데이터였다면 그의 영역은 멀티 모달 기술의 발전으로 인해서 더욱 확장되고 있는 추세이다. 따라서 이러한 비정형 데이터의 수집 및 처리에 활용되는 기술이 향후 혁신적인 인공지능 서비스를 창출하는 데 있어서 매우 중요한 부분으로 활용될 것이다. 지금까지 데이터의 유형에 대해 살펴보았다. 데이터의 유형은 향후 활용적인 측면에서 빅데이터 처리 시스템을 설계할 때 중요한 부분으로 이에 대한 깊은 이해를 필요로 하고 있다. 뿐만 아니라 데이터의 생성 측면에서 센서 등을 기반으로 원천 소스 그리고 형식, 크기는 데이터의 가공 및 전처리, 보관, 법률적 개인정보의 포함 여부 등은 활용적인 측면에서 고려할 부분이 많이 있다.

2 데이터 처리

지금까지 빅데이터의 근간이 되고 있는 다양한 데이터의 형식에 대해서 알아보았다. 원천 데이터는 빅데이터 특징을 얘기할 때 흔히, 3V(Volume, Velocity, Variety) 등의 특징을 중심으로 복잡하고 다양한 처리 방법과 기술이 존재한다. 예를 들어, 돼지고기 600g을 구입했다고 가정하자. 돼지고기를 조리 방법에 따라 찌개, 볶음, 구이 등 다양한 요리로 만들어지며 이렇게 만들어진 요리도 야채, 양념, 조리 시간 등에 따라 각각 다른 맛을 내게 된다.

위의 돼지고기의 사례와 같이 데이터도 매우 유사한 특징을 가지고 있다. 소셜 네트워크 서비스(SNS; Social Network Service)에서 생성된 텍스트 기반의 데이터와 사진과 같은 이미지 데이터의 근원은 원천적으로 같다고 할 수 있다. 하지만 소셜 네트워크에 능동적으로 참여하는 개인들이 입력한 데이터를 수집하여 하나의 큰 데이터베이스에 저장하였다고 가정한다면 다음과 같이 활용할 수 있을 것이다. 이렇게 저장된 데이터를 활용적인 관점에서 본다면 개인의 취미, 성향을 분석하는데 사용할 수 있고 다양한 사람들의 데이터를 취합 분석하게 되면 어떠한 사실에 대한 긍정, 부정을 확인하는 용도로 활용할 수도 있으며 서적이나 음악, 상품을 선호하는 분석을 기반으로 연관된 서비스 및 제품을 개발하는 데 활용할 수 있을 것이다.

산업적인 측면에서 보면 트렌드에 민감한 여성의 연령별로 선호도가 높은 화장품을 개발하는 데 활용할 수도 있으며 고객의 취향을 분석하여 선호하는 브랜드와 제품을 분석하는 용도로 사용되기도 하고 제품의 취향을 반영하여 제조 공정에서부터 온라인 마케팅 서비스까지 전 영역에서 활용할 수 있을 것이다. 다시 말하면 앞서 예를 들었던 돼지고기와 데이터는 재료적 관점으로 보았을 때 같은 원천 재료라는 의미로서는 같을 수 있지만 이를 가공, 활용하는 측면에서 다양한 결과물이 발생될 수 있는 특징을 가지고 있다. 데이터를 어떻게 바라보고 이해하느냐에 따라 우리가 상상하지 못한 결과물이 만들어질 수도 있게 되는 것이다.

똑같은 돼지고기 600g을 요리하여 판매하는 두 식당이 있다고 생각하자. 돼지고기는 약 75%의 수분과 25%의 단백질로 구성된 식재료이며 이러한 식재료를 가지고 요리를 하면 어떤 음식점에는 손님이 아침부터 저녁까지 줄을 서서 먹으려고 대기하는 맛집이 되기도 하고, 손님이 한 명도 없는 음식점이 되기도 한다. 돼지고기를 가공하여 음식을 만들 때 불을 통해 열기를 조절하며 만드는 과정을 거친다. 이러한 과정에서 조리 방법은 목표로 하려는 음식에 따라 각각 다른 방법을 적용하여 최적의 요리를 만들 수 있게 되는 것이다. 즉, 요리를 배운다는 것은 "불을 배운다는 것이다."라는 말이 있다. 불의 세기에 따라 약 50~65℃는 부드러운 고기로 만들 때의 최적의 온도이며 65~80℃는 쫄깃한 고기를 만들 때 사용하는 온도이다. 이러한 가공 방법에 따라 목표로 하는 요리를 만드는 것이다. 데이터도 이와 같다고 할 수 있다.

다양한 데이터를 어떻게 가공하고 분석하느냐에 따라서 우리가 목표로 하는 분석 결과를 기반으로 혁신적인 서비스를 만들 수 있는 것과 매우 유사한 것이다. 최근 경제의 패러다임이 생산의 경제에서 구독의 경제로 넘어가고 있다. 생산의 경제 시대에는 제품을 만드는 제조업이 중심이 되었다면 구독의 경제는 실제 구매를 하지 않고 일정 기간 동안 비용을 지불하고 사용하게 되는 구독, 즉 빌려 쓰는 개념인 서브스크립션(Subscription)의 경제로 패러다임이 바뀌고 있다. 이것은 흔히 정수기를 구매하지 않고 일정 기간 계약한 후 월 또는 연 단위의 일정 기간의 사용료를 지불하는 방식을 의미한다. 또한, 자동차를 구입하지 않아도 필요로 할 때 애플리케이션 등의 서비스를 통하여 호출하여 사용할 수 있는 승차 공유 플랫폼인 우버 같은 글로벌 기업들이 등장하고 있는 것이 하나의 예가 될 수 있다. 이러한 기업은 기존의 대규모의 장치 산업과 같은 제조 기반의 기업이 아닌 고객에 관련된 다양한 데이터를 기반으로 서비스를 창출하는 우버와 같은 기업의 탄생을 의미하며, 이처럼 데이터를 기반으로 한 플랫폼 비즈니스 서비스를 중심으로 하는 기업이 점점 더 많아지고 있다.

따라서 이러한 시대에는 데이터를 보는 관점은 광범위하고 포괄적으로 정교한 이해가 수반되어야 하며, 이에 대한 데이터의 고려 사항 및 기술적 특징은 다음과 같다. 첫째, 빅데이터의 특징으로는 생성이라는 관점에서 데이터의 생성 속도라는 Velocity의 특징이 존재한다. 속도라는 관점은 데이터가 생성 속도를 의미하며 이를 인식하고 컴퓨터가 즉시 이해할 수 있는 상태라는 것을 또한 의미한다.

물론, 데이터 처리에서 속도적인 측면은 실시간(Real-Time)이라는 용어를 사용하지만 정확히 정의하면 실시간도 실제의 시간에 가까울 뿐이며 시계열로 볼 때 가장 최근 것을 의미한다고 할 수 있다. 따라서 실시간을 엄밀하게 얘기한다면 준실시간(Near-Real Time)을 의미하는 것이며 시계열적으로 지금은 아닌 것이 정확한 정의일 것 같다.

이러한 데이터의 속도적 측면, 즉 즉시성이라는 관점에서 적합한 것이 아마도 스트리밍 데이터 처리가 아닐까 한다. 스트리밍 데이터는 실시간으로 발생하는 데이터를 처리하기 위한 기술을 의미하며 데이터라는 관점에서 실시간이라는 단어를 대표하는 의미로 받아들일 수 있을 것이다. 이러한 실시간 데이터 처리는 다음과 같은 분석 기술을 필요로 한다.

1) 실시간 데이터 처리

실시간으로 발생하는 데이터의 수집은 빅데이터 관련 용어로 스트리밍 데이터 처리라고 하며, 빅데이터를 처리할 때 가장 중요한 요소 중 하나이다. 실제로 빅데이터 플랫폼을 구축할 때 실시간적으로 발생하는 데이터의 효율적인 수집 및 처리에 많은 자원을 소비하고 있다. 뿐만 아니라 데이터의 원천 소스 측면에서 사물인터넷과 같은 센서에서 발생하는 기계 기반 데이터일 수도 있고 인위적으로 인간이 생성하는 데이터일 수도 있을 것이다. 따라서 효율적인 데이터 연계를 통해서 연속적으로 유실 없이 수집, 저장할 수 있는 데이터 기반 매커니즘이 필요하게 된다.

그림 1-3 데이터의 배치 및 실시간 처리과정

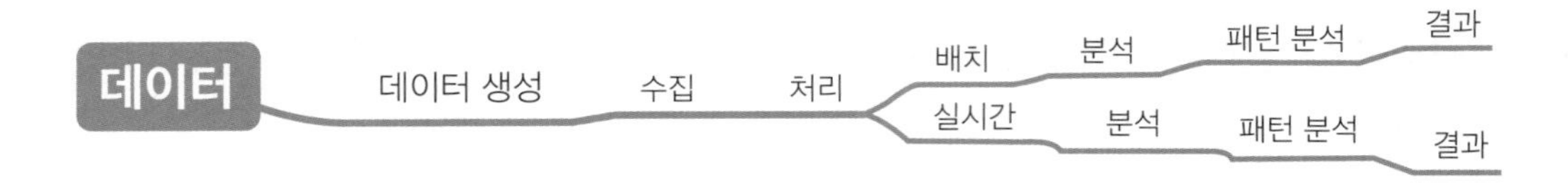

[그림1-3]에서 수집 및 처리 단계에서 구분되는 배치와 실시간 단계의 데이터를 빠르고 정확하게 저장하고 이를 컴퓨터가 이해할 수 있는 데이터로 처리한 후 분석 단계에서 단계별 데이터 패턴을 분석하여 결과를 도출하게 되는 과정이 필요한데, 이 과정에서 다양한 알고리즘을 기반으로 한 머신러닝과 같은 복잡한 분석 기술이 필요하다.

이러한 기능적 요소, 즉 많은 양의 데이터가 실시간적으로 발생하였을 때 효과적으로 이를 처리하기 위해서는 시스템적인 측면에서 분산과 병렬처리라는 기술이 필수적이라고 할 수 있다. 병렬처리와 분산처리는 기본적으로 데이터를 효율적으로 저장하고 처리하기 위한 기반 프레임워크적인 요소가 강하며 빠른 데이터 처리와 대용량 데이터를 효율적으로 처리하기 위해서는 이 두 가지 요소 기술을 결합하여 사용한다.

병렬처리(Parallel Processing)는 단일한 작업을 여러 개의 작업으로 나누어 동시에 처리하여 작업의 속도를 선형적으로 높이는 시스템에 최적화되어 있다. 이러한 병렬처리를 가능하게 해주는 요소로서 MPP(Massively Parallel Processing)와 같은 하드웨어 디바이스가 개발되어 효과적으로 적용 가능하게 해준다. MPP는 대규모 병렬처리를 위한 컴퓨팅 시스템 아키텍처를 의미한다. MPP는 분산처리(Distributed Processing) 기반으로 데이터 및 작업을 여러 시스템에 분산하여 처리함으로써 작업의 구조 및 워크로드를 분산시켜 결과적으로 전체 시스템의 성능을 향상시키는 결과를 가져온다. 따라서 MPP 시스템은 여러 개의 프로세서가 메모리를 갖고 분산하여 처리한다. 따라서 확장성이 손쉬운 특징을 가지고 있다. 빅데이터 기반 플랫폼은 이러한 병렬과 분산처리 기능을 결합하여 일체화된 시스템 환경으로 구현하는 것이 기본이라고 할 수 있다.

2) 배치 데이터 처리

수집 관점에서 다른 하나는 배치(일괄) 수집은 일정한 주기로 데이터를 수집하고 이를 정제, 가공이라는 단계를 거쳐서 분석에 적합한 형태로 데이터베이스와 같은 저장소에 저장하는 일련의 작업을 의미한다. 배치는 영문으로는 Batch를 의미하는 것으로 사전적인 의미로는 특정 주기와 양을 정의한 후 일괄적으로 처리하는 것을 의미한다. 이는 일정한 주기에 대한 정의, 즉 작업 스케줄링을 사전에 정의하고 이후 특정한 처리 형태를 기반으로 자동화된 기능을 통해서 처리하는 것을 의미한다.

이를 가능하게 하기 위해서는 첫째, 소스(Source)와 타깃(Target)이 명확하게 구분 정의가 되어 있어야 하며 소스의 원천 데이터의 속성을 기반으로 한 전처리, 즉 가공이라는 단계를 통해서 목표로 하는 타깃에 적재할 수 있어야 한다. 예를 들면, 은행의 업무 시간이 모두 종료된 후, 즉 대출 및 입금 등 다양한 하루의 은행 업무가 마감된 후 특정 시간이 되면 은행 메인 서버의 데이터베이스에 저장되어 있는 데이터를 분석이 가능한 정보계 시스템으로 데이터를 일괄적으로 추출, 전처리, 전송하는 작업을 배치처리라고 할 수 있다.

이러한 작업을 가능하게 하는 기능을 가지고 있는 소프트웨어를 흔히, ETL(Extract Transformation Loader) 소프트웨어라고 하며 이러한 소프트웨어의 기능은 목표로 하는 소스와 타겟 저장소에 저장되어 있는 데이터를 추출(Extract), 전송(Transformation), 적재(Loader)하는 기능을 가지고 있다. 과거에는 이러한 기능을 하는 소프트웨어가 주로 상용화된 소프트웨어를 사용하였지만 빅데이터 기반 소프트웨어가 발전함에 따라 오픈소스 기반의 소프트웨어가 보편화되어 사용되고 있다.

3 데이터 관점에서 기술적 요소

빅데이터 시스템은 다양한 활용 용도와 함께 복잡한 데이터의 구조를 함께 구성, 연결해야 하는 복잡한 기술적 특징을 가지고 있다. 이러한 연결은 인터페이스 관점의 데이터의 형태 및 소스에 따라서 다양한 기술적 관점의 연결 방식이 적용될 수 있다.

처리에 기반한 요소적 관점에서 데이터 양의 증가에 따른 처리를 유연하게 대응하기 위해서 확장 가능한 시스템 구조와 기술이 필요하다. 그것은 하둡(Hadoop) 및 NoSQL(Not Only Structured Query Language), 그리고 데이터베이스 기술을 통한 데이터 허브 및 레이크와 같은 데이터 기반 구성이라고 할 수 있다.

첫째, 데이터 허브는 데이터 저장 관점에서 기업이나 조직에서 다양한 소스로부터 데이터를 수집, 통합, 관리할 목적으로 이를 중앙 집중화하여 저장하는 플랫폼을 의미한다. 따라서 데이터 허브는 데이터를 중심으로 다양한 서비스 및 분석 업무를 담당할 수 있도록 해주는 중추적인 기능을 담당하기에 다음과 같은 특징과 목적을 가지고 있다.

1) 데이터 통합성

다양한 데이터 소스로부터 다양한 형태의 데이터를 수집하고 통합하는 기능을 의미하는 것으로 이에 해당하는 것은 정형, 비정형, 반정형 데이터 등 모든 데이터의 셋을 포함하고 있다.

2) 데이터 중앙화

데이터 허브를 통하여 다양한 활용 그룹이 사용 가능하도록 지원해주는 역할을 하기 때문에 집중된 데이터 중앙화 기능을 지원한다. 이러한 데이터 중앙화는 시스템적인 관점에서 효율 및 사용상의 편의성 등에 매우 중요한 기능 요소 중 하나이다.

3) 데이터 품질화

데이터를 통합하고 지원해주는 기능을 담당하고 있어 이는 MDM(Master Data Management), 즉 마스터 데이터 메니지먼트와 같은 기준 정보의 관리 그리고 품질 좋은 데이터를 공급하는 일관적인 기능을 제공해야 한다.

마스터 데이터 메니지먼트와 같은 기준 정보관리를 예로 들어 설명하면 표준화된 주소, 즉 서울시, 서울, 서울특별시는 동일한 서울이라는 도시를 데이터적 관리 측면에서 기준을 정하는 것을 의미한다. 이러한 서울이라는 도시의 명칭을 유사한 형태로 사용하더라도 데이터 관점에서는 통합적으로 기준 정보를 만들어 관리할 필요가 있으므로 이를 기준 정보, 즉 MDM(Master Data Management; 기준 정보 관리)라고 할 수 있다.

빅데이터를 구축할 때 서비스별 또는 업무 도메인별로 사용되는 명칭이 각각 다르게 부여되는 경우가 많이 존재한다. 이때 사전을 만들어 비슷한 용어 간의 정의가 필요한데, 이는 기준 정보관리의 한 예라고 할 수 있다.

4) 데이터 정의화

중앙 집중화되고 통합된 데이터 허브에 저장된 데이터는 활용적 측면에서 보안이 매우 중요한 부분이며 각종 규제 및 정책에 부합하며 안정성 또한 유지해야 한다. 이를 위해 초기에 빅데이터 플랫폼을 설계할 때 거버넌스 관점에서의 체계 확립이 중요하며 개인정보에 대한 처리, 데이터에 대한 보안 강화와 같은 측면의 다양한 정책척 고려가 필요하다. 이러한 데이터 기반 정책적 고려는 다음과 같은 요소를 포함하고 있다. 첫째, 데이터 관련 법규는 최근 인공지능 서비스가 활성화되면 지속적으로 규제 및 가이드 라인이 설정되고 있어, 이에 대한 모니터링 및 대응 또한 필요한 부분이라고 생각된다.

둘째, 빅데이터 플랫폼을 설계할 때 데이터 허브와 함께 자주 등장하는 것이 데이터 레이크(Data Lake)이다. 데이터 레이크는 다양한 데이터의 형식과 유형의 대용량의 빅데이터를 효과적으로 저장하고 업무 서비스 요건에 맞게 유연하게 처리 및 분석할 수 있는 저장소를 의미한다. 데이터 레이크는 대용량의 데이터를 저장 및 처리 가능할 수 있도록 확장성을 기반으로 한다. 이러한 확장성을 통하여 형식과 형태로 구애받지 않은 유연한 데이터 저장소의 역할을 제공하며 원본 데이터를 그대로 보존하여 필요한 요건에 맞도록 재가공할 수 있어야 한다. 따라서 쓰기의 관점이 아닌 읽기의 관점이 중요한 요소를 의미하며 쓰기 관점의 스키마의 준수 차원이 아닌 읽기 관점의 스키마에 적용하는 유연한 데이터 처리를 지원할 수 있어야 한다.

예를 들어, 10년 치의 메일을 가지고 있다고 가정해 보자. 10년 치의 메일은 아주 많은 양의 데이터일 뿐만 아니라 용도에 따라 사용의 관점에서도 차이가 있을 수 있다. 최근 1년 정도의 메일은 활용의 빈도가 빈번하고, 이전의 메일은 활용의 빈도가 떨어지지만 보관의 용도가 더 클 것이다. 물론, 이와 같은 요구사항을 충족하기 위해서는 물리적인 데이터 레이크보다는 정보 주기 관리(Life Cycle Data Management)와 같은 솔루션적 기반으로 접근하는 것도 현명할 것이다. 이러한 메일 데이터를 데이터 레이크로 구성하여 저장할 때는 사용 빈도에 따라서 하둡이나 NoSQL과 같은 효율적인 기술을 고려해야 할 것이다. 최근의 빅데이터 플랫폼 서비스의 경우 데이터 분석과 인공지능 기반의 머신러닝과 딥러닝 엔진을 융합하여 데이터 레이크와 함께 구축하는 것이 최근의 기술의 추세이다.

셋째, 데이터의 활용적 기능을 들 수 있다. 데이터의 활용적 측면은 수많은 빅데이터 속에서 저장된 데이터를 기반으로 유의미한 결과를 만들어 내거나 복잡한 데이터를 쉽고 빠르게 검색하고 탐색할 수 있는 기능을 의미한다. 물론, 다양한 머신러닝이나 딥러닝 기술을 사용하여 데이터셋 자체에 담긴 의미를 해석하고 분석하는 인공지능적 최신 기술에 대한 이해가 필요하다. 예를 들면 우리가 사용하는 일반적인 노트북에는 성능에 따라 다양한 저장 공간이 있다. 필자가 사용하는 노트북에는 약 1Tb 정도 용량의 저장 공간을 가지고 있으며 그 공간에서 내가 필요한 데이터, 즉 문서 하나 찾는 것도 쉽지 않다. 하물며 대용량의 서버 안에 담긴 엄청난 양의 데이터 중에서 내가 필요로 한 것을 찾기는 더 어려울 것이다.

단순히 원하는 문서를 찾는 기본적 기능에서부터 데이터를 분석하는 기술까지 살펴본다면 원하는 데이터를 찾고 이것을 분석하며 각종 서비스에 융합하는 일련의 기술적인 요소가 정보기술의 시스템적 측면에서 매우 중요한 부분으로 진화할 것이다. 이와 관련된 일련의 탐색 기술 또한 빠르게 발전할 것이다. 따라서 체계적인 데이터 관련 정책을 지속적으로 만들어 나가는 노력이 선행되어야 할 것이다.

데이터의 융합

데이터는 단일한 하나의 객체로 존재한다면 이용적인 측면에 가치가 떨어진다. 예를 들어, 온도라는 데이터가 시계열적으로 생성된다고 하자. 이렇게 생성된 온도 데이터는 활용적인 측면에서 의미 있는 결과를 만들어 내는 부분에서 협의의 정보만 생성할 뿐이다. 따라서 온도라는 데이터에 시간적인 시계열 데이터와 습도라는 부가적인 데이터를 융합하면 새로운 결과물을 만들어 낼 수 있을 것이다.

여기에서 새로운 결과물이란 시간이 지남에 따라서 온도의 변화를 예측할 수 있게 되고 습도라는 데이터를 융합하여 활용한다면 각종 산업에서 의미 있게 활용할 수 있을 것이다. 각종 산업이라고 하면 농업에서 식물이 효과적으로 생장하기 위한 환경을 유추해 볼 수 있을 것이며 인간이 생활하기에 쾌적한 상태를 유지하는 데 활용할 수도 있을 것이다. 따라서 데이터를 활용하는 측면에서 융합은 가장 핵심적인 부분이다. 빅데이터에서의 융합은 다양한 출처를 가진 데이터를 융합하여 기존에 관련 경험과 지식을 적용하고 확장하여 새로운 결과물을 창조하는 것이라고 정의할 수 있다.

다음 [그림 1-4]는 데이터의 융합적인 측면에서 금융, 제조 등 다양한 데이터적 관점에서 융합을 설명한 것이다.

그림 1-4 데이터의 융합

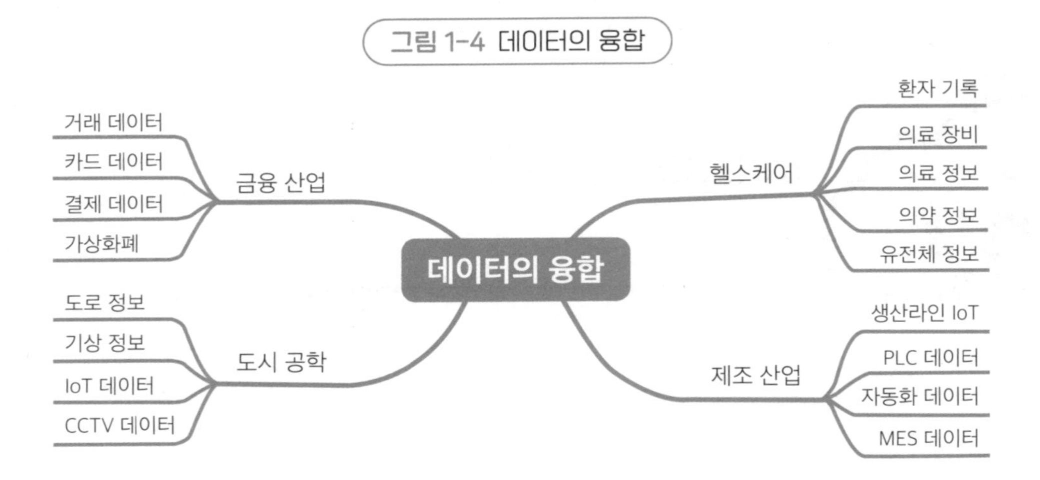

첫째로 금융 산업에 대해서 설명해 보도록 하겠다. 국내에 인터넷 기반 은행이 출현한 지 수년이 지났다. 그에 따른 비대면 금융거래, 가상 화폐, 지불 결제 등 다양한 기술기반의 금융 산업과 융합하여 새로운 변화를 맞고 있다. 과거 금융 산업에서의 데이터는 고객의 예금과 대출 정보를 기반으로 생성된 기본적인 데이터를 기반으로 하고 있었다. 하지만 각종 디지털 기술의 발전으로 단순 금융 거래 기반의 데이터뿐만 아니라 스마트폰과 같은 디지털 기술과 결합하여 세밀한 고객의 이력을 추적 분석이 가능한 형태인 디지털 데이터 히스토리를 기반으로 한 서비스로 발전하고 있다.

기존의 은행은 지점을 줄이며 디지털 기술을 기반으로 하는 비대면 서비스에 사활을 걸고 있고 각종 디지털 금융 서비스를 기반으로 하는 지불 결제 서비스와 융합하여 금융 사고를 미연에 방지하고 고객이 좀 더 편리하게 사용하기 위한 고객 위주의 서비스 창출을 통한 디지털 기반 은행으로 변신을 시도하고 있다. 이러한 금융 산업의 경쟁자는 앞으로 어디서 나타나게 될지 예측이 불가능한 상황이라고 할 수 있다.

둘째, 도시 공학적 측면에서의 연관 산업이 있을 수 있다. 도시 공학을 빅데이터적인 측면에서 보면 도시 인프라적인 요소에서 효율과 안전, 환경적 측면에서 기여하여 도시의 기능을 최적화하고 발전시키는 것이라고 할 수 있다. 이러한 측면에서 도시 공학은 디지털 기술과 융합하여 스마트 시티라는 키워드로 등장하고 있다. 이러한 도시 공학적 측면은 도시를 설계할 때부터 빅데이터를 활용하여 도시의 인프라 및 교통 체계, 주거 환경을 최적화하여 배치하고 이를 기반으로 도시 인프라를 효율적으로 설계하는 것이 스마트 시티의 첫걸음일 것이다.

또한, 도시의 혈관같은 역할을 수행하는 교통 데이터를 분석하여 차량의 체증 및 최적 경로 제공, 버스, 지하철과 같은 대중교통의 효율적인 연계 및 개선을 통해서 빠르고 정확한 교통 서비스를 제공하는데 목적이 있을 것이다. 그리고 도시 곳곳에 폐쇄회로 TV(CCTV; Closed Circuit Television) 및 각종 센서 등을 통하여 데이터를 수집하여 환경을 모니터링하여 각종 재난 발생 시 이를 효과적으로 예측 및 대응하는 것도 포함될 수 있다.

셋째, 데이터의 융합적인 측면에서 헬스케어 산업은 빼놓을 수가 없는 분야이다. 헬스케어를 의료 산업 측면에서 보면 환자의 각종 질환 및 의료 정보를 토대로 생물학적 유전적인 부분을 결합하여 어떤 질병에 걸릴 것인지를 사전 예측하고 이에 대한 효과적인 치료 방법을 제시하는 부분이라고 할 수 있다. 이러한 부분은 질병의 예측과 예방 그리고 개인 맞춤형 치료에 활용하고 환자의 특성에 맞는 의약품을 연구 개발하여 개개인이 건강한 생활 습관 등을 유도하는 것이라고 할 수 있다.

최근 디지털 기술의 발전으로 인간 게놈 분석, 유전자 가위 등 다양한 분야에 적용하고 있으며 데이터의 융합을 통해서 비약적으로 발전할 것이라고 예견하고 있다. 이러한 것을 가능하게 하는 것으로서 빅데이터의 의료 기록 데이터, 유전체 분석 및 생체 기반 센서, 바이오 인포메틱스, 머신러닝 기반의 데이터 활용 기술 등이 활용될 것이다.

넷째, 제조업 분야에서 다양한 생산 현장에서 생성되는 각종 데이터를 기반으로 인간의 개입 없이 생산현장이 효율적으로 스마트하게 운영될 수 있는 스마트 팩토리가 활성화되고 있다. 스마트 팩토리는 4차 산업혁명의 핵심이며 독일에서는 데이터 팩토리라는 용어로 활용되고 있다.

이 두 가지 용어의 차이점은 다음과 같다. 스마트 팩토리는 사물 인터넷 기술과 빅데이터 및 자동화 기술, 인공지능 등을 활용하여 생산 공정 및 시설을 최적화하고 지능화하는 시스템을 통칭해서 스마트 팩토리라고 한다. 하지만 데이터 팩토리와는 차이점이 존재한다. 데이터 팩토리는 스마트 팩토리보다 광범위한 부분을 담고 있다. 주로 물류, 제조 공정, 고객 데이터를 기반으로 데이터를 수집, 저장, 처리하고 분석하여 가치 있는 정보로 만들어 내는 부분을 담고 있다. 따라서 스마트 팩토리와 데이터 팩토리의 정의는 다양하겠지만 스마트 팩토리는 주요 대상이 제조업 기반 산업을 중심으로 하고 있으며 데이터 팩토리는 생산 공정이나 비즈니스 전략 전반에 활용하는 것을 중심으로 하고 있다고 할 수 있다.

| 표 1-2 | 데이터 팩토리와 스마트 팩토리의 차이점

특징	데이터 팩토리	스마트 팩토리
목적	광의의 데이터 수집, 저장, 처리, 분석을 통한 가치 있는 정보로 생성하는 일련의 시스템을 의미	협의의 자동화 및 빅데이터 기술을 활용한 제조 공정 및 시설 최적화 시스템을 의미
데이터 형태	생산, 물류, 공정, 고객 및 데이터 전반	생산 라인 및 센서 등 생산시설 기반 데이터
활용	생산 공정, 업무 재설계, 비즈니스 전략의 분석 및 활용 측면	빅데이터 및 인공지능 기반의 제조 단위 공정 최적화
적용	ERP, MES, Data Warehouse, 연구개발 등	공정, 로봇 등 생산 라인 자동화 등

데이터 팩토리는 산업 전반의 데이터를 처리, 분석하여 가치 있는 정보로 재생산하는 데 중점을 두고 있으며 스마트 팩토리는 실제 제조업 기반의 생산 시설의 최적화 및 연계를 통해서 생산성을 높이는 데 초점을 맞추고 있다. 데이터 팩토리는 4차 산업혁명 전반을 빅데이터와 인공지능, 클라우드 기술과 결합하여 이끌고 있으며 이러한 기술을 활용하여 혁신적인 서비스를 창출하고 있다. 4차 산업혁명의 데이터 기반 기업으로의 예로는 에어비앤비, 우버, 아마존 등과 같은 기업이 있다.

1 데이터 융합의 관점

우리가 데이터를 생각할 때 디지털로 대표되는 0과 1로 구성된 숫자화된 정보를 떠올린다. 앞으로 디지털 기술이 발전하면서 데이터는 그의 다양성 측면에서 대역폭이 넓어지고 깊이도 더욱 깊어질 것이다. 여기에서 대역폭의 의미는 정형, 비정형의 형태의 구분을 의미하며 깊이는 분석 단위의 깊이를 의미한 것으로 설명할 수 있다.

이러한 측면에서 데이터는 3V(Volume, Velocity, Veriety)라고 하는 측면의 양, 속도, 다양성과 함께 신뢰성, 가변성, 연결성이 결합하여 가치가 더욱 증대할 것이다. 이것은 빅데이터의 특성에 기반한 3V가 단순히 3V에서 끝나는 것이 아니고 데이터가 신뢰할 만한 것인지를 나타내는 신뢰성과 그것이 상호 연결되는 연결성 그리고 비정형적인 형식과 구조가 유연한 데이터의 가공이 수반되야 한다는 것을 의미한다.

이것을 우리는 융합이라는 키워드로 데이터를 설명할 수 있을 것이다. 그것은 [그림 1-5]에서와 같이 데이터의 특징을 기반으로 하는 3V와 정보의 신뢰성 측면에서의 Trust를 기반으로 보안, 가치, 유효성으로 표현할 수 있다.

그림 1-5 데이터 융합의 요소

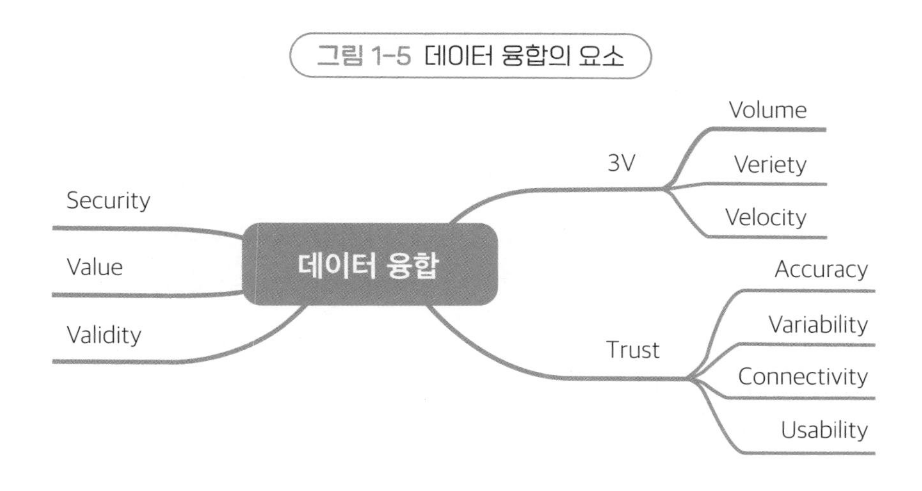

따라서 다양한 형태로 실시간적으로 생성되는 무수한 데이터 속에서 데이터의 융합을 창출하기 위해서는 다음과 같은 전제 조건이 필요하다. 전제 조건 중 하나가 데이터가 신뢰성을 기반으로 하고 있는지의 여부이다. 방대한 양의 데이터를 확보했다고 하더라도 신뢰성이라는 측면에서 결과에 대한 문제가 없는지의 여부를 의미한다. 인공지능의 학습적인 요소에서 신뢰할 만한 데이터의 활용은 분석 및 서비스 전반에 많은 영향을 끼친다. 그 이유는 신뢰성 측면에서 데이터에 대한 신뢰가 없는 데이터를 처리하여 인공지능 및 각종 모델이 학습하게 한다면 그의 결과물로서의 성능 및 평가 요소로서 측정을 했을 때 신뢰도에 대한 전반적인 부분까지도 다시 생각하게 된다. 따라서 다음과 같은 융합적 관점에서의 네 가지 요소를 고려해야 한다.

1) 정확성(Accuracy)

데이터의 수집에서부터 저장, 처리까지 적용된 일련의 단계에서 데이터의 부정확한 값을 통해 얻어지는 결과를 우리는 어떻게 이해해야 할까에 대해 고민하지 않을 수 없다. 특히, 스마트 팩토리와 같은 생산 공정에서 생성되는 각종 데이터의 값이 부정확하면 생산성에도 문제가 발생될 우려가 있고, 이러한 생산성은 제품의 수율 및 예지 보전 차원의 단위 기계의 오작동 등 다양한 문제를 만들어 낼 수 있기 때문이다.

또한, 부정확한 데이터를 통하여 데이터 분석하게 되면 이를 보정하는 분석 모델이라고 하더라도 더 많은 정상적인 분석 결과가 아닌 왜곡이 발생하게 된다. 이것은 앞서 돼지고기를 활용하여 요리할 때 원재료인 돼지고기가 부패되었거나 특정 요리를 만들 때 적합하지 않은 부위일 수도 있기 때문이다. 원재료에 따라서 특정 요리를 만들 때 적합하지 않을 수도 있다. 예를 들어, 삼겹살 부위를 가지고 돼지족발과 같은 요리를 할 수 없는 것처럼 말이다. 이러한 최종 결과물을 데이터에 비유하면 특정 용도에 맞는 분석 결과를 만들어야 하는데 그러한 결과를 만들기 위한 원천 데이터가 그에 부합하지 않을 수 있기 때문으로 볼 수 있다. 이를 볼 때 데이터 서비스와 음식을 만들 때가 비슷한 상황이라고 할 수 있다.

따라서 데이터를 분석할 때 원천 데이터의 품질적인 측면에 분석 결과에 대한 정확도가 어떠한지를 면밀하게 데이터 관점에서 품질적 측면을 살펴볼 필요가 있다. 또한, 일반적으로 블로그와 같은 포털 사이트에서는 개개인이 게시한 일반적인 자료의 경우 틀린 정보를 걸러내는 역할을 하는 자동 필터링 시스템 등을 도입하여 정보의 신뢰성을 높이는 데 활용하고 있기도 하다.

2) 가변성(Variability)

데이터는 생성 및 저장의 형태에 따라 정형과 비정형으로 나뉜다. 아마도 다양성 측면에서 데이터를 생성하는 디지털 기술이 발전할수록 비정형 데이터는 더욱 다양한 형태로 생성될 것이다. 일반적으로 사진과 같은 이미지 데이터를 분석해야 할 때 우리는 어떠한 단계를 거쳐야 할까를 생각해보면 이해하기 쉬울 것이다.

사진을 촬영하여 이미지를 생성한다. 그 후, 촬영된 이미지를 디지털 형태로 저장한다. 물론 사진에는 다양한 데이터가 이미 포함되어 있다. 예를 들면, 메타 데이터의 형태로 촬영일, 장소 정보, ISO 등 다양한 데이터가 함께 생성된다. 또한 이미지 데이터는 정해진 감도와 픽셀 단위로 저장되어 있을 것이다. 이러한 데이터를 기반으로 필요 부분을 바운딩 박스화하여 이미지 레이블링하여 인공지능의 학습용으로 사용하기도 한다. 또한 컴퓨터가 이해할 수 있도록 정해진 규칙에 의해서 픽셀을 재가공하여 다양한 분석 용도로 활용한다.

원천 데이터는 카메라에서 찍은 사진이고 이 안에 담겨진 다양한 정보를 데이터화하여 학습하거나 분석하기 위한 용도로 가공되는데, 이를 이미지 전처리라고 한다. 위 예와 같이 사진뿐만 아니라 음성, 소리, 문자와 같은 원시 초기 데이터가 데이터베이스에 저장되고 이를 활용하기 위해서는 컴퓨터가 처리 가능한 다양한 형태로 쉽게 가공 또는 변환되어야 한다. 이를 데이터의 융합적인 차원에서 가변성이라고 정의하고 있다.

3) 연결성(Connectivity)

분석에 활용하는 데이터는 단일 객체로서는 의미가 거의 없다. 데이터는 각각 분리되어 있지만 저장이라는 측면에서 구성하는 각각의 객체가 상호 연결되어 분석하려는 목적에 맞게 전치리되어 가공되어야 한다. 데이터 중에는 중심의 역할을 하는 노드(Node)와 연결되어 있는 또 다른 노드가 존재한다. 그리고 그것을 연결하는 연결선, 즉 엣지(Edge)가 존재한다. 따라서 데이터는 메인 역할을 데이터와 보조적인 역할을 하는 서브 데이터로 구성된다. 이는 소셜 네트워크 서비스 등과 매우 유사하기도 하며 그래프 이론과도 유사한 개념을 가지고 있다.

일반적인 사회나 조직에서도 메인 역할을 하는 사람이 있는 반면, 그 사람과 연결되는 다양한 사람들이 서로 존재하여 연결되는 것을 분석하는 것이 어떻게 보면 데이터들 사이에 존재하는 객체들 간의 상호 관계를 모델링하는 것도 비슷한 것이다. 따라서 빅데이터에서는 다양한 객체들 간의 관계성 분석을 통해서 사람과 사람 또는 사람과 상품들 간의 관계를 분석하여 마케팅에 활용하기도 하고 데이터들 간의 중심성 지표를 분석하여 정보를 전달하는 영향력 있는 구성원이 누구인지를 분석하기도 한다. 만약 데이터가 문자를 기반으로 하는 텍스트 데이터일 경우 추천 서비스와 같은 것에도 이용할 수 있게 되는 것이다. 다시 말하면 독립적인 데이터 객체는 데이터로서의 가치가 떨어진다. 많은 데이터들 사이에서 상호 연결성을 분석하게 되면 정확한 관계의 분석이 가능하기 때문에 데이터의 융합적인 측면에서 연결성은 매우 중요한 특징이라고 할 수 있다.

4) 활용성(Usability)

아무리 많은 데이터를 가지고 있다고 하더라도 이를 분석에 활용하거나 서비스에 접목하기 위해서는 데이터에 대한 심도 있는 이해가 밑바탕에 있어야 한다. 따라서 최근 인기 있는 직업 중에 하나인 데이터 과학자의 경우 금융, 제조, 유통, 포털 등 다양한 산업 도메인의 기본 지식 및 경험을 바탕으로 그 도메인에 맞는 데이터의 이해를 기본적인 소양으로 요구하고 있다.

동일한 원천 데이터를 가지고 있는 데이터베이스가 있다고 가정하자. 그러한 데이터를 금융에서 활용하자고 한다거나 유통에서 활용하고자 한다면 각각의 업의 특성에 맞는 업무를 이해하고 구현하려는 서비스의 목적에 따른 데이터의 해석이 이루어져야 한다는 것을 전제로 한다. 이러한 것을 분석이라는 대전제는 같을 수 있지만 그것을 활용하여 어떤 구성으로 어떠한 목적에 맞는 것으로 활용할지는 데이터가 아닌 업을 이해한다는 것이다. 따라서 최근 빅데이터 시스템을 구축할 때 데이터 레이크를 구성하여 데이터셋을 편리하게 활용하는 것을 전제로 한다. 이러한 데이터 레이크는 클라우드 기반의 시스템 구성을 활용하여 효율적으로 저장하고 분석하기 용이한 형태를 만든다.

이러한 시스템적 시도는 데이터의 활용성이라는 측면에서 한층 더 다가가는 시도라고 할 수 있으며 인공지능 지식이나 프로그래밍 등 코딩의 능력이 초보자일 경우도 쉽게 데이터에 접근하여 분석이 가능하도록 하는 것이다. 최근 ChatGPT와 같은 생성형 인공지능과 같은 경우도 많은 데이터를 학습하여 필요한 질문을 간단히 하면 원하는 해답을 답해 주는 프롬프트 엔지니어링이 데이터 활용성 측면에서 주요한 사례라고 할 수 있다.

지금까지 데이터의 융합적인 측면에서 주요한 네 가지에 대해 알아보았다. 그 외에도 활용적인 측면에서 데이터의 가치가 높은 것일수록 개인정보가 포함되어 있고 이러한 개인정보를 어떻게 처리하는지도 중요한 부분이라고 할 수 있다. 뿐만 아니라 데이터에 대한 보안과 유효성 또는 타당성 측면과 법적인 부분에서의 거버넌스에 기반한 정책 마련도 필요할 것이다. 따라서 데이터가 가지고 있는 3V의 특성을 이해하고 이에 따른 신뢰성 관점에서 다양한 요소를 기반으로 이를 보안적인 측면에서 접근하는 것이 옳은 접근 방법일 것이다.

데이터의 진화

진화라는 용어는 원래 생물학적 관점에서 과거에서 현재까지 걸쳐 변해온 과정을 의미한다. 과학이라는 관점에서 진보와도 비슷한 뜻을 가지고 있다고 할 수 있을 것이다. 이러한 진화를 데이터적인 관점에서 본다면 원천 데이터를 통해서 목표로 하는 분석 결과 내지는 서비스 등의 결과를 포함하는 일련의 과정 또는 프레임워크가 데이터의 진화적 관점이 아닌가 생각해 본다.

다양한 원천 데이터셋을 통해서 우리는 인공지능과 같은 사고(思考, Think)를 하고 만들어진 결론을 통해서 어떠한 결론, 즉 선택을 해나가는 것을 의미한다. 과거 정보기술이 정형 데이터를 기반으로 한 산술 중심의 계산이 중심을 이루었다면 지금의 정보기술은 계산의 영역을 넘어서 사고, 즉 생각의 영역으로 진화한다고 할 수 있다. 다음 [표 1-3]은 데이터 관점에서의 정보기술적의 진보를 설명한 것이다.

| 표 1-3 | 데이터 관점의 정보기술 진보

시기	데이터 수집	데이터 저장	데이터 처리	데이터 활용
정보기술 이전	수기	종이	수기	직관적 활용
초기	반자동화	마그네틱 기반	반자동화	보고서
현재	자동화	데이터베이스	자동화	검색 및 예측
미래	전자동화	양자 기반	전자동화	초인공지능

인류 최초의 컴퓨터라고 하는 에니악(ENIAC)이 발명되기 이전, 즉 정보기술 이전의 시대에 데이터는 수기로 작성되어 종이에 기록된 것을 의미했다. 이러한 데이터는 기록이라는 관점에서도 소실의 우려가 큰 불완전한 형태의 것이 대부분을 차지하였다. 컴퓨터가 등장하기 전까지는 데이터가 단순히 기록된 것을 남기는 것에 불과했다면 그 이후부터는 수기로 작성되었던 데이터를 자동화하기 위한 다양한 시도가 이루어졌다.

초창기 천공기의 등장으로 종이나 필름에 구멍을 내서 데이터를 입력하는 방식이 등장했고 디지털 기술의 발전으로 다양한 데이터화 입력 기술이 나오기 시작했다. 현재는 사용되지 않는 기술이지만 그 당시로는 유용한 데이터 입력 및 처리 도구였다는 것을 우리는 알 것이다. 그 후 데이터를 수집하여 컴퓨터 저장할 때 소프트웨어적으로는 ETL과 같은 수집 도구가 주로 배치 관점에서 사용되었고 오픈소스 소프트웨어의 발전으로 다양한 실시간 데이터 수집 및 처리 도구들이 등장하였다.

뿐만 아니라 하드웨어적으로도 마그네틱 기반의 테이프, 플로피 디스크, 하드디스크 등이 보편적으로 사용되었으며, 기술의 진보에 따라 SSD(Solid State Drive)와 같은 반도체 소자를 활용한 저장 방식의 매체도 지속적으로 발전하고 있다. 현재 빅데이터와 인공지능 기술의 급속한 발전으로 다양한 형태를 데이터화하는 멀티모달 기술도 출현, 적용하고 있다. 따라서 모션, 행위, 소리 심지어는 우리가 입으로 느끼는 맛 같은 경우에도 데이터화가 가능할 것으로 보인다.

그림 1-6 데이터화할 수 있는 대상

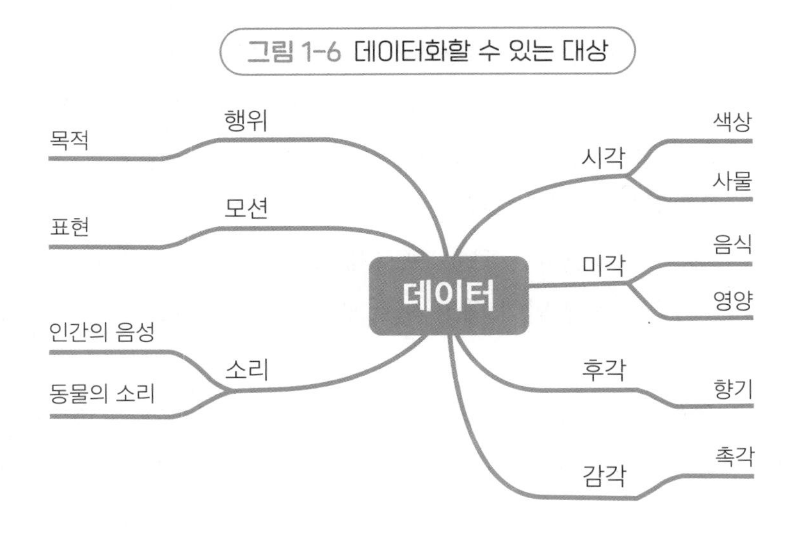

분석과 정보기술의 관점에서 데이터화는 매우 중요한 부분 중 하나이다. 정보기술의 초기에는 데이터화는 주로 컴퓨터가 이해하는 부분에 초점이 맞춰져 있었다면 지금의 데이터화는 생성이라는 관점에서 인간이 주로 표현하지 못하거나 디지털화하지 못하는 것에 초점이 맞춰져 있다.

디지털화가 어려운 것은 우리의 주변에도 많이 존재한다. 검은색으로 예를 들어 보자. 검은색은 하나의 색깔을 나타내지만 그중에도 흐린 검정, 진한 검정 등 우리가 언어나 문자, 감각으로 표현하지 못하는 수많은 아마도 무한대에 가까운 색깔이 존재하지 않을까 생각한다. 이러한 부분이 모두 데이터화가 된다면 우리가 표현하려는 다양하고 복잡한 형태의 원하는 색깔을 모두 표현하고 분석할 수 있을 것이다. 이외에도 후각에서 느끼는 냄새, 그리고 음식의 맛 등 모든 것이 데이터화되는 날이 올 것이며 컴퓨터는 이를 기반으로 혁신적인 서비스가 출현할 것이다.

정보기술적 측면에서 데이터화는 특징적인 측면에서 다음과 같은 과정을 포함하고 있다. 첫째, 데이터화 기술은 다양한 객체를 모두 전자적인 형태로 변환하여 수집, 저장, 처리할 수 있는 과정을 포함하고 있으므로 아날로그 방식의 저장 방식보다 디지털 기술적인 측면이 더욱 빠르고 많은 양의 데이터를 효과적으로 저장하는 기술적 특징이 존재한다. 정보기술의 진보적인 측면에서 데이터베이스 그리고 하둡(Hadoop)과 NoSQL 기술의 출현으로 인하여 인공지능 등 첨단 서비스가 더욱 빠르게 발전할 수 있었다는 것을 부인할 수 없을 것이다.

둘째, 데이터의 공유적인 측면에서 특징이 있다. 디지털화되어 있는 각종 데이터는 많은 사람과 공유하고 협업을 가능하게 하는 특징을 가지고 있다. 이것은 데이터를 단순하게 바라보는 것이 아니라 360°적인 관점에서 바라보고 심도 있는 분석을 통해서 다양한 부분에 활용이 가능하게 하는 측면을 의미한다.

셋째, 데이터 자동화의 특성을 통한 인간의 업무를 대체하고 반복적인 업무에 대한 실수를 획기적으로 개선하는 로봇 프로세스 자동화, 즉 RPA(Robotic Process Automation)와 같은 기술이 도입되어 쉽고 빠르게 인간의 업무를 대체할 수 있게 되었다.

이러한 반복적으로 진행되는 업무의 관련 데이터가 정교하게 구축되어 있으면 우리의 업무는 더욱 단순하고 반복적으로 디지털 기술이 이를 대체할 것이다. 따라서 데이터화적인 측면에서의 자동화는 매우 빠르고 발전할 수밖에 없는 요소이다.

이처럼 데이터화에 대한 세 가지 특징에 대해서 알아보았다. 데이터화는 단순하게 아날로그화되어 있는 객체를 디지털화한다는 측면을 넘어서 활용적인 측면에서 매우 큰 의미를 가지고 있다고 할 수 있다.

1 사고(思考)로 진화하는 데이터

사고한다는 것은 생각한다는 것을 의미한다고 한다. 하지만 엄밀하게 말하면 사고와 생각은 다르다고 할 수 있다. 따라서 빅데이터를 기반으로 하는 인공지능은 생각보다는 사고에 가깝다고 할 수 있다. 사고는 방대하고 다양한 데이터를 기반으로 분석, 이해하여 그것을 바탕으로 추론을 통해서 문제를 해결하는 인지적 과정을 의미한다고 할 수 있다. 하지만 생각은 주관적인 감정, 상상 등 추상적인 부분도 포함할 수 있기 때문이다. 어떠한 문제를 해결하기 위한 과정 또는 방법을 알고리즘이라고 하고 알고리즘을 통해서 인공지능이 탄생했다고 할 수 있다.

인간이 태어나서 걸음마를 배울 때 넘어지기도 하고 일어서기를 반복하며 다리에 힘이 생기고 한 걸음 한 걸음을 내디디면서 점점 익숙하게 걸을 수 있게 된다. 이러한 과정에서 얻는 지식, 즉 넘어지거나 일어서면서 얻는 사실적인 경험적 지식이 내재화되면서 달리기도 할 수 있게 되는 것처럼 이러한 모든 경험적 모든 과정이 사고를 가능하게 해주는 것이다. 데이터는 이제 계산의 영역에서 합리적인 사고를 가능하게 하는 영역으로 진보하고 있다.

사고의 종류에는 첫째, '논리적인 사고', 둘째, '창의적인 사고', 셋째, '비판적인 사고', 넷째, '경험적인 사고' 등이 있다. 이렇게 사고하는 것을 데이터로서도 가능하다는 것이다. 세상의 모든 인간의 삶, 그리고 비즈니스는 위의 네 가지 요소를 결합하여 만들어지는 것이라고 할 수 있다. 논리적인 사고는 프로그래밍처럼 철저한 로직에 의해서 구현되는 것을 의미하며, 창의적 사고는 세상에 존재하지 않는 새로운 서비스 내지는 편리함을 뜻하는 것으로 볼 수 있고, 비판적인 사고를 통해서 기존의 것이 발전하는 토대를 마련할 수 있을 것이다. 또한 경험적 사고를 통해서 우리가 행했던 모든 일들에 대한 합리적인 결과를 유추해 낼 수도 있게 되는 것을 의미한다.

그림 1-7 사고의 종류 및 처리

비판적	사고(思考)	논리적
경험적		창의적

데이터 알고리즘 사고 선택

이러한 것을 가능하게 하기 위해서는 컴퓨터가 이해할 수 있고 효과적인 학습이 가능하도록 데이터의 패턴을 이해하고 패턴에 기반한 알고리즘을 정의한 후 그의 결과를 통해 가장 효율적인 선택을 하게 만드는 것이다. 데이터가 합리적인 사고로 발전하기 위해서는 다양한 기술 요소가 필요하지만 지속적으로 오픈소스 소프트웨어와 같은 소프트웨어적 생태계가 발전해야 할 것이고 이와 더불어 깨끗하고 투명하고 신뢰성 있는 데이터 생태계 또한 구축되어야 할 것이다.

2 데이터 기반 선택

어떠한 행위를 한다는 것은 선택이라는 것과 맥을 같이 한다. 오늘 아침에 일어나 출근 준비를 하고 집을 나설 때 많은 사람들이 고민을 하는 부분이 있을 것이다. 그것은 '차를 가지고 갈 것이냐' 아니면 '대중교통을 이용할 것이냐'이다. 아니면 지하철을 탈 것인지, 버스를 탈 것인지도 고민하게 된다. 하지만 대다수의 사람들은 오늘 날씨가 춥고 비도 온다면 편리하게 출근이 가능한 자가용을 선호할 것이다. 또 출근 시간에 대중교통을 이용하는 것은 오랫동안 정거장에서 기다리기도 할 것이고 많은 사람들 틈에 끼어 피곤한 시간을 보낼 수도 있기에 늘 고민하기 마련이다. 따라서 선택이라는 것은 상황에 맞는 다양한 경험을 기반으로 해서 가장 합리적인 결정을 하는 것으로 그의 최종 마지막 결과는 어떠한 행위를 하는 선택의 과정을 반드시 겪게 된다. 선택이라는 과정은 어떠한 과정 속에서 나오는 것일까 생각을 해

보면 다음과 같은 부분이 아닐까 생각된다. 선택에는 그에 따른 결정에 따라 책임이 존재한다. 따라서 선택을 하기 위해서는 그 선택에 대한 평가가 수반한다. 인공지능에서는 데이터와 모델에 대한 성능/성과 지표를 토대로 산출된 객관적인 평가를 통해 결과를 평가하고 선택을 하게 된다. 본 장에서는 빅데이터적인 측면에서의 소프트웨어적 접근 방법을 통해 선택에 대한 방법을 단계별로 정리하였다.

1) 올바른 선택을 하기 위해서는 우리가 목표로 하는 결과에 대한 요구사항을 이해하고 분석하여 정의해야 할 것이다.

요구사항 분석은 결과를 만들 때 가장 영향을 많이 미치는 부분이기도 하다. 따라서 데이터를 기반으로 할 것인지 아니면 규칙 기반으로 할 것인지를 요구사항 분석 단계에서부터 고려해야 할 것이다. 데이터를 기반으로 할 경우에는 기존의 원천 데이터셋에 대한 품질 등이 고려되어야 할 것이고 규칙 기반일 경우에는 비즈니스 규칙을 미리 정의하여 분석에 기반한 사전 정의된 업무 규칙에 따라 구현할 것인지가 중요한 관점이라고 할 수 있다.

세밀한 분석 과정 없이 데이터 기반으로 구현할 경우 우리가 경험적 지식만으로 충분히 결과를 알 수 있는데도 오히려 엉뚱한 결과를 만들게 되는 경우도 비일비재하게 발생할 것이다. 따라서 최근에는 과도하게 데이터 중심으로 진행하는 것보다는 규칙 기반으로 정의한 후 모델을 정교화하고 튜닝하여 데이터 기반으로 천천히 진행하는 방식도 선호하고 있다.

2) 알고리즘보다 데이터의 이해가 우선되어야 한다.

분석이나 예측, 또는 인공지능 기반의 다양한 서비스를 접할 때 우선적으로 고려해야 하는 것이 알고리즘이다. 알고리즘은 어떠한 문제를 해결하기 위한 방법 또는 절차라고 할 수 있다. 데이터를 기반으로 어떤 문제를 해결하는 블랙 박스를 만들 때 그러한 블랙 박스를 알고리즘 또는 모델로 이해할 수 있을 것 같다. 흔히 다양한 모델을 설계하고 개발하는 데이터 과학자의 경우, 알고리즘의 편향에 빠질 수 있다. 알고리즘의 편향은 내가 사용하기에 익숙한 모델을 의미하며 내가 사용하고 익숙한 모델을 중심으로 문제를 해결하려는 경향이 있다.

분석에 관련된 다양한 알고리즘은 셀 수 없이 다양한 알고리즘이 존재하고 그것을 적용하는 방법은 데이터와 규칙 그리고 그것을 구성하는 변수, 파라미터 등 다양한 요소에 의해서 결과가 만들어진다. 가장 효율적으로 성능이 좋은 결과를 만들어야 하는 데이터 과학자의 경우에도 오랜 경험을 가지고 있을수록 알고리즘의 편향이 발생할 수 있는 가능성이 매우 높다. 따라서 알고리즘을 설계하고 구현할 때 모델보다는 데이터에 기반한 이해가 우선적으로 필요하다고 할 수 있다. 뿐만 아니라 성능이 좋다는 의미는 분석의 결과가 정확하다는 의미일 수 있다. 또, 이러한 알고리즘은 하루가 다르게 개발 언어에 기반한 라이브러리 형태로 발전하고 있다.

수학적, 통계적 공식을 기반 모델을 설계하다 보면 데이터의 패턴 및 이해의 요소가 모델에 적용되지 않아서 분석 결과의 왜곡 또한 발생한다. 따라서 알고리즘에 기본 이해를 기반으로 언어를 기반한 라이브러리를 이해한다면 좀 더 좋은 성능의 모델을 설계 및 개발이 가능할 수 있을 것이다. 예를 들어, 100 팩토리얼을 구하는 프로그램을 파이썬으로 개발하는 프로그래머가 있다고 가정하자. A 프로그래머는 라이브러리를 활용하지 않고 실제 코딩을 작성하는 경우이다. 이러한 프로그래머의 경우 세밀한 기능 기호에 맞게 개발이 가능하지만 코드의 라인이 길어지고 과도한 IT 리소스를 쓸 확률이 높아진다. 또한 길어진 코드를 통해서 에러 또는 버그가 발생할 가능성 또한 높아진다.

하지만 두 번째 B 프로그래머는 개발 언어에 기반한 라이브러리를 효과적으로 사용하는 개발자였다. 개발 언어 기반의 라이브러리는 오픈소스를 기반으로 하고 있고 오픈소스 소프트웨어는 다양한 개발자가 본인의 필요성에 의해서 만들고 소스를 공개하여 배포하는 특성을 가지고 있다. 따라서 이러한 라이브러리 활용에 익숙한 프로그래머는 개발 기간과 코드의 길이가 매우 획기적으로 단축이 될 수 있고 따라서 에러를 줄일 수 있게 된다. 다음은 100 팩토리얼을 파이썬을 통하여 코딩하였을 때와 라이브러리를 활용하여 코딩하였을 때의 예이다.

그림 1-8 Python 라이브러리로 작성한 100 Factorial을 구하는 코드

```
import math

result = math.factorial(100)
print("100 Factorial :", result)
```

그림 1-9 Python으로 작성한 100 Factorial을 구하는 코드

```
def multiply(num, result):
    carry = 0
    for i in range(len(result)):
        prod = num * int(result[i]) + carry
        result[i] = str(prod % 10)
        carry = prod // 10

    while carry:
        result.append(str(carry % 10))
        carry //= 10

    return result

def factorial(n):
    result = ['1']
    for i in range(2, n + 1):
        result = multiply(i, result)

    return ''.join(result[::-1])

result = factorial(100)
print("100 Factorial :", result)
```

3) 데이터를 통한 계산과 분석은 매우 다르다.

데이터를 이용해서 다양한 계산과 분석을 하게 되는 경우가 많이 있다. 물론, 계산을 통해 분석하지만 엄밀하게 보면 계산과 분석은 다른 차이가 존재한다. 계산과 분석에 대해서 예를 들어 보도록 하겠다. 두 명의 경찰이 있다. 한 명의 경찰은 무술에 능해 힘과 기술로 제압하여 범인을 잡는 데 익숙한 경우이고 다른 한 명의 경찰은 사건 현장에 있는 다양한 범죄의 흔적을 분석하여 범인을 잡는 데 익숙한 기술과 경험을 가진 경찰이다.

숫자 데이터를 가지고 정확한 계산을 통해 결과를 만드는 것은 무술에 능한 경찰관이라고 할 수 있다. 일반적으로 범죄를 저지르는 사람의 패턴은 경찰을 보면 심리적 압박을 통해서 도망을 가고 더 이상 도망갈 곳이 없으면 경찰과 맞서서 칼 등의 무기와 힘을 통해서 경찰관을 공격하여 도망갈 곳을 찾는 것이다. 이러한 공격의 유형은 크게 벗어나지 않고 즉흥적으로 방어를 하는 패턴도 비슷하기 때문이다. 하지만 범죄의 현장을 분석하고 범인이 남긴 다양한 흔적을 분석하여 범인을 찾는 것은 유형마다 활용되는 도구와 경험이 각각 다를 것이다. 또한 오래된 미결

사건의 경우 범인이 남긴 혈흔이나 지문 등 정보를 발전하는 과학 기술을 통해서 잡는 경우도 많이 발생한다. 따라서 범죄의 현장을 분석하는 것은 데이터적인 측면에서 보았을 때 분석이라는 측면에 더욱 가깝다고 할 수 있다.

발전하는 정보기술도 단순한 계산의 영역을 넘어서 분석을 포함한 인공지능 기술 등은 분석의 범주에 들어가고 이러한 것을 가능하게 하는 것이 하드웨어적 소프트웨어적 기술의 발전이라고 할 수 있다. 지금까지 데이터를 기반으로 한 선택이 가능하도록 하는 결과를 만들어 나가는 데에는 많은 데이터적 특성이 존재한다. 따라서 융합이라는 것을 통해 데이터가 진화하기 위해서는 목표로 하는 요구사항의 분석과 더불어 데이터에 대한 심오한 이해 그리고 분석에 대해서 적용하려는 도메인 지식이 있어서 올바른 선택이 가능하게 되는 것이다.

데이터 기반 기술의 발전

CHAPTER 04에서는 오픈소스 소프트웨어의 등장으로 인한 데이터 기반 기술의 발전에 대해서 설명하려고 한다. 디지털 기술의 발전으로 데이터가 폭발적으로 늘어나고 있다. 이러한 데이터 생성으로 인해서 분석에 대한 요구는 더욱 늘어나고 기업에서는 이를 활용한 다양한 비즈니스 모델이 만들어 지고 있다.

다음 [그림 1-10]은 인공지능을 중심으로 한 오픈소스 생태계를 마인드 맵으로 작성한 것이다. 데이터 분석의 최종 목표는 인공지능 기반 서비스라고 할 수 있다. 다양한 원천 데이터를 통해서 수집, 처리하여 인공지능 기반의 분석 및 예측을 가능하게 해주는 것이 오픈소스를 중심으로 한 소프트웨어의 생태계라고 할 수 있다.

다음에 소개되는 기술 셋을 통해 인간의 개입이 없이 운전이 가능한 자율 주행 자동차를 개발할 수 있으며 고객의 요구사항을 분석하여 새로운 제품을 개발하고 세밀한 고객 분석을 통하여 여행할 때 숙소도 찾을 수 있으며 비대면으로 금융 거래할 수도 있는 다양한 서비스도 제공해 주며 다양한 예측 분석을 통해 위험 사항에 대비할 수 있는 것에서도 활용할 수 있는 기술들이다. 이러한 것을 가능하게 해주는 것은 상용화된 소프트웨어가 아닌 오픈소스 기반의 소프트웨어가 주류를 이루고 있다. 따라서 데이터 생태계에 많은 부분을 차지하고 있는 오픈소스 소프트웨어에 대해서 알아보려고 한다.

그림 1-10 인공지능을 중심으로 한 오픈소스 생태계

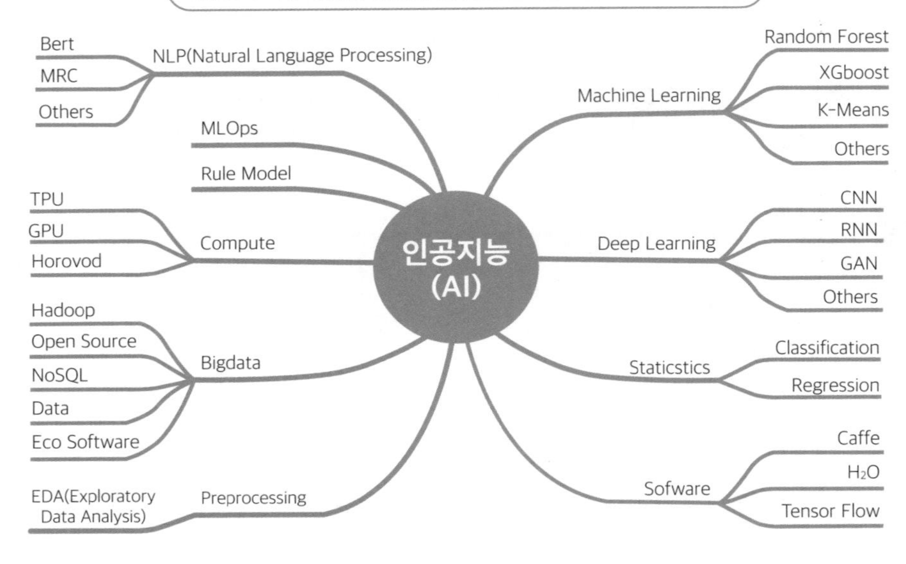

출처: 문영상, 김보미, 박준호, 『알고리즘이 지혜가 되는 순간』

오픈소스 소프트웨어(Open Source Software)는 누구나 자유롭게 개발, 수정, 공유할 수 있는 소프트웨어를 의미한다. 다양한 오픈소스 소프트웨어 배포 재단의 정책이 있지만 공통적으로 소프트웨어의 소스 코드를 공개하여 관련 생태계를 발전하는 데 근본적인 목적이 있다. 상업용 소프트웨어가 대다수를 이루고 있지만 오픈소스 기반의 공개용 소프트웨어도 많이 출시되고 활용되고 있는 것이 현실이다.

오픈소스 소프트웨어의 기원은 1980년대 중반 자유 소프트웨어 재단의 설립자인 리처드 매튜 스톨만(Richard Matthew Stallman)의 자유 소프트웨어 운동에서 시작되었지만 더욱 활성화된 것은 1990년대 리누스 토발즈(Linus Tovalds)가 Linux를 발표하면서 활성화되었다고 볼 수 있다.

오픈소스 소프트웨어는 비영리 기관인 ISO, 즉 Open Source Initiative에서 제시한 다음과 같은 사항을 충족해야 하는 조건이 있을 수 있다. 그것은 자유로운 재배포와 함께 소스 코드의 보전 그리고 사용 분야의 제안 금지, 라이선스의 금지와 특정 제품의 의존 금지 등을 포함하고 있으며 그의 세부적인 사항은 각 배포 재단의 오픈소스 라이선스 규정에 따르고 있다. 이러한 오픈소스 소프트웨어 라이선스 규정은 사용, 복제, 수정, 배포와 같은 일련의 행위에 기반한 권한을 명시한 이용

허락 조건을 의미한다.

정보기술의 급속한 발전으로 인해서 소프트웨어 기술의 시대에서 데이터 기술의 시대로 넘어가고 있는 지금 고가의 소프트웨어를 사용하여 개발할 경우 특정 라이선스의 종속의 우려가 있으며 결과적으로 관련 기술 발전의 저해를 가지고 올 수 있기 때문에 빅데이터의 등장으로 인해서 오픈소스 소프트웨어의 활용이 활성화되고 있다.

오픈소스 소프트웨어 관련 재단은 GPL, Apache, GNU 등 각 재단의 관련 라이선스 규정은 해당 재단의 규정을 검토해야 한다. 하지만 오픈소스 소프트웨어라고 해서 장점만 존재하는 것은 아니다. 비용이 발생하지 않으니 신속한 기술 지원을 받기가 매우 어렵다. 뿐만 아니라 관련 소프트웨어에 대한 지속적인 존속 여부 또한 불확실한 특성을 가지고 있다. 일반적인 기업에서는 이러한 단점으로 인해 기능 개선이나 버전의 업그레이드와 같은 문제가 발생할 경우 이를 대처하기란 쉽지 않을 것이고 관련 엔지니어의 확보 및 유지 측면에 있어서도 어려움이 있을 것이다.

빅데이터 시스템을 구축할 때 제일 많은 비용과 노력이 들어가는 영역은 수집의 영역이다. 원천 데이터의 확보와 이를 효과적으로 처리하여 데이터베이스에 적재하는 일련의 과정이 많은 경험적 요소를 수반하기 때문이다. 또한 다양한 소프트웨어를 기반으로 빅데이터 시스템이 구축되므로 각각의 절차에 따른 필요한 기능을 가지고 있는 소프트웨어의 버전별 기능에 대해서 세밀한 테스트와 함께 반영이 필요하다고 할 수 있다. 따라서 수집, 저장, 처리, 분석 등의 영역별로 오픈소스 소프트웨어의 기술적 요구사항이 존재한다. 이러한 요구사항을 충족해야만 기능별로 적용이 가능하다고 할 수 있다.

첫째, 수집의 영역이다. 수집의 영역은 일괄 처리 및 실치간 처리에 요건에 충족하는 다양한 기능이 존재한다. 그것은 대용량 데이터를 수집하는데 있어서 시스템적 부하를 감당할 수 있어야 하며 데이터가 증가됨으로 인해서 수평적인 확장 용이성, 즉 스케일아웃(Scale Out)이 가능한 기술적 요소를 충족해야 한다. 또한 실시간적으로 발생하는 빅데이터의 기능상 데이터의 유실이 없이 목표로 하는 데이터 영역에 저장 가능한 기능을 의미한다. 뿐만 아니라 다양한 형태의 비정형 데이터를 효과적으로 저장하기 위해서는 데이터 관련된 특성을 정확히 이해하고 있어야 하기 때문이다.

둘째, 데이터의 저장 측면이다. 데이터를 저장한다는 것은 데이터에 기반한 비용 대비 효과 측면에서도 기여할 수 있어야 하며 많이 활용되고 있는 관계형 데이터베이스뿐만 아니라 하둡(Hadoop) 또는 NoSQL 같은 데이터 저장소에 대해 기능적 요소의 이해가 필요하다. NoSQL은 흔히 네 가지 형태가 있다고 알려져 있다. 그것은 그래프(Graph), 칼럼 패밀리(Column Family), 키 밸류(Key Value), 다큐먼트(Document) 등의 데이터베이스 또는 데이터 저장소 등 4가지 형태를 의미하며 각각 역할 및 용도가 다르게 정의되어 있다. 뿐만 아니라 최근에는 다양한 용도와 기능에 따라 벡터 데이터베이스(Vector Data Base), 와이드 칼럼 데이터베이스(Wide Column Data Base), 타임 시리즈 데이터베이스(Time Series Data Base), 다큐먼트 그래프 데이터베이스(Document Graph Data Base) 등이 있다. NoSQL 데이터베이스는 모델링이 간단하며 유연한 스키마 구조 등의 장점이 존재한다. 빅데이터 시스템을 구성할 때 하둡과 관계형 데이터베이스 그리고 각각의 목적별 데이터에 맞는 NoSQL 데이터베이스의 설계는 전체적인 성능 및 처리에 있어서 많은 영향을 미치고 있다. 그에 대한 자세한 기술적 소개는 PART 04의 CHAPTER 03 "NoSQL 기반 데이터베이스"를 참조하기 바란다.

셋째, 데이터 처리의 측면이다. 데이터를 처리한다는 것은 원천 데이터를 목적에 맞게 재가공을 한다는 것이다. 재가공을 한다는 것은 컴퓨터가 이해할 수 있는 형태로 만들기도 하며 필요하지 않은 부분이나, 데이터가 유실된 부분 또는 기타 무결성에 영향이 있는 부분을 의미하며 이러한 부분에 대한 처리는 실제 분석에 있어서 영향을 미친다. 따라서 처리의 영역은 두 가지 구분할 수 있다.

첫 번째 영역은 데이터 수집 단계에서부터 저장까지의 단계별로 소프트웨어적 기술적 특징을 기반으로 가공하는 부분이라고 할 수 있으며 두 번째 영역은 검색하거나 활용하는 측면이라고 할 수 있다. 이러한 기능을 하는 소프트웨어는 첫 번째 영역에서는 파이썬 같은 개발 언어도 포함되며 Sqoop, Flume, Kafka와 같은 추출, 전송, 적재와 같은 기능을 수행하는 ETL 소프트웨어일 수도 있으며 두 번째 영역인 Elastic Search 또는 Solr 그리고 MLlib 같은 소프트웨어일 수도 있다. 이러한 기능은 수집 처리에 있어서 빠른 성능적 요소와 함께 검색 및 집계 등의 기능에 효율적으로 활용 가능한 구조를 포함하고 있어야 한다. 처리의 영역에서 활용되는 다양한 요소의 소프트웨어는 일정한 주기별로 발표되는 Bigdata Land Scape와 같은 문서를 참조하면 목적별, 기능별 등 다양한 부분으로 정리되어 있으므로 이를 활용하면 된다.

그 외에도 빅데이터 시스템을 구축할 때 고려해야 될 부분은 분산과 병렬처리를 기반으로 하는 데 있어 향후 확장할 경우 스케일업 기능을 효과적으로 구현하고 적용할 수 있어야 하는지와 함께 각 소프트웨어의 버전별 종속성 및 업그레이드가 용이한가 하는 측면이 있을 수 있을 수 있을 것이다. 최근 생성형 인공지능 기술이 등장하며 인공지능은 우리의 삶에 많은 영향을 끼치고 있다. 이러한 기술의 발전이 기존에 만들어진 정보기술의 생태계에 어떤 영향을 주고 있는지에 대해 다시 한번 생각해야 될 때라고 생각한다.

PART **02**

빅데이터 시스템의 기반 기술

OVERVIEW

학습 목표

빅데이터 시스템의 기반이 되는 병렬과 분산처리에 대한 개념을 이해하고 빅데이터를 이루는 대용량 데이터베이스와 인공지능 기술에 대한 개념을 이해한다.

학습 항목

- 병렬과 분산처리의 시스템적 이해
- 데이터 처리 기반 시스템의 기술적 접근
- 데이터 기반 시스템의 이해
- 대용량 데이터 처리의 기술적 배경

키워드

오픈소스 소프트웨어, 병렬처리, 분산처리, 인공지능

기술분류

데이터 과학, 데이터베이스, 오픈소스 기반 소프트웨어

NOTICE

32 또는 64 중 무엇을 선택할지 고민하다가 32를 선택한 적이 있었다. 여기서 32와 64는 개인용 컴퓨터의 메모리를 지칭한 것이다. 지금 우리의 노트북이나 휴대폰의 메모리가 32Kbyte였다면 무엇을 할 수 있었을까라는 생각을 해본다. 아마 사진 한 장도 저장하지 못하는 아주 적은 양의 메모리 용량이다. 하지만 그 당시 이 메모리 용량의 가격은 차이가 매우 컸으며 카세트 테이프에 저장된 게임 한 편을 개인용 컴퓨터로 로드한 후 실행해 보면 그 차이가 작지 않았다.

또한, 카세트 테이프에서 플로피 디스크 그리고 하드 디스크로 저장의 개념이 바뀌고 메모리의 용량도 1Tbyte까지 손쉽게 사용하면서 단순하게 기록은 정보로 바뀌고 정보는 다시 지혜로 바뀌는 인공지능의 시대가 눈에 펼쳐지고 있다. 이러한 것을 가능하게 하는 원천은 무엇일까 생각해 본다.

하드웨어 자원의 무한한 발전과 더불어 소프트웨어 기술의 발전 그리고 실시간적으로 생성되는 빅데이터, 이 모든 것을 통해 우리는 과거에는 상상하지 못했던 일들이 현실이 되는 이때 이러한 것을 가능하게 하는 것이 무엇이 있을까 지금부터 알아보도록 하자.

병렬 및 분산처리 기술

병렬 및 분산처리 기술은 대규모의 원천 데이터를 효율적으로 처리하기 위해 작업을 여러 개로 나누어 동시에 처리는 기술 셋을 의미한다. 현재 빅데이터와 인공지능을 가능하게 하는 가장 핵심적인 기술로서 데이터 처리에 관련된 부분에서 가장 밀접한 부분이라고 할 수 있다. 병렬과 분산처리에 대해서 간단한 예를 들어 설명해 보겠다. 물을 데이터 또는 작업이라고 생각하고 다음의 예에 적용하면 좋을 것 같다. 물을 담은 커다란 통이 두 개 있다고 가정하자. 하나는 커다란 수도꼭지가 하나가 달려 있는 통이고, 다른 하나의 통은 작은 수도꼭지가 여러 개 달려 있다고 가정하면 어느 것이 더 효율적일지 생각해 보자.

수도꼭지가 하나가 있는 것보다는 작은 여러 개의 수도꼭지가 달려 있는 통이 더욱 효율적일 것이다. 하나의 수도꼭지를 달게 되면 한 명만 물을 사용할 수 있게 되어 다른 사람들은 기다려야 되기 때문에 전체적인 효율 면에서 떨어지게 되고 대기 시간도 발생할 수 있게 된다. 이것은 마치 데이터 처리에 있어서도 병렬처리 기술을 사용하게 되면 여러 개의 작업을 동시에 처리할 수 있게 되어 전체적인 처리 속도 또한 향상이 되고 자원을 효율적으로 활용할 수 있게 되기 때문이다.

지금까지 예를 들었던 것을 다음과 같이 정리할 수 있다. 첫째, 각종 데이터 처리 작업을 여러 부분으로 나누어서 동시에 처리하게 되므로 전체적인 처리 속도가 향상되게 된다. 마치 하드웨어 자원에서 SMP와 MPP의 예와 비슷할 것이다. SMP

기반은 커다란 메인 시스템에 CPU와 메모리를 모두 장착하여 사용하다가 더 큰 처리 용량을 필요로 할 때는 이보다 더 성능이 좋은 메인 시스템으로 업그레이드해야 할 것이다. 하지만 MPP 기반의 시스템은 x.86과 같은 서버를 클러스터로 구성하여 하나의 컴퓨터처럼 운영이 가능할 것이다. 따라서 성능 향상의 요구가 있을 경우 서버를 추가하기만 하면 된다. 마치 슈퍼 컴퓨터처럼 만들 수 있게 되는 것이다.

둘째, 확장성 측면에서 새로운 서버를 추가하면 선형적인 성능 향상이 나타나고 그것을 가능하게 하는 소프트웨어적 기반 기술이 이미 충분하게 만들어져 있기 때문이다. 이러한 구조를 활용하게 되면 비용적인 면에서 매우 많은 절감이 이루어질 수 있다.

셋째, 가용성 측면에서 하나의 서버가 문제가 발생하더라도 데이터를 분산하여 처리하기 때문에 지속적인 운영이 가능하게 되어 고 가용성을 실현하게 될 수 있다.

넷째, 실시간 처리 측면에서 병렬처리 시스템 구조는 기본적으로 대용량 데이터를 처리하는 데 매우 적합한 구조를 가지고 있다. 빅데이터 플랫폼의 핵심 기술인 하둡 또한 병렬처리를 기반으로 하고 있기도 하다. 따라서 실시간적으로 생성되는 대규모의 스트림 데이터를 수집하고 처리, 분석하는 용도로서 매우 적합한 시스템 구조를 가지고 있다.

이러한 다양한 장점을 활용하여 데이터 플랫폼으로 많이 활용되고 있다. 지금까지 병렬처리 기술에 대한 장점에 대해서 알아보았다. 병렬처리를 가능하게 하는 하드웨어적 기술에는 무엇이 있는지 자세히 알아보도록 하자.

1) SIMD(Single Instruction, Multiple Data)

하나의 명령어로 여러 데이터셋을 한 번에 처리하는 병렬처리 기술로서 벡터화된 명령어 집합을 사용하여 병렬 연산을 수행한다. 이러한 데이터 요소를 처리할 때 디스크보다는 메모리에 저장되어 있어 효율적으로 연산이 가능하다. 이러한 기술을 활용하면 메모리 대역폭을 효과적으로 활용하여 성능을 향상할 수 있게 되기 때문에 특수한 하드웨어 자원이 필요하다. 따라서 이러한 기술은 고속 그래픽 처리 및 컴퓨터 비전 분야, 머신러닝과 같은 모델의 알고리즘을 가속화하는 데 사용된다.

2) NUMA(Non-Uniform Memory Access)

비대칭형 다중처리 시스템으로 시스템 내에 각 프로세서에 대한 내부 및 외부 메모리 자원에 대한 분산된 병렬처리 구조를 기반으로 한다. 따라서 대규모 데이터 처리 시스템에서 메모리의 접근을 최적화하여 성능을 향상시키는 구조이다. 이러한 구조는 메모리 및 프로세서 간의 대역폭을 효율적으로 활용하여 대규모 데이터 처리 작업에 효율적인 구조를 제공한다.

3) CUDA(Compute Unified Device Architecture)

GPU를 개발한 NVIDIA사에서 개발한 병렬처리 아키텍처로 NVIDIA GPU가 장착된 시스템이 필요하다. GPU 코어를 활용하여 병렬처리 작업을 수행한다. 고성능 병렬처리를 위해서 최적화된 하드웨어 자원과 소프트웨어를 제공하고 고속의 성능이 필요한 시뮬레이션 및 그래픽 처리 등 다양한 영역에서 활용이 가능하다.

4) MIMD(Multiple Instruction, Multiple Data)

여러 개의 프로세서가 각각 다른 명령어를 실행하고 다른 데이터를 처리하는 병렬처리 기술로서 각 프로세서는 각각 독립적으로 명령어를 수행하는 기능을 기반으로 하여 전체적으로 처리 속도를 향상시키게 된다. 다양한 작업을 병렬로 처리하기 위해서 각각의 프로세서가 서로 다른 작업을 수행하여 병렬성을 높이는 메커니즘을 기반으로 하고 있기 때문에 고성능 HPC 클러스터링 그리고 클라우드 컴퓨팅 환경에서 많이 사용되는 아키텍처이다.

지금까지 다양한 병렬처리를 지원하는 아키텍처에 대해서 알아보았다. 이러한 하드웨어적 요소와 함께 소프트웨어적인 병렬성이 결합하여 최상의 성능을 제공하고 있다. 이러한 기술을 활용하려면 목적에 맞는 시스템 자원의 체계적인 설계가 기반이 되어야 한다는 것을 전제로 한다. 그러면 병렬처리와 분산처리의 차이점에서 알아보도록 하자.

첫째, 분산처리는 여러 대의 노드를 기반으로 하여 분산된 작업이 동시에 처리되는 방식을 의미한다. 이러한 분산처리가 가능하게 되는 기반 기술은 클러스터를 구성하고 있는 각각의 서버 간의 네트워크 기술을 기반으로 하고 있다. 이러한 기술을 구현하기 위해서는 소프트웨어적인 부분도 필요하며 하드웨어적인 서버와 서버를 구성하는 대역폭이 큰 네트워크 장비가 가장 핵심적인 구성으로 사용된다. 이러한 네트워크 통신을 통하여 각종 실행 작업과 데이터를 효율적으로 동기화하고 전송하는 것이 핵심이며 이러한 대규모 데이터를 효과적으로 처리하는 데 사용되는 것이 분산 시스템이라고 할 수 있다.

둘째, 병렬처리는 단일 시스템 내에서 여러 작업이 동시에 실행되는 방식을 의미하며 하나의 서버 또는 노드를 구성하는 중앙처리장치 등 다양한 구성요소를 포함하는 컴퓨터 시스템을 활용하여 주로 동일한 데이터에 대한 작업을 처리하는 데 사용되는 방식이다. 이러한 병렬과 분산처리를 혼합적으로 활용하여 시스템 클러스터를 구성을 통한 대규모의 데이터를 효과적으로 처리는 방식을 흔히 사용한다. 지금까지 하드웨어 기반의 병렬과 분산처리에 대해서 알아보았다. 하지만 하드웨어적인 부분과 아울러 소프트웨어적인 부분이 일체되어 빅데이터 플랫폼을 이루고 있다. 따라서 빅데이터 차원에서 활용되는 대표적인 소프트웨어 기술에 대해서 설명하려고 한다.

1) 아파치 하둡(Apache Hadoop)

병렬처리 기반의 대표적인 기술로는 아파치 하둡이라고 할 수 있다. 아파치 하둡은 데이터의 가용성과 내결함성을 보장하고 데이터를 효율적으로 운영 관리하기 위한 기본적인 기능을 제공하고 있다. 하둡 내에 HDFS와 같은 파일 시스템과 NoSQL로 대표되는 H-base와 같은 데이터베이스가 있다. 이러한 것은 빅데이터 처리 시스템에서 데이터를 여러 노드로 분할하여 효율적인 병렬처리 시스템을 구현할 수 있게 해준다.

2) 맵리듀스(Map Reduce)

맵리듀스는 병렬처리 프레임워크로 하둡 내에서 맵과 리듀스 단계로 데이터 처리를 분리하여 처리하는 구조를 가지고 있다. 맵리듀스를 통하여 대용량의 데이터를 분석하고 처리하는 용도로 매우 효과적인 프레임워크이다.

3) 아파치 스톰(Storm) 및 카프카(Kafka)

아파치 스톰과 카프카는 병렬처리를 기반으로 실시간으로 데이터를 처리하는 오픈소스 기반의 데이터 처리 프레임워크이다. 이러한 에코 소프트웨어를 활용하여 효과적인 실시간 처리 시스템 아키텍처를 구성할 수 있게 된다.

4) 아파치 스파크(Spark)

빅데이터에서 대규모 데이터 처리를 위한 오픈소스 기반 클러스터 컴퓨팅 프레임워크로 실시간 처리 및 고성능의 컴퓨팅 파워를 필요로 할 때 가장 많이 사용되는 오픈소스라고 할 수 있다. 뿐만 아니라 유사한 기능을 하는 오픈소스 기반 프레임 워크로는 스톰(Storm) 등이 있다.

5) NoSQL 데이터베이스

병렬과 분산처리를 지원하는 데이터베이스도 많이 개발되고 활용하고 있으며 대부분의 NoSQL 데이터베이스는 분산 환경에서 확장성과 고성능의 요구를 충족하는 다양한 NoSQL이 활용되고 있다. 이러한 NoSQL은 병렬 기반의 기능과 분산 기반의 기능을 동시에 제공하고 있으며 H-Base와 Mongo DB 등 다양한 NoSQL이 활용되고 있고 있다.

지금까지 하드웨어적 소프트웨어적 기반의 기술에 대해서 알아 보았다. 읽기와 쓰기의 기능과 스캔, 그리고 처리 등 대용량 데이터를 효과적으로 활용하기 위해서 요구사항에 기반한 다양한 시스템 설계에 반영하여 효과적으로 수행할 수 있는 플랫폼을 구성할 수 있으며 각 세부적인 내용은 각 해당 기술 소개에 자세히 설명해 놓았다.

빅데이터 기반 기술

데이터는 21세기의 원유라고 한다. 원유는 산업을 발전시키는 원동력이 되며 인체의 혈액과도 같은 역할을 담당하고 있다. 지금은 인공지능과 빅데이터의 시대이다. 인공지능과 빅데이터 산업을 돌게 하는 원동력은 데이터이다. 얼마나 많은 데이터를 소유하고 있고 이를 효과적으로 다루는지가 기업의 척도로 나타나고 있다. 과거 산업을 이루는 요소는 자본과 생산시설이었다면 지금의 산업을 이루는 핵심요소는 데이터라고 정의할 수 있다. 우리가 편하게 사용하는 다양한 서비스가 모두 빅데이터에서 나오고 있기 때문이다. 그러면 우리에게 이러한 서비스를 제공하는 원천은 무엇이 있기 때문에 가능한 것일까 고민하지 않을 수 없다. 아마도 크게는 4차 산업혁명을 가능하게 하는 기반 기술인 클라우드, 빅데이터, 인공지능 기술 등이 있을 수 있으며 세부적으로는 다음과 같은 기술들이 빅데이터 기술을 중심으로 알아보도록 하자.

첫째, 대용량 데이터 처리가 가능한 소프트웨어적 데이터베이스의 기술의 발전이 있기 때문이다. 데이터를 담을 수 있는 커다란 통과 같은 데이터베이스 기술이 가장 중심에 있을 것이다. 데이터를 효과적으로 담는다는 것은 아마도 밀가루를 커다란 통에 담아서 빵 또는 과자, 면과 같은 다양한 제품을 만들 때와 같을 것이다. 밀가루를 담은 커다란 통이 지능적으로 만들어져 있다면 하나의 통에서 빵도 만들고 면도 만들게 되며 각 제품의 특성에 맞게 반죽도 하게 되고 숙성도 하게 되며 다양한 재료를 효과적으로 섞는 교반기의 역할도 수행하게 되면 쉽고 편리하게 많은 양의 제품을 만들 수 있을 것이다.

데이터도 이와 같다고 할 수 있다. 우리가 활용하려는 데이터는 고객을 분석할 수도 있고 제품 서비스도 할 수 있으며 고객의 취향을 분석하여 어떤 제품을 원하는지 그리고 언제 주문할지를 미리 예측하여 합리적으로 제품을 생산할 수도 있을 것이다. 이렇게 다양한 분야에 이용하기 때문에 데이터를 담는 통이 효과적이지 않다면 우리가 원하는 목적을 달성하기 어려울 것이기 때문이다. 빅데이터가 나오기 이전에는 우리의 데이터는 잘 가공되고 정형화된 데이터가 전부였고 이것을 처리하는 데이터베이스는 흔히 관계형 데이터베이스였을 것이다. 하지만 지금은 빅데이터 플랫폼을 이루는 요소 중에서 관계형 데이터베이스는 데이터 따른 일부 구성요소에 지나지 않으며 다양한 NoSQL 기반의 데이터베이스가 출시되어 그의 목적에 맞게 활용되고 있다.

둘째, 인공지능 기술의 발전을 둘 수 있다. 인공지능 관련 기술은 과거에서 있었지만 그것을 가능하게 하는 기반 기술이 전무하였고 특히, 하드웨어적인 요소의 발전이 없었기 때문에 실현하기가 어려웠던 측면이 있다. 하지만 머신러닝, 딥러닝 그리고 자연어 처리, 이미지 인식 등과 같은 다양한 기술이 발전하면서 컴퓨터가 마치 인간의 지능적인 요소를 모방하여 인간의 뇌의 처리 방식과 유사하게 처리할 수 있게 되었다. 이러한 인공지능 기술의 발전으로 인간의 개입이 필요없는 자동차의 출현, 질병의 예측 및 판단, 언어의 번역 및 통역등 다양한 영역에서 판단하고 문제를 해결하는 데 활용되고 있다. 이러한 인공지능 기술이 빅데이터를 가능하게 하는 기반 기술의 한 부분이라고 볼 수 있다.

셋째, IoT(Internet of Thinks, 사물인터넷)와 같은 센서 기술의 발전이라고 할 수 있다. IoT는 다양한 기기와 센서에서 나오는 수많은 데이터를 인터넷을 통한 상호작용을 통해서 우리의 삶을 혁신적으로 변화하고 있다. IoT는 흔히 공장의 생산라인에서 각종 생산 장비가 쏟아내는 데이터를 의미하지 않는다. 기계에서 만들어지는 수많은 데이터는 우리가 일일이 나열할 수 없을 정도로 생성이 되고 있다. IoT 미래는 무궁무진하다고 할 수 있다. IoT는 우리가 흔히 접하는 스마트홈, 스마트시티, 스마트 공장, 스마트 헬스케어, 스마트 농업 등 다양한 분야에서 스마트하게 바꾸고 있다.

넷째, 클라우드 기술이 있을 수 있다. 클라우드는 인프라와 플랫폼 그리고 서비스 제공 등을 통한 IaaS(Infrastructure as a Service), PaaS(Platform as a Service), SaaS(Software as a Service) 등 다양한 서비스 모델로 제공되고 있으며 인터넷을 통해서 언제 어디서나 편리하게 데이터와 애플리케이션을 사용할 수 있도록 해준다. 이러한 기술을 통해서 비용을 절감하고 필요한 자원만큼을 사용할 수 있기 때문에 필요 용도에 따라서 효율적으로 사용이 가능하므로 한마디로 정의하면 IT 자원의 효율화를 가능하게 해준다.

다섯째, 오픈소스 기반의 소프트웨어의 등장이라고 할 수 있다. 흔히 빅데이터 이전의 정보기술은 특정한 기업을 중심으로 한 상업용 기술이 중심을 이루었다면 지금은 다양한 필요에 의해서 만들어진 수많은 소프트웨어를 라이선스의 제약 없이 사용 가능한 환경이 되었다는 것이다. 물론, 일부 재단의 오픈소스 규정이 있기도 하다. 이러한 오픈 기반의 소프트웨어는 정보기술 측면에서 빠른 발전을 가져와서 결과적으로 많은 혁신을 불러일으켰다고 볼 수 있다.

지금까지 나열한 다양한 기술의 발전이 빅데이터를 이루는 기반 기술이라고 할 수 있다. 이러한 기술들이 상호 융합되어 유기적으로 활용하게 된다면 우리의 빅데이터 관련 서비스는 더욱 비약적으로 발전할 것이다.

PART 03

데이터 수집 기술

OVERVIEW

학습 목표

정형 및 비정형 데이터의 속성을 알아보고 실시간 및 일괄 수집에 사용되는 다양한 오픈소스 기반의 소프트웨어 기술에 대해 알아본다.

학습 항목

- 정형, 비정형 데이터의 속성의 이해
- 데이터 수집 기술의 이해
- 데이터 수집 소프트웨어의 활용
- 오픈소스 기반 소프트웨어의 이해

키워드

실시간, 일괄(배치), 데이터 카탈로그

기술분류

정보기술, 오픈소스 소프트웨어, 데이터 수집 기술

NOTICE

PART 03에서는 정형 및 비정형 데이터를 수집하는 기술에 대해서 알아보려고 한다. 흔히 빅데이터 관련 프로젝트를 진행하다 보면 경험상 약 40% 이상을 데이터 수집이라는 영역에 할당하게 된다. 이만큼 데이터의 수집 영역은 매우 중요한 영역이며 빅데이터 관련 프로젝트에서 많은 비용과 시간이 함께 소비된다.

품질이 좋고 정교한 데이터셋을 구하기 위해서 일부 비용을 들여서 구매하거나 공공 데이터 플랫폼을 이용하여 원천 데이터를 확보하고 자체 보유한 데이터셋을 잘 융합하여 활용하기도 하지만 그 전에 세이터 셋의 활용 용도에 대한 기획 및 요구사항의 도출이 선행되어야 한다. 이러한 부분이 선행되지 않고는 우리가 목적한 결과물을 얻을 수 없게 되기 때문이다.

[그림 3-1]은 우리나라 공공 데이터 포털(https://www.data.go.kr)과 미국의 공공 데이터 포털 (https://www.data.gov) 와 한국 데이터 거래소의 메인 화면을 나타낸 것이다.

그림 3-1 우리나라 공공 데이터 포털 메인화면

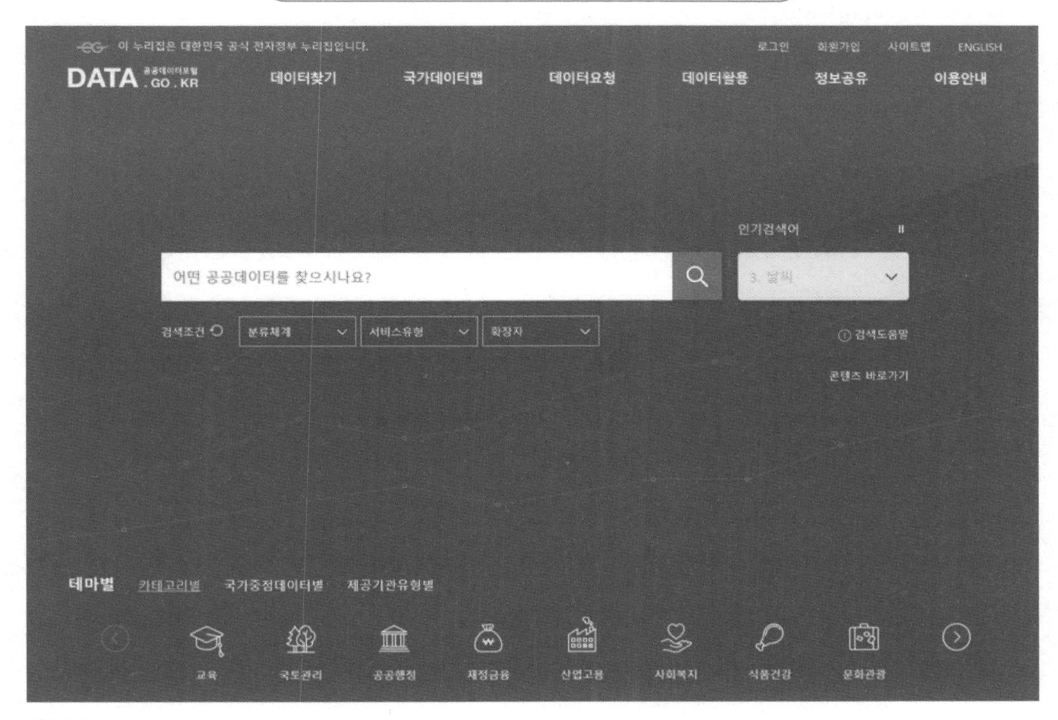

출처: https://www.data.go.kr

우리나라는 공공에서 발생하는 데이터를 필요한 산업에 제공하여 다양한 용도로 활용하고 관련 산업을 발전하기 위해서 공공 데이터 포털 사이트를 운영하고 있다. 이러한 데이터 플랫폼에는 방대한 양의 가치 있는 데이터가 한 곳에 모여 있으며 체계적으로 서비스되어 있음을 확인할 수 있다. 제공 데이터는 CSV, Json과 같은 파일 형태로 제공하기도 하고 API(Application Programming Interface)와 같은 형태로 제공하기 한다. 반면 미국의 공공 데이터 포털인 data.gov에서는 다양하고 정교한 데이터가 게시되어 있으며 데이터 형태는 주로 XML(eXtensible Markup Language)과 같은 반정형 데이터셋 형태로 제공하고 있다.

그림 3-2 미국의 공공 데이터 포털 메인화면

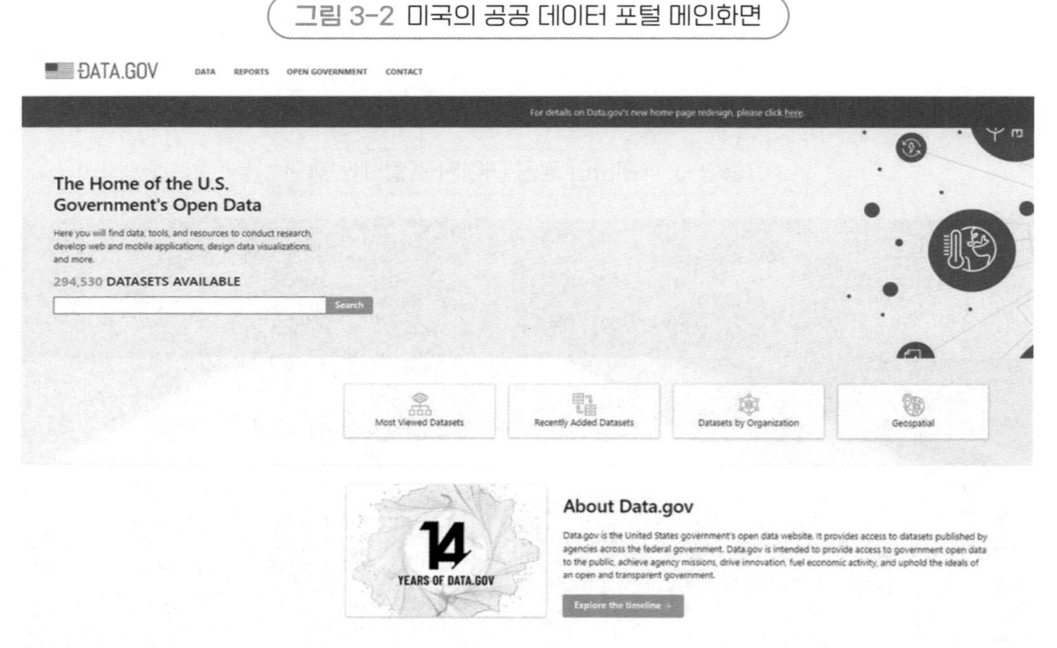

출처: https://www.data.gov

XML 데이터는 사전 정의된 규칙을 기반으로 데이터를 효율적으로 활용할 수 있다. 따라서 XML은 사용자가 태그 정보를 미리 정의할 수 있게 되어 있어 매우 유연한 데이터 표현이 가능하다. 따라서 유연성이 매우 뛰어나다고 할 수 있으며 호환성 또한 뛰어난 특징 또한 가지고 있다.

[그림 3-2]와 [그림 3-3]은 미국과 우리나라의 데이터 공유 플랫폼의 메인 사이트를 나타낸 것이다.

그림 3-3 우리나라의 데이터 거래소 메인화면

출처: https://www.kdx.kr/main

이러한 공공 데이터 포털 이외에도 산업별 농업, 어업 및 신문과 같은 다양한 산업에 기반한 데이터 포털이 있으며 각 지자체별로 운영하는 공공 데이터 포털 등도 있다. 특정 빅데이터 프로젝트를 기획할 때 먼저 공공 데이터 포털을 통해서 필요 데이터셋을 살펴보면 목적에 맞는 품질 좋은 데이터가 많이 존재한다는 것을 알 수 있다.

그림 3-4 데이터별 세부 요소

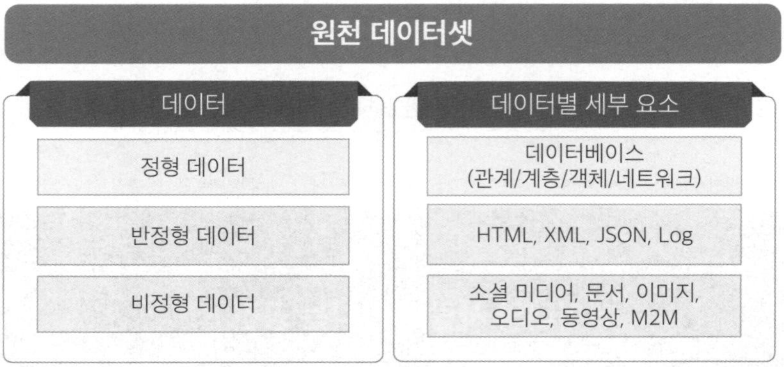

원천 데이터셋

데이터	데이터별 세부 요소
정형 데이터	데이터베이스 (관계/계층/객체/네트워크)
반정형 데이터	HTML, XML, JSON, Log
비정형 데이터	소셜 미디어, 문서, 이미지, 오디오, 동영상, M2M

[그림 3-4]에서와 같이 데이터는 정형과 비정형 데이터로 분류되고 데이터의 속성에 따라 다양한 요소들로 구성되어 있다. 세상에 존재하고 생성되는 무수히 존재하는 수많은 데이터 중에서 우리의 목적에 맞는 데이터를 찾는 것 또한 매우 어려울 뿐더러 체계적으로 수집, 가공하는 기술 또한 매우 중요하다고 할 수 있다. 이러한 데이터를 수집하는 기술 및 활용 도구에 대해서 알아본다는 것은 빅데이터 시스템을 이해하는 데 많은 도움이 될 것이다.

정형 및 비정형 데이터의 수집

1 정형 데이터의 수집

본 장에서는 정형 데이터의 특성 및 수집에 관련된 기술에 대해서 알아보고자 한다. 정형 데이터는 일반적으로 다음과 같은 특징을 가지고 있다. 구조화된 형태를 기반으로 고정된 필드와 형식의 구조로 되어 있다. 이러한 데이터는 일반적으로 테이블의 형태로 저장된다. 이러한 구조는 데이터의 구조가 명확하게 정의되고 있기 때문에 우리가 흔히 사용하는 관계형 데이터베이스를 활용하여 처리하고 분석할 수 있다. 이러한 데이터적 구조로 인하여 저장된 데이터의 정확성이 높으며 SQL과 같은 질의어를 통하여 활용이 가능하다. 뿐만 아니라 분석적인 관점에서 통계적 분석이나 각종 애플리케이션 프로그램을 통하여 목적하는 바를 달성할 수 있는 특징을 가지고 있다.

빅데이터라는 측면에서 정형화된 데이터는 정교한 분석에 활용이 가능하며 이러한 데이터셋을 통하여 각종 비정형 데이터와 융합하여 분석의 질을 높이는 데 활용된다. 이러한 특징을 포함하고 있는 정형 데이터를 수집하기 위해서는 다음과 같은 절차를 통하여 수집하게 된다.

1) 데이터 수집 탐색 단계

요구사항에 기반한 데이터를 식별하고 정의하여 필요한 데이터셋을 확보하고 선정하게 된다. 이때 어떤 목적으로 어떻게 사용할지를 미리 정의한 후 필요한 데이터셋을 확보하게 되는데 정형 데이터는 주로 내부적으로 각종 업무 기반한 애플리케이션에서 활용되는 데이터베이스 기반의 데이터가 주류를 이루고 있다.

2) 데이터 수집 연계 단계

필요한 데이터셋이 선정되었으면 이러한 데이터의 속성에 기반한 연계 방식을 활용하면 되는데 파일 형태로 되어 있는 원천 데이터의 경우에는 ETL 등과 같은 데이터 수집 도구를 활용하게 되고 API로 제공되는 원천 데이터의 경우는 API를 연계하여 타겟 데이터베이스에 연계하는 방식을 선정하게 된다.

3) 데이터 수집 단계

탐색과 연계 방식을 정했으면 이제는 실질적인 데이터를 수집하게 된다. 수집할 경우, 단순 인터넷에서 게시되어 있는 데이터의 경우 크롤링을 활용하거나 각종 API 호출을 통해서 데이터를 수집하게 된다. API를 호출하여 데이터를 수집하는 경우는 해당 API의 연계를 통하거나 약간의 API 수정을 통해서 데이터를 가지고 오기 때문에 쉽고 빠르게 데이터를 가지고 올 수 있으나 파일 단위 또는 데이터베이스 단위로 가지고 올 경우는 ETL 기능을 수행하는 소프트웨어를 활용하기도 한다.

빅데이터 기반 하둡의 영역으로 데이터를 수집하여 적재를 할경우에는 스쿱(Sqoop)과 같은 오픈소스 기반의 소프트웨어를 활용한다. 스쿱은 소스가 공개 되어 있어 필요할 경우 수정을 통해서 해당 목적에 맞게 활용이 가능한 장점을 가지고 있으며 공개되어 있기 때문에 라이선스 구입에 대한 부담이 적은 것이 매우 큰 장점이라고 할 수 있다.

4) 데이터 전처리 단계

수집된 데이터를 처리하여 해당 목적에 맞게 활용하기 위해서는 전처리 단계를 거치게 된다. 이러한 전처리는 활용에 적합한 형태로 데이터를 가공하게 되는데 흔히 판다스(Pandas)나 넘파이(Numpy)와 같은 라이브러리를 활용하게 된다.

위와 같은 단계를 거쳐서 정형 데이터를 수집하게 되는데 본 정형데이터의 수집 차원에서 하둡을 중심으로 보면 가장 많이 사용되고 있는 아파치 스쿱에 대해서 자세히 알아보려고 한다. 아파치 스쿱은 SQL to Hadoop의 약자로 하둡과 RDBMS

간의 데이터 이동을 간편하게 하기 위해서 개발된 오픈소스이며 하둡에서 데이터를 가지고 내보내거나 데이터베이스에서 데이터를 가지고 올 경우에 활용하는 도구라고 정의할 수 있다. 2009년 첫 버전이 나온 이후로 2012년 아파치 상위 프로젝트로 지속적으로 발전하는 오픈소스이다.

스쿱은 구조화된 데이터 저장소에 있는 데이터를 Import 또는 Export하는 기능을 지원한다. 뿐만 아니라 하둡 기반의 에코 소프트웨어인 하이브(Hive)나 일부 NoSQL도 지원하고 있기 때문에 정형화된 데이터베이스를 기반으로 한 데이터를 수집하기에 매우 적합하다. 스쿱은 에이전트 및 기타 기능적 특징으로 인해서 스쿱과 스쿱 2의 두 종류가 있다. 스쿱은 단일 에이전트를 기반으로 하고 있고 스쿱 2는 다중 에이전트를 기반으로 하고 있으며 주로 JDBC를 통하여 연계되며 스쿱 2는 RESTful, Http 프로토콜로 연계가 된다. 다음 [그림 3-5]는 스쿱의 구조를 나타낸 것이다.

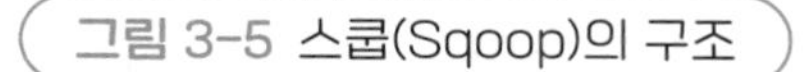
그림 3-5 스쿱(Sqoop)의 구조

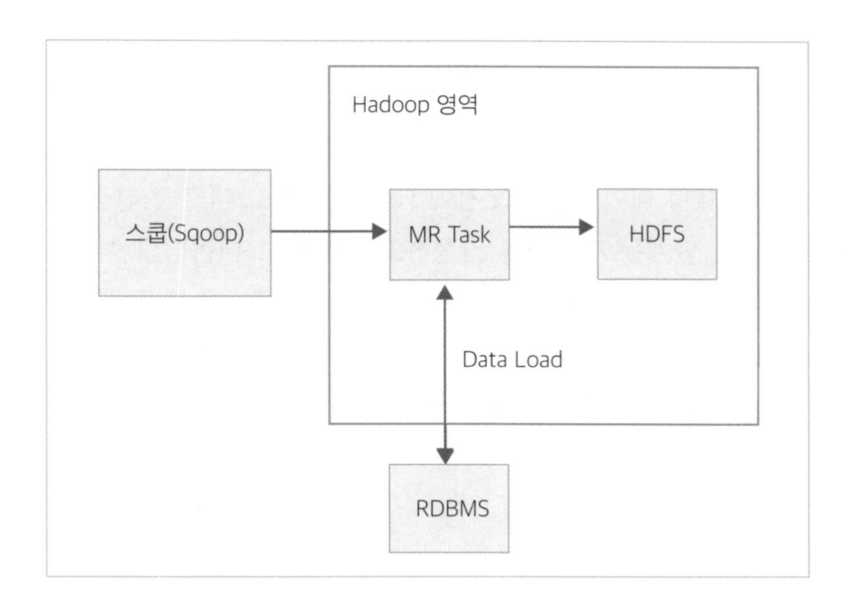

이러한 스쿱의 구조를 통하여 단계별로 처리가 되는 것을 설명하면 다음과 같다.

1) 소스와 타겟 연결 설정

데이터를 가지고 오거나 내보내려면 데이터 소스에 대한 연결 설정을 해야 한다.

2) 명령어 선택

데이터베이스에서 HDFS로 가지고 오거나 내보낼 때 Import 또는 Export와 같은 명령어를 사용하므로 각각 용도에 맞게 명령어를 선택한다.

3) 테이블 지정

Import하거나 Export할 테이블의 이름을 지정한다.

4) 타겟 경로 설정

HDFS의 경로 설정을 지정하고 이러한 경로는 흔히 디렉토리로 정의할 수 있다.

5) 옵션의 설정

데이터의 포맷 및 옵션을 설정한다. 이러한 옵션은 파일의 형식 등이 포함될 수 있다.

작업의 완료 단계에서는 진행 상황을 모니터링할 수 있다. 이러한 단계를 통하여 Hadoop과 관계형 데이터베이스 간에 데이터를 쉽고 빠르게 전송할 수 있게 된다. 스쿱의 이러한 단계는 명령어를 작성하고 실행하고 데이터의 이동을 확인하고 결과를 확인하는 과정이라고 할 수 있다. 스쿱은 브라우저를 활용하여 공식 사이트(https://sqoop.apache.org)에 방문하여 적합한 버전의 스쿱을 다운로드받을 수 있다.

다음 [그림 3-6]은 아파치 스쿱 공식 웹사이트이다.

그림 3-6 아파치 스쿱(Sqoop) 공식 웹사이트

Apache / Sqoop /
Last Published: 2019-01-18

Apache Sqoop

Apache Sqoop(TM) is a tool designed for efficiently transferring bulk data between Apache Hadoop and structured datastores such as relational databases.

Sqoop successfully graduated from the Incubator in March of 2012 and is now a Top-Level Apache project: More information

Latest stable release is 1.4.7 (download, documentation). Latest cut of Sqoop2 is 1.99.7 (download, documentation). Note that 1.99.7 is not compatible with 1.4.7 and not feature complete, it is not intended for production deployment.

Download

Download a release of Sqoop from a nearby mirror.

Sqoop source code is available on both Gitbox and GitHub.

You might clone the repository using one of the following commands:

```
git clone https://gitbox.apache.org/repos/asf/sqoop.git
git clone https://github.com/apache/sqoop.git
```

Use one of the following links to browse the repository online:

https://gitbox.apache.org/repos/asf?p=sqoop.git
https://github.com/apache/sqoop

Getting Involved

We're using mailing list groups to discuss user issues and drive development of the project.

There is a **#sqoop** IRC channel at **irc.freenode.org**.

Your help and feedback are more than welcome. Got a suggestion for improving Sqoop? It's easy to get involved.

Copyright © 2011-2019 The Apache Software Foundation. All Rights Reserved.

Built by: maven

출처: https://sqoop.apache.org

초기 다운로드받은 파일은 압축이 되어 있으므로 'tar -xzvf sqoop-x.y.z.tar.gz'와 같이 압축을 해제한다. 각종 환경 변수와 설정파일을 수정한다. 환경 변수는 'sqoop-env-sh'를 수정하고 'sqoop-site.xml'을 환경에 따라 설정을 완료한다.

그림 3-7 아파치 스쿱(Sqoop) Import와 Export의 예

Shell

```
sqoop import \
--connect jdbc:<database_url> \
--username <username> \
--password <password> \
--table <table_name> \
--target-dir <target_directory>
```

```
sqoop export \
--connect jdbc:<database_url> \
--username <username> \
--password <password> \
--table <table_name> \
--export-dir <hdfs_directory>
```

설치 환경설정이 마무리되었으면 [그림 3-7]과 같이 데이터베이스와 하둡 간의 연계를 통해서 데이터를 주고받을 수 있게 된다. 스쿱은 다른 하둡 기반의 타 에코 소프트웨어와 오랜 기간 동안 안정화가 되어 있어서 구조적으로 간단하여 쉽고 편리하게 하둡과 데이터베이스 간에 데이터를 주고 받기가 매우 쉬운 장점이 있다. 수집 관련 영역에서 비교적 많이 사용되고 있는 오픈소스 기반의 소프트웨어이다. 이를 활용하면 다양한 분야에서 많은 노력을 들이지 않고 적용 가능한 장점이 있다.

2 비정형 데이터의 수집

디지털 기술이 비약적으로 발전하면서 정보기술의 신기술 분야에서도 많은 변화가 일어났다. 과거 정보기술에서 다루는 데이터의 형태는 정형 데이터였고, 이러한 정형 데이터는 우리가 다양한 업무에 적용하기가 매우 편리한 구조를 가지고 있었다. 하지만 빅데이터 기술이 출현하고 인공지능 등 다양한 기술이 발전하면서 적용되는 분야가 포괄적이고 광범위해지면서 많은 양의 비정형 데이터가 출현하게 되었고 결과적으로 이를 처리하기 위한 기술이 필요하게 되었다.

비정형 데이터는 각종 텍스트 기반 데이터, 이미지, 동영상 등 다양한 형태의 데이터를 의미한다. 또한 비정형 데이터는 데이터를 이루는 구조가 명확하게 없는 특징을 가지고 있다. 뿐만 아니라 대량의 데이터셋을 동반하기 때문에 컴퓨터가 이해하기에 매우 난해한 특징 또한 가지고 있다. 더욱이 실시간적으로 생성되는 것이 대부분이고 정형 데이터에 비해서 신뢰도가 떨어지기도 하며 데이터가 가지고 있는 특징 및 의미를 이해하는 데 있어서 종래의 정보기술로는 거의 불가능한 특징을 가지고 있다. 따라서 비정형 데이터를 처리하기 위해서는 데이터가 가지고 있는 특성 및 목적을 이해하고 그에 적합한 기술 셋을 구현, 적용하는 데 있어서 많은 경험을 수반한다고 할 수 있다. 이러한 비정형 데이터를 효과적으로 수집하려면 다음과 같은 절차를 통해서 수집을 하게 된다. 단계별로는 정형 데이터를 수집할 때와 거의 유사한 단계를 거친다.

1) 데이터 수집 탐색 단계

요구사항에 기반한 데이터를 식별하고 정의하는 단계가 필요하다. 이 단계를 거쳐서 필요한 데이터셋을 선정하게 된다. 이때, 어떤 목적으로 어떻게 사용할지를 미리 정의한 후 필요한 데이터셋을 확보하게 되는데 비정형 데이터는 주로 실시간적으로 발생하고 대량의 데이터셋을 생성하는 특징을 가지고 있다.

비정형 데이터에서는 정보기술적으로 친숙하지 못한 동영상, 이미지, 음성 등이 포함되며 이러한 데이터는 대부분 메타 데이터를 포함하고 있기 마련이다. 따라서, 우리가 목적하는 바를 달성하려면 그에 맞는 품질 좋은 데이터셋을 확보하는 것이 우선적인 과제일 것이다. 비정형 데이터의 속성을 이해하고 그에 맞는 수집 도구를 활용하여 효과적으로 수집하기 위한 세부 계획을 수립하고 진행하는 효과적이다.

2) 데이터 수집 연계 단계

수집하려는 비정형 데이터셋이 선정되었으면 데이터의 속성에 기반한 연계 방식을 활용하면 되는데, 파일 형태로 되어 있는 원천 데이터의 경우는 ETL 등과 같은 데이터 수집 도구를 활용하게 되고 API로 제공되는 원천 데이터의 경우는 API를 연계하여 타겟 데이터베이스에 연계하는 방식을 정하게 된다.

이 단계에서는 동영상 및 이미지 같은 데이터의 경우 픽셀 처리 및 레이블링 전략도 수립해야 하며 텍스트 같은 비정형 데이터의 경우는 ETL 기반의 수집 소프트웨어인 플럼(Flume)과 같은 오픈소스 기반의 소프트웨어를 활용하면 된다. 비정형 데이터는 데이터 속성에 따른 다양한 도구가 존재하며 비용과 효율 면에서도 오픈소스 기반의 소프트웨어를 활용하는 것이 효율적이다.

3) 데이터 수집 단계

데이터의 속성에 따른 데이터 탐색과 연계 방식을 정했으면 이제는 데이터를 수집하게 된다. 수집할 경우에는 SNS와 같은 웹 기반의 데이터의 경우 크롤링을 활용하거나 각종 API 기반의 인터페이스를 통해서 데이터를 수집하게 되며 비정형 데이터의 특성에 따라 다양한 방식을 적용할 수 있다. 텍스트 데이터의 경우 하둡의 영역으로 데이터를 수집하여 적재를 할 경우에는 플럼(Flume)과 같은 오픈소스 기반의 소프트웨어를 활용한다. 플럼은 소스가 공개되어 있어 필요할 경우 프로그램의 소스를 수정하여 해당 목적에 맞게 활용이 가능한 장점을 가지고 있으며 공개되어 있기 때문에 라이선스 구입에 대한 부담이 적은 것이 매우 큰 장점이라고 할 수 있다.

4) 데이터 전처리 단계

수집된 데이터를 가공하여 해당 목적에 맞게 활용하기 위해서는 전처리 단계를 거치게 된다. 이러한 전처리는 비정형 데이터의 속성상 컴퓨터가 이해할 수 있는 형태로 가공하게 되는데 이미지나 동영상 데이터의 경우 데이터 레이블링이나 픽셀규격화 그리고 영상처리 시 활용되는 객체 탐지 및 식별 등에 활용되는 바운딩박스(Bounding Box)와 같은 처리도 활용하게 된다. 특히, 바운딩박스는 이미지 내에 특정 객체를 사각형이나 그에 적합한 표시하는 방식으로 객체의 존재 영역을 식별하는 데 활용되는 기술이기도 하다. 이러한 작업 등이 흔히 비정형 데이터의 전처리에 포함된다고 할 수 있다.

데이터의 수집과 전처리 단계는 그의 단계별 순서가 데이터 활용 목적에 따라서 순서가 바뀔 수도 있다. 정형 데이터와 달리 비정형 데이터는 데이터의 속성이 다양하고 그의 양이 방대하기 때문에 그에 맞는 처리 방식과 도구를 활용하는 가장 중요한 부분이라고 할 수 있다. 비정형 데이터 중에서 텍스트를 수집하는 오픈소스 기반의 도구 중 광범위하게 사용하는 플럼(Flume)에 대해서 알아보자.

플럼은 클라우데라사에서 개발하여 아파치 재단의 프로젝트로 이관된 오픈소스 기반의 데이터 수집도구이다. 아파치 재단의 하둡이 널리 사용되면서 자연스럽게 플럼은 대다수의 빅데이터 프로젝트에서 광범위하게 사용되고 있다. 데이터 기반의 거의 모든 도구들이 분산처리를 지원하는 것처럼 플럼 또한 분산 환경에서 동작되는 아키텍처를 가지고 있다. 따라서 스케일아웃을 지원하기 때문에 여러 대의 노드를 활용하여 대규모의 데이터를 수집하고 처리할 수 있다.

빅데이터의 특성상 스케일 아웃(Scale out)을 지원하여 확장성이 매우 뛰어나며 그에 따른 성능 또한 선형적으로 증가하기 때문에 대규모 데이터 처리에 매우 유용하게 사용되고 있다. 플럼은 다양한 로그성 데이터를 처리하는 데 적합하며 다양한 전송 경로를 설정할 수 있도록 설계되어 있다. 이러한 특성은 빅데이터의 다양한 요구사항을 기반으로 유연한 수집 체계를 구축할 수 있게 된다.

다음 [그림 3-8]은 아파치재단의 플럼(Flume) 공식 웹사이트 https://flume.apache.org이다. 본 공식 웹사이트에는 최신 플럼 소프트웨어를 다운받을 수 있으며 관련된 기술 자료 또한 함께 배포되어 있다.

그림 3-8 아파치 플럼(Flume) 공식 웹사이트

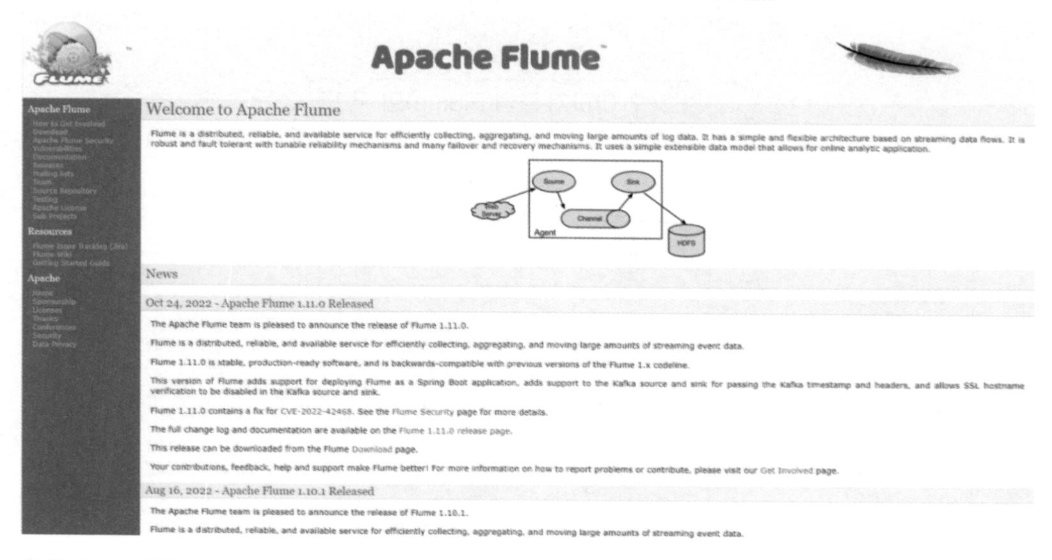

출처: https://flume.apache.org

본 사이트를 통하여 이전 버전 및 최신 버전을 다운로드받아서 사용하면 된다. 하지만 플럼은 자바(Java)로 개발되었기 때문에 시스템에 자바가 미리 설치되어 있어야 한다. 이후 플럼을 다운로드받으면 되는데, 이때 다른 오픈소스 소프트웨어와 같이 압축되어 있으므로 압축을 해제해야 한다. 이러한 플럼의 구조적 특징을 통하여 단계별로 처리되는 과정을 설명하면 다음과 같다.

1) 플럼 환경설정

데이터를 가지고 오거나 내보내려면 데이터 소스에 대한 연결설정을 해야 한다. 이 구성 파일에서는 데이터 소스 및 채널, 싱크 등을 설정한다.

2) 플럼의 실행

플럼 스크립트를 실행하여 구동시킨다. 이때 환경설정에서 소스 및 채널, 싱크 등과 같이 미리 지정해 놓은 경로에 따라 실행된다. 소스는 데이터가 들어오는 곳이며 채널은 데이터가 전달되는 경로를 나타내며 싱크는 데이터 전송되는 타겟을 의미한다. 이러한 환경설정에 따라 플럼이 실행되게 된다.

3) 확인

플럼이 정상적으로 실행되었는지를 확인한다.

그림 3-9 아파치 플럼(Flume)의 구조

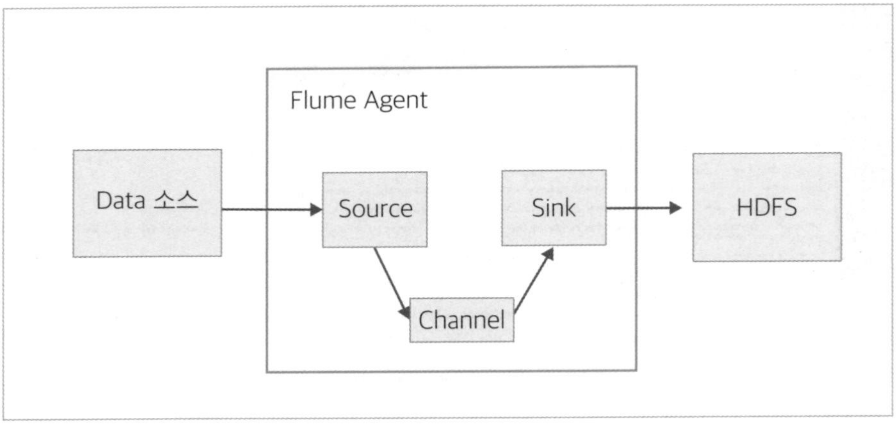

플럼의 구조는 매우 간단하지만 사용목적에 따라 유연한 수집 구조를 만들 수 있다. 환경설정상에 플럼 실행 스크립트는 다음과 같다. 'bin/flume-ng agent --conf conf --conf-file 〈설정파일경로〉 --name 〈에이전트이름〉'과 같이 구성할 수 있으며 'bin/flume-ng'는 실행 스크립트의 경로를 나타내고 에이전트의 유형, 구성 파일의 경로 등을 지정하여 스크립트로 실행하게 된다.

그리고 설정파일은 'flume.conf' 파일이며, 설정파일의 예시는 다음과 같다.

그림 3-10 아파치 플럼(Flume)의 flume.conf 파일 설정의 예

```
a1.sources = q1
a1.sinks = r1
a1.channels = s1

a1.sources.q1.type = netcat
a1.sources.q1.bind = localhost
a1.sources.q1.port = 8888

a1.sinks.r1.type = logger

a1.channels.s1.type = memory
a1.channels.s1.capacity = 500
a1.channels.s1.transactionCapacity = 100
```

플럼은 분산 환경에서 대용량의 로그 데이터를 효율적으로 옮길 수 있는 로그 수집기의 역할을 한다. 예를 들어, 많은 수의 분산된 서버의 비정형 로그 데이터를 하둡의 HDFS(Hadoop Distributed FileSystem)에 데이터를 적재하는 ETL 소프트웨어 같은 역할을 에이전트 기반으로 수행한다. 시스템 구조가 간단하여 관리가 용이하고 새로운 기능을 추가하기가 매우 쉽도록 설계되어 있다.

또한 장애가 발생하였을 때 원천 로그 데이터의 유실이 없도록 전송하는 기능 또한 완벽하다고 할 수 있으며 구조는 Agent Tier, Collect Tier, Storage Tier 등의 3Tier 구조로 되어 있고 신뢰성 수준의 설정 또한 가능하도록 되어 있다. 따라서 보안 로그 분석, 시스템 및 애플리케이션 로그 분석 등 비정형 데이터를 에이전트 기반으로 수집하는 기능을 활용하여 다양한 분야에 활용이 가능하다고 할 수 있다.

실시간 및 배치 데이터의 수집

데이터를 실시간으로 수집한다는 것은 과거에는 많은 비용과 기술적 경험이 필요하였으나 오픈소스 기반의 실시간 소프트웨어의 발달로 인해서 이러한 기술은 비용적으로나 효율적인 면에서 많은 발전을 이룩하였다. 특히, 모바일 기기의 발전으로 실시간의 중요성은 더욱 중요해지고 있으며 이러한 실시간으로 수집된 데이터는 기업에서 핵심적인 서비스로 자리잡고 산업 경쟁력을 갖추게 되는 주요 원천이 되고 있다.

실시간 데이터 수집은 데이터의 흐름과 변환, 저장 등 다양한 관점의 데이터 파이프 라인을 기반으로 아키텍처를 설계하여야 한다. 데이터 파이프 라인은 일종의 데이터 체계 프로세스라고도 할 수 있다. 데이터가 생성되는 즉시 수집, 처리, 저장, 분석되는 전체의 일괄적인 프로세스를 의미하며, 가장 핵심적인 요소는 데이터의 시간 지연이 없고 데이터의 유실이 없는 완벽한 데이터 처리를 의미한다. 이러한 실시간 데이터 파이프 라인은 다양한 부분을 포함하고 있으며 각 단계는 다음과 같이 정의할 수 있다.

1) 데이터의 수집 단계

데이터의 생성 즉시 수집하는 단계를 의미한다. 통상적으로 실시간 수집 단계를 의미하며 과거에는 CDC(Change Data Capture)와 같은 복제 기술을 기반으로 하고 있었지만 현재는 디지털 기술의 발전으로 실시간에 가깝게 수집하는 것을 의미한다. 실시간이라고 하지만 엄밀하게 정의하자면 준실시간(Near Real Time)이라고 할 수 있으며 준실시간의 의미는 실시간에 가깝다는 것을 의미한다.

수집적인 관점에서 특정한 이벤트가 생성된 것은 현재이고 이러한 이벤트를 실시간적으로 수집한다고 해도 시계열적으로 보면 과거가 되기 때문이다. 이러한 실시간적인 요구는 더욱 증대되고 있으며 이러한 실시간적 활용에 대한 니즈는 더욱 커지고 있다고 할 수 있다. 실시간에 가까운 수집을 가능하게 하는 오픈소스 기반의 도구들은 스파크(Spark), 스톰(Storm), 카프카(Kafka), 플링크(Flink) 등 다양한 오픈 기반의 도구들이 존재한다.

2) 데이터 시스템 아키텍처 설계

실시간적으로 데이터를 수집하기 위해서는 목적별 데이터의 속성에 근거한 시스템 아키텍처가 수반되어야 한다. 이러한 시스템 아키텍처는 신뢰성, 안정성, 성능적 요소를 모두 충족하는 구조여야 한다. 따라서 요구사항에 맞는 클러스터 및 복제, 백업 등과 아울러 확장성의 측면까지 모두 충족하는 구조를 가지고 있어야 한다.

3) 실시간 처리를 충족하는 데이터 기반의 도구 적용 단계

데이터의 활용 목적과 데이터의 속성에 기반한 체계적이고 효율적인 도구의 선정이 필요하다. 일반적으로 오픈소스 및 상업용 소프트웨어 두 가지 중 과거에는 상업용 소프트웨어를 많이 사용하였지만 현재는 오픈소스 기반의 수집 도구를 많이 사용하고 있다. 지금까지 실시간 데이터 수집을 위한 데이터 파이프 라인에 대해 알아보았다. 실시간 처리가 가능한 오픈소스 기반 소프트웨어에서 가장 많이 활용하고 있는 도구는 아파치 재단의 오픈소스 기반 소프트웨어인 스파크(Spark)라고 할 수 있다. 스파크는 [그림 3-11]에서와 같이 공식 아파치 다운로드 사이트에서 관련 소프트웨어를 다운로드받을 수 있다.

그림 3-11 아파치 스파크 다운로드 사이트

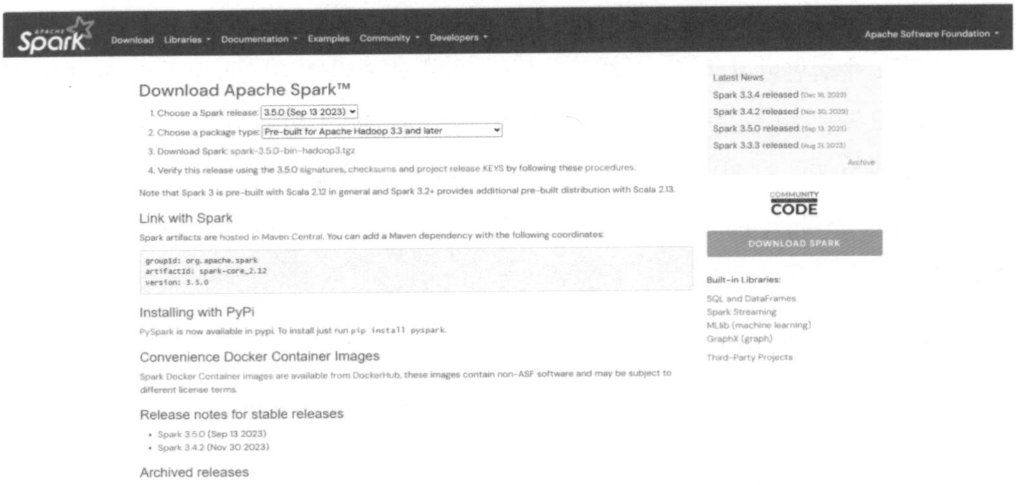

출처: https://spark.apache.org/downloads.html

아파치 스파크(Spark)는 2009년 UC Berkeley 대학의 한 연구소에서 개발되었다. 그 후 2010년 오픈소스로 등록되었고 2014년 아파치 톱 레벨로 등록된 빅데이터 기반의 도구이다. 아파치 스파크의 장점은 다양한 컴퍼넌트와 라이브러리를 지원하고 있고 다양한 언어, 즉 스칼라, 자바, 파이썬 등 기반의 API를 제공하고 있다. 뿐만 아니라 용도에 맞게 Spark QL, MLlib, Streaming 등 다양한 라이브러리를 통해 확장이 가능한 장점이 있다. 대규모의 데이터를 처리하기 위한 연산 및 활용에 고성능을 제공하고 있기 때문에 많은 부분에서 활용되고 있다. 따라서 그의 적용 분야는 대규모의 실시간 데이터 처리 및 연산에 필요한 컴퓨팅 자원에 적용하고 시스템 자원과의 효과적인 연계가 가능한 아키텍처를 구성할 수 있다.

스파크는 한마디로 정의하자면 인메모리 기반의 분산 클러스터 환경의 데이터 분산처리가 가능한 엔진이라고 정의할 수 있다. 분산 클러스터 환경에서 데이터를 병렬로 처리하는 라이브러리가 패키지 형태로 제공되며 하둡에서 실시간적으로 취약 부분을 보완하는 용도로도 활용된다.

그림 3-12 아파치 스파크 구조

스파크 SQL (정형화된 데이터) | 스파크 스트리밍 (실시간 데이터) | Mllib (머신러닝) | Graph X (그래프 처리)

스파크 Core
(Job Scheduler, Mamory, 장애, 장치 연동 등 기본 기능 구성)

Standalone Scheduler | YARN | Apache Mesos

기존에 실시간 처리 용도로 하이브(Hive)와 스톰(Storm) 같은 도구를 통합하여 실시간으로 데이터를 수집, 처리하는 용도로 많이 사용되었지만 이와 같은 것들을 통합적으로 운영할 수 있는 플랫폼과 같은 역할을 하는 도구의 필요성이 꾸준히 요구되었다. 이러한 기대에 부응하는 용도로 만들어진 것이 스파크라고 할 수 있다. [그림 3-12]는 스파크의 구조를 나타낸 것이다. 이를 자세히 설명하면 다음과 같은 기능 요소로 구성되어 있다.

1) 스파크 Core

스파크 프레임워크에서 가장 기본적인 엔진으로 분산환경의 데이터 처리 기능을 제공한다. 이러한 분산환경은 대규모의 데이터셋을 처리하기 위한 기반이 되는 것이라고 할 수 있으며 여러 단계의 변환 및 DStreams를 통해서 처리되는 불변성 데이터 구조인 RDD(Resilient Distributed Dataset)를 통하여 분산 데이터셋을 지원한다. 빅데이터 기능 요소 중 다양한 데이터 소스에 대한 연동을 지원하기 때문에 하둡 및 NoSQL 등과 같은 다양한 데이터 소스를 지원한다.

2) 스파크 SQL

데이터를 구조화된 형태로 처리하고 쿼리 기반의 SQL을 수행하는 기능을 하고 있다. 뿐만 아니라 하둡 에코 소프트웨어인 하이브(Hive)의 쿼리도 실행이 가능하며 이러한 SQL은 ANSI SQL을 따르고 있기 때문에 호환성이 높은 장점도 가지고 있다.

3) 스파크 Streaming

실시간적으로 발생하는 데이터의 스트리밍을 처리하며 높은 성능과 낮은 지연

시간을 제공하는 기능을 통하여 실시간 처리에 특화된 기능을 제공한다. 메시징 큐(Queue)의 역할을 하는 카프카(Kafka), 에이전트 기반의 수집 소프트웨어인 플럼(Flume) 등과 같은 다양한 소스에서 데이터 스트리밍 처리 기능이 제공된다.

4) MLlib

MLlib은 일종의 기계학습 라이브러리라고 할 수 있으며 다양한 기계학습 알고리즘 및 함수를 포함하고 있다. 따라서 최근에 인공지능을 개발할 때 많이 사용되기도 하며 분류 및 회귀 기반의 모델 등에 많이 활용된다. 스파크의 다양한 라이브러리를 통하여 분석 모델에 대한 다양한 지원을 제공하고 있다.

위와 같은 강력한 라이브러리를 통하여 실시간적으로 데이터를 처리하는 데 있어서 스파크는 거의 모든 데이터 처리 영역에서 활용되고 있는 추세이다. 이러한 스파크를 사용할 때 다음과 같은 사항을 확인해야 한다.

첫째, 사용 버전 및 운영 체제의 확인이 필요하다. 스파크는 다양한 운영체제를 지원하지만 이러한 부분은 사전에 어떤 운영체제를 사용하는지를 조사하여 그에 맞는 스파크의 버전을 설치하여야 한다. 뿐만 아니라 사용될 자바의 호환성을 확인하여 호환성이 있는 버전을 설치하여야 한다. 이는 소프트웨어의 버전 의존성에 기인하기 때문이다. 세부적으로는 스칼라(Scala)와 스파크 세부 버전에 대한 호환성 또한 확인하여야 한다. 모든 빅데이터 에코 소프트웨어는 각각의 버전 의존성이 심한 특성을 가지고 있기 때문에 이에 대한 확인을 사전에 검토하여야 한다.

둘째, 스파크는 메모리 중심 기반으로 처리를 수행하기 때문에 메모리의 설정 등을 통하여 충분한 메모리가 확보되어 있어야 하며 CPU, GPU, DISK 등의 내부 할당에 대한 설정 또한 매우 중요한 요소이다. 이러한 할당이 환경 구성에서 잘 구성이 되어 있어야만 최적의 시스템 환경을 제공받을 수 있다. 대규모의 데이터 처리 환경에서는 다양한 도구들 속에서 하나의 도구를 중심으로 구성하기보다는 다양한 시스템 인프라 구조 속에서 에코 소프트웨어를 분산처리하고 로드 벨런싱 등을 통해 안정적으로 운영될 수 있는 환경을 구축하는 것이 바람직하다. 이러한 구성을 통하여 장애에 대비하고 시스템 리소스의 안정적인 성능을 보장할 수 있기 때문이다.

스파크를 사용하기 위해서는 오픈소스 소프트웨어와 같이 다운로드받고 설치를 진행해야 하는데, 그에 대한 환경설정은 'spark-defaults.conf' 파일과 'spark-env.sh'와 같은 환경설정파일이 있다. 'spark-defaults.conf' 파일은 구성 옵션 중 속성에 해당하는 환경설정파일의 예를 나타낸 것이다.

그림 3-13 spark-defaults.conf의 설정 예

```
spark.master            spark://master:7077
spark.eventLog.enabled true
spark.app.name          MySparkApp
spark.executor.memory   8g
spark.driver.memory     4g
spark.executor.cores    4
```

이러한 설정파일은 스파크의 구동 시 다양한 애플리케이션을 설정하여 최적의 환경을 제공하는 기본 환경설정을 하는 파일이다. 따라서 최적의 환경을 구성할 때 가장 중요한 부분으로 각 설정은 키와 값 형태로 구성되며 특정 기능을 설정하는 용도로 사용된다.

지금까지 빅데이터 시스템을 구성할 때 실시간 처리 용도로 활용되는 스파크에 대해서 알아 보았다. 스파크만으로 최적의 환경을 구성하는 것이 가능하지만 다양한 오픈소스 기반의 도구들과 통합하여 최적의 환경을 구성하는 것 또한 최상의 방법일 것이다. 따라서 빅데이터의 오픈소스 기반 소프트웨어는 퍼즐(Puzzle) 테크놀러지라고 한다. 어떠한 목표를 달성하기 위해서 기술을 조합하고 소프트웨어를 응용하여 하나의 완성된 시스템을 구축하는 것이 가장 최선의 방법일 것이다.

데이터 카탈로그 기술

빅데이터의 활용이 많아질수록 사용성에 기반한 오픈 데이터의 중요성이 날로 중요해지고 있다. 오픈 데이터는 정형 데이터와 대량의 비정형 데이터가 중심을 이루고 있어 이러한 대규모의 데이터셋을 관리 운영하고 공유한다는 것은 매우 복잡하고 어려운 기술적 문제를 수반한다. 이러한 문제를 해결하기 위해 만들어진 것이 데이터 카탈로그 기술이다. 데이터 카탈로그 기술을 활용하면 다음과 같은 문제를 해결할 수 있다.

첫째, 데이터를 관리함에서 있어서 빅데이터는 대용량의 데이터셋과 많은 데이터의 속성과 타입이 존재한다. 이러한 복잡한 데이터 환경에서 표준화된 방식으로 관리가 가능하며 메타데이터를 통해서 데이터의 구조 및 속성, 위치 등을 기록하고 관리하게 된다. 따라서 수많은 데이터셋 속에서 내가 필요로 하는 데이터를 쉽고 편리하게 찾을 수 있으며 시스템 관리자 입장에서 효율적인 운영이 가능하게 된다.

둘째, 복잡한 데이터의 형태에 따라서 보안적 이슈 및 법률적 가이드라인 그리고 출처, 품질 등 체계적으로 관리할 수 있게 되어 미리 정해 놓은 규정 및 거버넌스를 준수하게 된다. 이러한 데이터 거버넌스는 빅데이터를 활용하여 다양한 분석 서비스를 만들어 나갈 때 프레임워크가 될 수 있으므로 운영 및 효율 면에서도 매우 합리적인 운영이 가능하게 된다.

셋째, 데이터의 활용성 측면에서 빠른 데이터의 식별을 통해서 활용성이 증대되며 빠른 시간 내에 적용 및 융합이 가능한 장점 등이 데이터 카탈로그에 담겨 있다.

따라서 데이터 카탈로그 기술을 통해서 데이터의 검색 및 활용이 결과적으로는 증대되게 되어 데이터 기반 서비스의 활성화가 더욱 빠르게 일어나는 것이 가능하며 접근성, 공유성, 통합성 측면에서도 도움이 된다고 할 수 있다.

CHAPTER 03에서는 데이터 카탈로그 기술에서 많이 활용되고 있는 DCAT(Data Catalog Vocabulary)과 CKAN(Comprehensive Knowledge Archive Network)에 대해 알아보도로 하겠다. DCAT(Data Catalog Vocabulary)는 데이터 카탈로그를 표현하기 위한 표준 모델이라고 정의할 수 있다. 따라서 DCAT 소프트웨어가 아니며 프레임워크 또는 표준 모델로 정의할 수 있고 이러한 것을 구현하는 기술로는 오픈소스로 DKAN, OpenDataSoft 등과 같은 것들이 있다.

공공 데이터 플랫폼과 같은 대규모의 데이터셋을 기반으로 데이터를 공유하고 효과적으로 활용 가능하게 하기 위해 표준화하고 구조화하는 역할을 한다. 이를 통해 사용자가 엄청나게 많은 데이터 중 쉽고 편리하게 데이터를 찾을 수 있게 하며 데이터를 제공하는 플랫폼 운영자는 데이터의 가시성을 높여서 공공 목적의 활용을 촉진할 수 있도록 한다.

DCAT은 웹기반의 표준인 RDF(Resource Description Framework) 데이터 포맷을 기반으로 하고 데이터 간의 상호 운영성, 연계성, 검색의 용이성 등을 통합적으로 제공하고 있다. 이러한 DCAT 표준을 사용하는 도구로는 CKAN에 대해 설명하도록 하겠다. 다음 [그림 3-14]는 CKAN의 공식 다운로드 사이트이며 Github에서 다운로드받을 수 있다.

그림 3-14 CKAN 공식 사이트

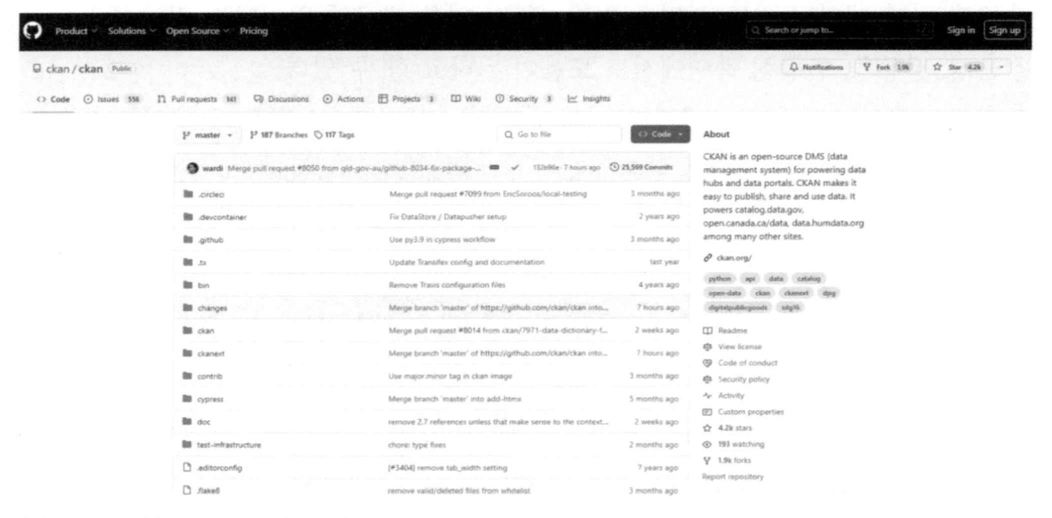

출처: https://github.com/ckan/ckan

CKAN은 사용 방법 또한 매우 쉬우며 사용자 친화적인 웹 인터페이스를 제공하고 있다. CKAN은 다음과 같은 특징이 있다.

첫째, 데이터셋에 대한 메타데이터를 수집하고 관리할 수 있는 탁월한 기능이 제공된다. 이러한 기능을 통하여 쉽고 편리하게 원하는 데이터를 찾을 수 있게 된다. 둘째, 사용자 친화적인 웹 인터페이스를 제공하고 있다. 이러한 UI 덕분에 검색에서부터 최종적인 다운로드 단계까지 몇 번의 클릭만으로 원하는 데이터를 가지고 올 수 있다. 셋째, 데이터 공유의 특성상 API의 연계가 매우 중요하다. CKAN에서는 이러한 데이터 연계에 대한 API를 제공하므로 자신만의 편리한 애플리케이션을 만들 수 있다. 넷째, CKAN의 기능을 확장할 수 있는 다양한 확장성을 제공하고 있기 때문에 이를 가능하게 하는 플러그 인 및 기능을 확장을 할 수 있게 된다. 마지막으로, 그 외에도 데이터 직접 업로드하거나 저장하는 기능 및 각종 시각화를 제공하고 있어서 가장 널리 사용되고 있는 데이터 카탈로그 소프트웨어라 할 수 있다.

CKAN은 영국의 비영리재단인 OKF(Open Knowledge Foundation)에서 개발된 공공 데이터의 개방을 지원하는 오픈소스 기반의 데이터 카탈로그 소프트웨어로 국내외 및 대형 공공 데이터 공유 플랫폼에서 가장 많이 사용하는 오픈소스 기반의 카탈로그 소프트웨어이다. 데이터의 투명성 및 활용에 중점을 둔 소프트웨어로 안정성과 신뢰성이 매우 뛰어난 카탈로그 도구라고 할 수 있다.

하루가 다르게 쏟아져 나오는 데이터의 홍수 속에서 데이터 공유의 표준을 정하고 이를 기반으로 원하는 데이터를 효과적으로 찾을 수 있는 기능을 하는 소프트웨어의 필요성은 더욱 많아지고 있는 추세라고 할 수 있다.

PART 04

데이터 저장 기술

OVERVIEW

하둡(Hadoop)

4. 데이터 저장 기술

NoSQL 기반 데이터베이스

에코 소프트웨어의 저장 기술

학습 목표

데이터 기반의 데이터베이스 및 NoSQL 데이터 스토어, 하둡에 대한 기술적 이해를 통한 다양한 저장 기술을 이해한다.

학습 항목

- 데이터 저장 기술의 이해
- 빅데이터 기반 에코 소프트웨어 활용
- 데이터베이스와 NoSQL 기술의 활용
- 저장 기반 오픈소스 소프트웨어의 이해

키워드

하둡(Hadoop), NoSQL, 저장 기술

기술분류

정보기술, 데이터베이스, NoSQL, 하둡

정보의 홍수 속에서 살아가는 현대인에게 데이터라는 키워드의 의미는 남다르게 느껴질 것이다. 단순하게 말을 전달하는 전화기가 이제는 말을 전달하는 본연의 기능을 넘어선 지 오래되었으며 전화기는 스마트폰으로 진화하여 음성의 전달보다는 데이터를 통한 정보의 전달과 활용에 중심이 맞춰져 있다.

현대 사회에서 데이터는 소중한 자원으로서 이를 수집, 처리, 보관, 활용이라는 핵심 기능을 통하여 기업의 의사결정을 지원하고 비즈니스에 활용하며, 다양한 분석을 통해서 사회의 문제를 해결하고 통찰력을 강화하는 역할이 핵심이 되고 있다. 따라서 데이터는 이차전지의 핵심 소재인 리튬, 산업의 혈액과 같은 원유, 첨단 기기의 소재가 되는 희토류와 같은 핵심 자원으로 분류되고 있고 광범위한 분야에서 이를 적극 활용하고 있다.

데이터를 저장한다는 의미는 생성되는 데이터를 단순하게 수집하고 저장해 놓는다는 것을 의미하는 것은 아니다. '구슬이 서말이어도 꿰어야 보배다'라는 속담이 있는 있는 것처럼 아무리 많은 데이터가 있다고 하더라도 컴퓨터가 이해할 수 있게 잘 쌓아놓고 정리를 해놓는다면 데이터는 보배가 될 수 있을 것이다. 바꾸어 얘기한다면 구슬을 그냥 창고에 쌓아놓는 것이 아니라 필요할 때 용도에 따라서 쉽고 편리하게 사용할 수 있도록 잘 정리하여 사용 용도에 따라서 가공해서 정해 놓은 구역에 차곡차곡 쌓아놓게 되면 필요에 따라서 반지, 목걸이 또는 장신구처럼 용도별로 단순 가공해서 빠르게 활용이 가능할 것이다.

데이터도 이와 같다고 할 수 있다. 데이터를 효과적으로 수집하는 기술과 도구를 활용하고 이를 체계적으로 설계된 데이터 저장소에 차곡차곡 정리하여 쌓아놓는다면 우리는 활용하려는 용도에 맞게 빠르고 편리하게 사용이 될 것이다. 따라서 우리가 활용하려는 목적에 따라서 활용할 수 있도록 체계적으로 도구와 기술을 활용하려는 능력이 필수적일 것이다.

그러면 우리는 이러한 데이터를 효과적으로 저장하는 기술과 도구는 무엇이 있는지 또, 어떻게 사용하는지에 대한 구체적인 특징을 알아야 한다. 그것을 가능하게 하려면 빅데이터 플랫폼에서 많이 사용하는 하둡(Hadoop), 그리고 데이터베이스 그리고 오픈소스를 기반으로 하는 다양한 에코 소프트웨어에 대해서 알아야 할 것이다.

CHAPTER 01

하둡(Hadoop)

야후의 더크 커팅이 너치(Nutch)의 프로젝트의 일환으로 시작된 하둡(Hadoop; High Availability Distributed Object Oriented Platform)은 기술적 기반이 NDFS(Nutch Distributed File System)에서 시작하였다. 지금부터 십수 년 전 하둡을 접한 필자는 말 그대로 충격적이었다. 그 이유는 우리가 분석이라는 영역에서 제외되었던 대용량의 비정형 데이터를 분석하고 활용하려는 목적으로서의 관계형 데이터베이스와는 성능과 효율 면에서 많은 차이가 있었기 때문이다. 물론, 관계형 데이터베이스 또한 좋은 기능과 성능을 가진 정보기술의 한 분야이기는 하지만 말이다.

특히, 분산과 병렬이라는 기능을 통하여 데이터 분석에 적합한 성능과 목적을 달성하기 위한 효율적인 구조로 되어 있고 그를 보완해 주는 수많은 에코 소프트웨어가 쏟아져 나오는 것을 지켜본 나로서는 인공지능이 가능하게 된 것은 모두 하둡과 이와 관련된 에코 소프트웨어 그리고 인프라의 기술 덕분이라고 생각이 들었기 때문이다.

하둡은 다음과 같은 특징이 있다. 첫 번째, 하둡의 HDFS(Hadoop Distributed File System)이라는 파일 시스템은 대용량 데이터를 저장하기 위한 분산 파일 시스템으로 블록 단위, 즉 64~128Mb의 사이즈로 데이터를 분할하는 방식과 이를 여러 데이터 노드(서버)에 나누어 저장하는 방식을 통하여 데이터의 저장, 성능, 안정성 등을 극대화하는 방식을 채택하고 있다.

흔히, 데이터의 블록 사이즈를 64~128Mb 단위로 분할하는 방식이 교과서적이라면 상업적으로는 기계데이터, 즉 IoT 데이터에 적합한 저장 방식을 통하여 데이터를 8Kb 단위로 분할하여 적재하는 방식의 하둡 등 다양한 상업용 제품도 있다.

두 번째, 병렬처리 프레임워크인 맵리듀스(MapReduce)를 기반으로 각 노드에 분산 저장된 데이터의 빠른 처리를 위한 병렬처리 기반의 프레임워크를 지원하고 있다. 이것을 통해서 노드에 분산된 데이터를 맵(Map)과 리듀스(Reduce)의 단계를 통해서 집계하는 구조는 가지고 있는데 이는 효율적인 확장성을 기반으로 하고 있다. 이 부분에 대해서 세부 기술적 사항은 PART 05에 기술해 두었다.

세 번째, 하둡 기반의 시스템을 운영할 때 오류 및 불안정성을 제거하기 위해서 복제의 개수를 3벌(3 Replication) 단위의 복제 방식을 취하고 있다. 물론, 레이드(Raid)라든가, 기타 구성을 하지 않는다는 전제 조건에서 파일의 불안정성을 제거하기 위한 용도로 사용되는 하둡의 방식이 세벌 복제 방식이다. 하지만 데이터의 구조 및 서비스의 형태별로 필요에 따라서 2벌 복제(2 Replication)를 하는 경우도 있다.

네 번째, 다양하고 저렴한 하드웨어, 즉 x.86 기반의 서버를 활용하여 구성이 가능하기 때문에 비용 및 기술적 구성 면에 있어서 매우 유연한 시스템적 구조를 가지고 있다. 또한, 스케일 업 방식의 구성 형태로 선형적인 성능 향상 구조를 가지고 있다. 하지만 최근에 다양한 하드웨어 및 소프트웨어 중심의 인프라기술이 발전하고 있고 HCI(Hyper Converged Infrastructure) 같은 초융합 컴퓨팅 기술을 활용하여 구성, 활용하고 있는 경우도 점점 증가하고 있다. 초융합 컴퓨팅 기반의 하둡 플랫폼은 하둡과 관련 에코 소프트웨어 일체가 클러스터 내에 각 서버와 스토리지, 네트워크 장비가 일체화되어 있다.

그리고 초융합 컴퓨팅 디바이스에 소프트웨어적인 가상화, 컨테이너 기술을 활용하여 하나의 가전 제품과 같은 어플라이언스 같은 형태의 빅데이터 시스템 플랫폼 기반 구조를 일체화한 시스템 구조를 가지고 있는 것이 특징이다.

빅데이터 플랫폼은 거의 대부분 오픈소스를 기반으로 하고 있기 때문에 향후 운영관리에 있어서 많은 주의가 필요하다. 하지만 HCI 기반은 통합된 인프라스트럭처의 리소스를 활용하는 형태의 구조를 가지고 있고 대부분 가상화 기술을 활용하며 리소스의 할당과 복구, 관리 등이 자동화된 구조를 가지고 있어서 높은 가용성과 신뢰성을 제공하는 것을 특징으로 하고 있다. 뿐만 아니라 통합된 구조적 환경을 통해 중앙화된 관리와 제어가 가능하기 때문에 데이터 처리 분야에서 혁신적인 기술로 평가받고 있다. 이러한 HCI 기술 요소에 대해서는 PART 08에 자세히 기술해 두었다.

다섯 번째 하둡의 장점으로는 다양한 소프트웨어 생태계를 중심으로 최신 기술 및 도구의 활용이 매우 간편하다는 특징을 가지고 있는데 이는 인공지능 영역에서 더욱 특화된 환경을 구현하는 데 용이하다는 것이다. 따라서 데이터의 형태 그리고 목표로 하고 있는 서비스의 구성에서 대규모 데이터를 처리하고 분석, 활용하는 입장에서는 반드시 고려해야 될 대상이라고 할 수 있다. 다음 [그림 4-1]은 아파치 재단의 메인화면을 나타낸 것이며 커뮤니티 정보 및 관련 프로젝트 그리고 기술 문서와 함께 관련 소프트웨어를 버전별로 다운받을 수 있도록 구성되어 있다.

본 아파치 재단 홈페이지는 하둡뿐만 아니라 관련 에코 소프트웨어 그리고 업그레이드에 대한 기술 및 호환성 정보 등 유용한 정보가 많이 게시되어 있으므로 하둡과 데이터 생태계를 이해하는 데 많은 도움이 될 것이다.

그림 4-1 아파치 재단의 메인화면

출처: Apache.org

하둡은 오픈소스와 상업용으로 두 가지가 존재하며 용도별로 목적에 따라 구분하여 사용할 것을 권장한다. 첫 번째, 엔터프라이즈 서브 스크립션 기반의 상업용 하둡을 의미하며 많은 기업에서 오픈소스 하둡을 기반으로 연구 개발의 과정을 통해서 버그 등을 제거하고 안정화 단계 및 특화된 기능을 추가하여 판매하는 형태의 제품을 의미한다. 상업용 제품으로는 클라우데라(Cloudera) 및 맵알(MapR) 등과 기업에서 출시한 제품들이 존재하며 국내 기업 제품으로는 LGCNS의 SBP, KT NexR의 NDAP 등 다양한 제품이 출시되어 있다. 이러한 제품들은 오픈소스 소프트웨어의 특성상 다양한 불안정성을 포함하고 있기 때문에 이러한 요소를 제거하고 특화된 기술 및 기능을 넣어서 상업화된 제품을 개발하고 있다.

두 번째, 아파치재단의 오픈소스 기반 하둡이 있다. 아파치 재단에서 프로젝트로 만들어지는 오픈소스 하둡은 제일 빠르게 버전이 배포되고 적용 가능하다는 장점이 존재한다. 하지만 소프트웨어의 안정화가 이루어지기 전까지 연구용 또는 시험용으로 사용할 것을 권장한다. 본 장에서는 위와 같은 두 가지 기반의 하둡 중 상업용에서는 핵심적인 기능을 위주로 설명하고 대부분을 교과서적인 아파치 재단의 오픈소스 기반의 하둡을 중심으로 설명하려고 한다. 하둡은 대용량의 데이터를 처리하기 위한 기술적 기반의 데이터 플랫폼으로 다음과 같은 기술적 요구사항이 필요하다.

- 대용량 데이터의 효율적인 수집과 운영이 가능한가의 여부
- 실시간적으로 생성되는 데이터의 수집에 기반한 적재 및 전처리가 용이한가의 여부
- 수평적 확장을 통한 시스템의 확장이 용이한가의 여부
- 데이터의 고속처리를 위해서 분산과 병렬처리가 가능한 구조인가의 여부
- 오픈소스 중심의 다양한 에코 소프트웨어를 안정적으로 적용 가능한가의 여부 등이다.

이러한 데이터 기반의 요구사항을 중심으로 하둡과 에코 소프트웨어의 각 구성이 적용되어야 한다.

1 하둡의 기능 및 특징

하둡 소프트웨어는 다음 [그림 4-2]의 아파치 재단의 다운로드 메뉴에서 소프트웨어를 다운받을 수 있다. 메뉴에서와 같이 각 버전별 최신 버전을 다운받을 수 있게 되어 있다. 오픈소스 특성상 관련 소프트웨어의 버전은 다양하게 배포된다. 그리고 연관된 에코 소프트웨어는 버전에 따라 상이한 특성을 가지고 있다. 심지어는 특정 버전은 사용되지 못할 수도 있기 때문에 버전에 대한 관리는 매우 중요한 부분이다. 버전별 상세 기능 및 특성은 아파치 하둡의 웹사이트나 릴리즈 노트를 참고하는 것이 가장 정확하다고 할 수 있다.

하둡은 초기 버전인 1.x 시리즈에서부터 최신 3.3.x 시리즈까지 다양한 버전이 오랜 기간을 거쳐서 개발 배포되고 있으며 대용량 데이터 처리에 기반을 둔 1.x대 버전에서는 지금의 최신 버전과는 다르게 네임 노드의 문제가 생기면 전반적인 시스템의 장애가 발생하여 효율성과 안정성 면에서 불안정하였다. 하지만 2.x 버전의 개발으로 YARN(Yet Another Resource Negotiator)가 추가되면서 시스템 자원의 클러스터 리소스를 효과적으로 관리 및 운영할 수 있게 되었다.

어떻게 보면 YARN이라는 프레임워크가 개발 되면서 하둡은 말그대로 빅데이터 처리를 효과적으로 수행할 수 있는 핵심 코어 기능을 적용할 수 있게 된 것이다. 뿐만 아니라 2.x에서는 HDFS HA(Hadoop Distributed File System High Availability)를 포함하여 하둡의 고가용성을 높이기 위한 기능도 포함하여 배포하였다.

그림 4-2 아파치 재단의 하둡 관련 소프트웨어 다운로드 메뉴

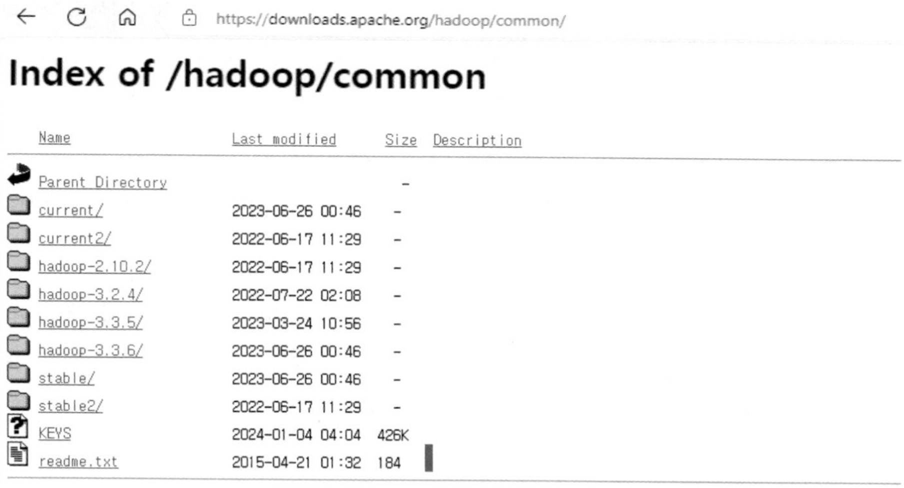

https://downloads.apache.org/hadoop/common/

Index of /hadoop/common

Name	Last modified	Size	Description
Parent Directory		-	
current/	2023-06-26 00:46	-	
current2/	2022-06-17 11:29	-	
hadoop-2.10.2/	2022-06-17 11:29	-	
hadoop-3.2.4/	2022-07-22 02:08	-	
hadoop-3.3.5/	2023-03-24 10:56	-	
hadoop-3.3.6/	2023-06-26 00:46	-	
stable/	2023-06-26 00:46	-	
stable2/	2022-06-17 11:29	-	
KEYS	2024-01-04 04:04	426K	
readme.txt	2015-04-21 01:32	184	

출처: apache.org

그 후 3.x대 버전이 개발되면서 Java 8 버전의 지원과 함께 새로운 기능들이 추가되어 현재까지 사용되고 있다. 추가된 기능으로는 Erasure Coding의 기능을 통해 데이터의 저장 공간을 효율적으로 사용하게 되어 리소스의 효율을 높였으며 오류에 대한 복구 기능을 획기적으로 개선하였다고 할 수 있다. 하지만 이러한 기능을 효과적으로 사용하기 위해서는 에코 소프트웨어 버전 또한 중요할 수 있다. 예를 들면, SQL On Hadoop인 하이브(Hive)와 같은 경우에도 3.x 버전으로 동일한 버전의 하둡인 3.x대의 버전을 사용해야 원하는 최신 기능을 효과적으로 수행할 수 있다.

이러한 부분을 고려하지 않고 에코 소프트웨어 및 기능을 적용하게 되면 기능별 동작이 예상대로 동작되지 않을 수도 있으므로 에코 소프트웨어 버전에 대한 사전 테스트를 통해 적용 여부의 검토가 필요하다. 하둡 3.x 버전 사용 시 Erasure Coding에 대한 관련 이해가 전제되어야 하며, 그 내용은 다음과 같다.

첫째, Hadoop Native Erasure Coding을 전제로 시스템 자원이 구성되어야 한다. 하둡 3.x에서는 관련 Native Erasure Coding이 제공되므로 처리 관련 외부 소프트웨어를 추가적으로 설치할 필요가 없지만 추후 예상되는 업그레이드를 할 경우 이에 대한 호환성을 고려하여 설계되야 한다. 이 기능은 대용량 데이터를 처

리하는 데 주안점을 가지고 있어서 소규모의 데이터셋 처리 또는 빈번한 갱신이 요구되는 구조적 데이터 환경에서는 기존의 하둡 2.x대 방식의 안정된 버전을 권장하며 3.x 버전은 충분한 사전 검증 과정을 거쳐 사용할 것을 권장한다.

둘째, Erasure Coding 알고리즘은 기본적으로 데이터의 안정성을 기반으로 저장 공간을 효율적으로 활용할 알고리즘으로 사용되고 있으며, 주요 알고리즘에는 Reed-Solomon, Cauchy Reed-solomon과 같은 다양한 알고리즘을 기반으로 하고 있다.

이러한 알고리즘은 원본 데이터를 여러 조각으로 나누어 각 조각에 대응하는 패리티(Parity) 데이터를 생성하여 데이터에 대한 오류 또는 손상된 데이터를 복원한다. 따라서 이러한 알고리즘을 이해하는 것이 전제되어야 하둡의 Erasure Coding의 처리 방식을 이해할 수 있게 된다.

마지막으로, Erasure Coding은 하둡을 설치할 때 기본적으로 제공하는 기능이지만 비활성화되어 있으므로 사용할 경우에는 활성화하여 사용하는데, 이에 대한 설정은 'hdfs-site.xml'과 같은 환경설정을 통해 활성화해야 하며 이에 대한 예시 환경설정은 다음과 같다.

그림 4-3 hdfs-site.xml의 환경설정을 통한 하둡 3.x에서의 Erasure Coding 기능 적용

```
# hdfs-site.xml 예시

<configuration>
  <property>
    <name>dfs.namenode.ec.enabled</name>

# dfs.name.ec.enbled와 dfs.datanode.ec.reconstruction을 설정에서 추가함

    <value>true</value>
  </property>
  <property>
    <name>dfs.datanode.ec.reconstruction</name>
    <value>true</value>
  </property>
</configuration>
```

[그림 4-3]의 환경설정 예에서 'dfs.namenode.ec.enabled'를 통해 기능을 활성화한다.

이후 'dfs.datanode.ec.reconstruction'을 통해 데이터 노드에서 재구성을 활성화한다. 이제까지의 작업을 통하여 Erasure coding 기능을 활성하고 네임노드의 재구성을 실행하면 기능을 사용할 수 있게 된다. 뿐만 아니라 RSMAP과 같은 Erasure Coding의 정책을 설정하는 작업 또한 필요하다. 다음은 RSMAP과 같은 정책을 적용하는 환경설정의 예시를 나타낸 것이다.

그림 4-4 hdfs-site.xml의 환경설정을 통한 RSMAP 정책 설정 예

```
# hdfs-site.xml RSMAP Policy 적용 예

<configuration>
  <property>
    <name>dfs.erasurecode.policy.name</name>
    <value>RSMAP</value>
  </property>
</configuration>
```

이러한 설정은 'dfs.erasurecode.policy.name'을 통해 정책을 설정한다. [그림 4-4]의 RSMAP을 활용한 Reed-solomon 알고리즘을 적용할 때의 환경 구성의 예를 나타낸 것이다. 이외에도 필요에 따라 'dfs-blocksize'를 통하여 블록 사이즈(Block Size)를 설정하는 작업이 필요할 수도 있다. 블록 사이즈를 설정할 때는 반드시 바이트로 환경설정을 해야 한다. 예를 들면, 134217728로 사이즈를 표기하면 시스템 내부에서는 128Mb로 이해하게 되는 것이다.

지금까지 하둡의 최신 버전인 3.x 버전을 기반으로 제공되는 기능 가운데 핵심이 되는 Erasure Coding 및 각 버전별 특징에 대해서 알아보았다. 오픈소스 소프트웨어 특징상 아파치 재단의 릴리즈 노트 등을 적극적으로 활용할 것을 권장한다.

2 하둡의 동작 원리의 이해

지금까지 하둡의 버전별 특징 및 최신 기능에 대해서 알아보았다. 빅데이터 기술을 중심으로 데이터의 활용 영역은 인공지능 분야의 영역으로 발전하면서 이를 구성하는 다양하고 복합적인 기술 측면에서의 각 요소는 매우 빠르게 변화 발전하고 있다. 이러한 발전의 중심에는 하둡과 데이터 생태계가 함께 있기 때문에 가능한 것으로 볼 수 있다. 다음 [그림 4-5]는 하둡의 구조를 설명한 것이다.

그림 4-5 하둡의 구조

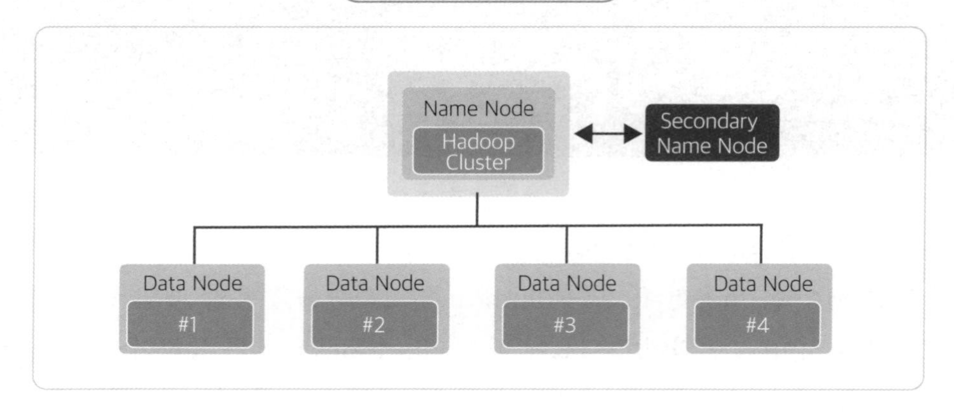

하둡은 네임 노드(Name Node)와 데이터 노드(Data Node)로 구성된다. 따라서 기본적인 구성은 복제 방식이 3벌을 기준으로 복제가 되기 때문에 기본적인 구성은 하나의 네임 노드에 세 개의 데이터 노드로 구성되는 것이 기본적인 구성이라고 할 수 있다. 네임노드는 데이터의 메타(Meta) 데이터 또는 바꾸어 말하면 인덱스(Index)와 같은 기능을 하는 것으로서 데이터 처리의 두뇌 같은 역할을 한다. 따라서 HDFS의 메타 데이터를 저장하고 관리하는 코어 기능을 가진 노드를 의미한다. 네임노드의 안정성이 전체 플랫폼의 안정성을 나타낸다고 해도 과언이 아니다. HDFS의 네임스페이스와 데이터 그리고 디렉토리의 구조, 파일과 블록의 매핑 정보 등이 포함되어 있어 전체적인 클러스터를 운영하는 데 핵심적인 기능을 수행한다.

다음은 데이터 노드에 대해서 알아보겠다. 데이터 노드는 실제 데이터가 저장되는 물리적인 서버를 의미하며 블록 단위로 나누어져 복제된 데이터가 여러 데이터 노드에 분산되어 있는 데이터를 관리하는 용도로 사용된다. 실제 클러스터를 관리하는 다양한 용도의 도구를 통하여 주기적으로 데이터 노드는 네임노드에게 신호를 보내어 상태 정보를 알리고 모니터링하는 기능을 통하여 관리하게 된다. 따라서 데이터 노드는 클라이언트의 명령에 의해서 데이터를 읽고 쓰는 작업과 함께 관련된 여러 명령을 수행하게 된다.

그리고 세컨더리(Secondary) 네임 노드는 네임 노드에 있는 메타 데이터를 주기적으로 체크 포인트로 백업하고 로그(Log) 파일을 갱신하는 기능을 수행한다. 세컨더리 네임노드는 네임노드를 백업하기 위한 용도로 사용되는 것은 아니고 네임노드의 부하를 줄이고 안정성을 높이는 용도로 활용한다. 다양한 요구사항을 기반으로 구축되는 하둡 기반의 빅데이터 시스템은 요구사항에 기반한 환경설정과 다양한 하드웨어적 요소를 기반으로 구성하게 된다. 지금까지 네임 노드와 데이터 노드 그리고 세컨더리 네임 노드에 대해 알아보았다.

이 세 가지 요소는 하둡의 핵심 기능으로 데이터를 저장하고 관리하는 기능을 담당하며 데이터 노드와 네임노드는 파일 시스템의 메타 데이터를 가장 최신의 상태로 유지하게 해주며 전체적인 플랫폼의 클러스터를 관리하는 기능을 통하여 대용량 데이터를 효과적으로 저장, 처리하는 빅데이터 처리의 핵심 기능이라고 정의할 수 있다. [그림 4-5]는 하둡의 구조를 중심으로 어떻게 동작하는지에 대해 설명하는 것으로, 다음과 같은 과정에 따라 동작하게 된다.

1) 데이터 입력 단계

하둡 클러스터가 실행 중이어야 하며 사용자는 저장하려는 원천 데이터를 준비한다. 로컬 파일 시스템에 있는 파일을 HDFS 영역으로 복사할 때 사용하는 명령어는 'hadoop fs -copyFromLocal'과 같은 명령어를 사용한다. 예를 들어, 로컬 경로에 sample.txt라는 파일이 존재하는지를 확인한다.

```
$ ls /path/to/local/sample.txt
```

위와 같은 경로에 있는 sample.txt 파일을 HDFS 영역에 복사하기 위해서는 'hadoop fs -copyFromLocal' 명령어를 사용한다.

$ hadoop fs -copyFromLocal /path/to/local/sample.txt /user/hadoop/hdfs-directory/

위와 같은 명령을 수행하게 되면 'path/to/local/'에 존재하는 sample.txt라는 파일을 '/user/hadoop/hdfs-directory/'의 경로로 복사하게 된다. 복사를 진행할 때 권한 설정 및 디렉토리가 사전에 정의되어 있어야 이 모든 작업을 진행할 수 있게 된다.

2) 데이터 분할 및 생성 단계

하둡은 특성상 입력된 원천 데이터를 설정된 블록(Block) 단위로 나누어 저장하게 된다. 이 경우 데이터의 특성 및 서비스 환경에 따라서 블록의 사이즈는 가변적일 수 있지만 통상적으로 64~128Mb 단위로 분할하여 저장하게 되기 때문에 HDFS 데이터를 특정한 블록 단위로 분할하고 각 블록 단위를 클러스터 내의 데이터 노드에 복제하는 과정을 거치게 된다.

다음은 64MB 사이즈로 하둡의 블록 사이즈를 설정할 경우의 환경설정의 예이다. 하둡 내의 환경설정은 모든 데이터 사이즈는 바이트를 기준으로 하고 있다. 블록 사이즈를 설정하는 환경은 'hdfs-site.xml' 파일 내에서 'dfs.blocksize'의 속성을 통하여 정의되며 각각 원하는 사이즈를 'hdfs-site.xml' 파일을 수정하여 설정하면 된다.

그림 4-6 블록 사이즈 환경설정의 예

```
<configuration>
<property>
      <name>dfs.blocksize</name>
      <value>67108864</value>
   </property>
</configuration>
```

[그림 4-6]과 같은 설정으로 원천 데이터는 HDFS 내의 저장되는 블록사이즈는 64MB로 저장되게 된다. 또한, 수집된 원천 데이터는 분할 단계를 거쳐서 복제의 개수를 설정하게 되어 있는데, 하둡에서 복제(Replication)은 통상적으로 3벌을 복제한다. 그 이유는 다음과 같다.

첫째, 데이터의 손실을 방지하기 위한 기능이다. 통상적으로 저장된 데이터의 안정성을 위하여 레이드(RAID; Redundant Array of Independent Disk)라는 구조를 통하여 물리적인 디스크를 논리적으로 하나의 디스크처럼 사용하는 방식을 이용하여 안정성 및 성능 향상을 높이는 기술을 활용한다. 하지만 하둡에서는 이러한 레이드 기반이 아닌 복제의 개수를 가지고 안정성과 효율을 높이는 방식을 취한다.

뿐만 아니라 하둡에서는 이러한 복제 방식을 통하여 물리적인 디스크의 문제로 인해서 발생하는 데이터의 손실을 방지하고 복제된 데이터를 클러스터 내 여러 노드에서 읽기 작업을 수행하기 때문에 데이터의 기반 기술인 병렬 작업을 효율적으로 수행하게 되는 장점이 있다. 이것은 데이터 기반으로 다양한 처리를 하기 위한 환경에서는 가장 효율적이라고 할 수 있을 것이다. 이러한 이유로 통상적으로 하둡 기반 시스템을 사용할 때 3벌 방식의 복제를 취하며 활용 목적에 따라서 2벌 복제 방식을 채택하는 경우도 있다.

[그림 4-7]은 하둡 내에서 복제 개수를 2개로 했을 경우의 환경설정이다. 이러한 환경설정은 'hdfs-site.xml' 내에서 'dfs.replication' 속성으로 설정된다. 따라서 3벌 방식의 복제를 사용하려면 〈Value〉 값을 3으로 설정하면 된다.

그림 4-7 하둡에서의 복제 개수의 환경설정

```
<configuration>
<property>
      <name>dfs.replication</name>
      <value>2</value>
   </property>
</configuration>
```

뿐만 아니라 원본 데이터를 저장할 때 다양한 데이터 압축 방식을 적용할 수 있기 때문에 시스템의 자원을 효율적으로 운영 가능한 장점 또한 가지고 있다. 이러한 설정은 'hdfs-site.xml'의 환경설정에서 가능하며 압축 환경은 'io.compression.codecs'와 'dfs.block.compression.codecs'의 속성을 환경에 맞게 설정하면 가능하다. 따라서 압축의 방식도 Gzip, Snappy 같은 압축 알고리즘을 적용하여 효율적인 구성이 가능하다.

그림 4-8 하둡 내에서 압축 적용 환경설정

```
<configuration>
   <property>
      <name>dfs.namenode.httpcompression.enabled</name>
      <value>true</value>
   </property>
   <property>
      <name>dfs.datanode.httpcompression.enabled</name>
      <value>true</value>
   </property>
</configuration>
```

이러한 압축의 설정 또한 데이터의 특성을 고려하여 가장 최적의 환경설정을 통하여 시스템을 구성하는 것을 권장한다. 지금까지 원천 데이터를 수집하여 저장할 때까지의 일련의 과정을 중심으로 환경설정에 대한 내용을 설명하였다.

3) YARN(Yet Anather Resource Negotiator) 단계

하둡 1.x에서 2.x로 버전이 업그레이드되면서 나온 기능이 YARN이다. YARN은 하둡의 성능 향상과 안정성을 획기적으로 향상시키는 기능을 지원해 주는 하둡 2.x대 버전 이상의 컴퍼넌트라고 할 수 있다. YARN은 하둡 클러스터 내의 리소스와 작업 스케줄링을 담당하며 환경설정은 'yarn-site.xml'을 통해 이루어진다. 따라서 'yarn-site.xml'을 통해서 리소스 할당 및 작업 스케줄링, 그리고 보안 등을 설정할 수 있다. [그림 4-9]는 'yarn-site.xml' 파일의 환경설정에 대한 예시를 나타낸 것이다. 이러한 환경설정을 통해서 데이터 노드에서 실행되는 노드 메니저의 리소스를 조절할 수 있다. 이러한 리소스에는 메모리, CPU의 코어 개수, 스케줄러 등이 포함된다.

그림 4-9 YARN 환경설정 I

```
<configuration>
  <property>
    <name>yarn.nodemanager.resource.memory-mb</name>
    <value>8192</value>
  </property>
  <property>
    <name>yarn.nodemanager.resource.cpu-vcores</name>
    <value>4</value>
  </property>
</configuration>
```

[그림 4-9]에서는 'yarn-site.xml' 파일을 통하여 실행되는 리소스, 즉 Memory, CPU core 등을 설정한 화면이다. 이때, 〈value〉8192〈/value〉는 메모리의 사이즈를 의미하는 것이고 〈value〉4〈/value〉는 CPU의 코어를 의미한다. 이러한 설정값들은 환경에 따라서 최적의 값을 정의하여 사용한다.

그림 4-10 YARN 환경설정 II

```
<configuration>
  <property>
    <name>yarn.resourcemanager.scheduler.class</name>
    <value>org.apache.hadoop.yarn.server.resourcemanager.scheduler.
    capacity.CapacityScheduler</value>
  </property>
</configuration>
```

[그림 4-10]은 YARN의 설정 중 스케줄러의 환경설정에 대한 것이다. 이러한 스케줄러는 리소스(Resource) 메니저의 스케줄러를 변경하거나 설정할 수 있다. 이때 사용되는 기본 스케줄러는 'CapacityScheduler'이다. 지금까지 리소스에 대한 설정을 마쳤으면 그다음 단계는 리소스 매니저의 스케줄러를 환경설정하는 단계로 넘어간다. 이때 환경설정 시 사용되는 속성은 'capacityscheduler'이다. 이러한 설정은 다음 [그림 4-11]과 같은 환경을 통하여 구성하게 된다. 뿐만 아니라 보안의 설정에서도 다양한 오픈소스 기반의 관련 도구를 활용하게 된다.

[그림 4-11]은 커베로스(Kerberos)를 활용한 보안 설정의 예이다. 커베로스는 네트워크 보안에 많이 사용되는 오픈소스 기반의 도구로서 인증과 인가, 보안이라는 기능을 통하여 서비스에 대한 접근 권한을 기반으로 인증과 통신 과정에서 암호화를 통하여 하둡 클러스터의 안전성을 강화하는 측면에서 사용된다. 이때 'keytab'은 사용자 및 서비스의 인증을 위해서 사용되는 용도이며 매우 중요한 파일이다.

그림 4-11 YARN의 보안 설정의 예

```
<configuration>
  <property>
    <name>yarn.resourcemanager.principal</name>
    <value>rm/_HOST@sample.com</value>
  </property>
  <property>
    <name>yarn.resourcemanager.keytab</name>
    <value>/path/to/rm.keytab</value>
  </property>
</configuration>
```

4) 맵리듀스(Map Reduce) 단계

맵리듀스는 대규모의 데이터셋을 처리하기 위한 분산 컴퓨팅 프레임워크라고 정의할 수 있다. 맵리듀스는 맵(Map)과 리듀스(Reduce)로 구성되어 있으며 하둡에서 데이터 처리를 하는 기본 방식이다. 맵 단계는 입력 데이터를 가지고 와서 키(Key)와 값(Value)으로 매핑하는 단계이다. 그리고 리듀스는 맵 단계에서 생성된 키와 값을 가져와서 동일한 키를 가진 값들을 가지고 와서 집계를 하는 작업을 수행하게 된다. 이 부분에 대해서는 PART 05의 CHAPTER 13에 빅데이터 처리 프레임워크에 자세히 설명해 두었다.

5) 결과 생성 단계

위와 같은 단계가 마무리되면 하둡 내 HDFS에 결과를 저장하게 된다. 이때 환경설정에서 해놨던 운영 정책, 즉 복제 및 블록 사이즈의 정책에 따라 여러 노드에 저장되어 운영이 되는 것이다. 하둡은 오픈소스를 기반으로 하고 있다. 그렇기 때문에 버전 업그레이드가 수시로 이루어지고 있으며 관련된 에코 소프트웨어 또한 수

시로 버전이 업그레이드된다. 그렇기 때문에 소프트웨어 관리 목록서를 작성하여 어떤 용도로 어떤 버전을 사용하고 있는지 등 세부 내역을 만들어서 운영 및 관리에 사용하게 된다.

NoSQL 기반 데이터베이스

빅데이터 프로젝트를 수행한다면 반드시 검토해야 하는 것이 NoSQL이다. NoSQL은 Not only SQL의 약자로 일반적으로 익숙한 관계형 데이터베이스와는 다소 많은 차이가 존재한다. 뿐만 아니라 데이터베이스라고도 하며 데이터 스토어 또는 저장소라고도 한다. 빅데이터 기술이 출현하고 다양한 비정형 데이터를 처리해야 될 요구사항이 증대되고 있어서 앞으로 더욱 많은 활용이 기대되는 분야이기도 하다.

NoSQL은 대용량, 비정형 데이터를 처리하기 위한 기본 기능 이외에도 처리의 속도, 안정성 등의 요구을 수용하기 위해서 구조가 스케일 아웃을 지향하고 있다. NoSQL을 사용하는 주요 이유는 다음과 같다.

첫째, 스케일 아웃 기반의 확장성을 지원하고 있다. 빠르게 증가하는 데이터를 처리하기 위해서는 단순하게 서버 또는 노드를 추가하여 확장하는 것을 의미한다. 즉, 시스템 확장에 따른 선형적인 성능을 보장하는 것을 뜻한다.

둘째, 일반적으로 사용하는 관계형 데이터베이스처럼 스키마를 구성할 필요가 없다. 스키마는 마치 건축물을 지을 때 설계도를 작성하여 거실과 주방, 안방 등을 사전에 정확한 사이즈로 정의하고 각각의 용도에 맞는 가전제품 또는 도구들을 배치하여 사용하는 것과 같은 것이 관계형 데이터베이스라고 할 수 있다. 일반적으로 구성되어 있는 거실 공간에 방에 있어야 할 것 같은 장롱을 배치한다면 매우 불편할 것이다.

데이터도 이와 같다고 할 수 있다. 정형화되어 있는 데이터의 경우는 스키마를 잘 설계하여 사용하면 성능도 잘 나오고 애플리케이션에 따라 원하는 기능을 동작할 것이다. 하지만 빅데이터는 이미지, 텍스트, 소리 등 다양한 데이터셋을 기반으로 하고 있어서 기존의 관계형 데이터베이스로 처리하기에는 적합하지 않을 수 있기 때문에 NoSQL을 사용하는 이유이기도 하다. 뿐만 아니라 스키마가 없거나 유연한 스키마 구조를 가지고 있기 때문에 데이터의 모델을 빠르게 변경할 수도 있으며 새로운 데이터의 유형을 추가하거나 기존의 모델을 변경하는 데 효율적으로 대처가 가능한 특징을 가지고 있다.

셋째, 특정 NoSQL의 경우는 빠른 데이터 처리를 위해서 메모리, 캐쉬를 효율적으로 사용할 수 있기 때문에 빠른 응답시간을 제공하는 등의 여러 장점 등이 있다. 특히, 빅데이터를 활용한 인공지능의 모델 개발 등 서비스 활용 시 아주 효율적으로 개발 및 적용이 가능하다. 데이터의 형태가 json, xml 등과 같은 다양한 형태의 파일 형태, 사용 형태에 따른 선택의 폭이 매우 광범위하게 존재하며 호환성 면에서도 뛰어나다고 할 수 있다.

이상과 같은 이유 때문에 NoSQL은 빅데이터 플랫폼을 구성하는 데 필수적 요소로 널리 사용되고 있다. 앞으로도 다양한 기술 기반 형태의 NoSQL이 개발될 것으로 예상되고 있다. 다음은 NoSQL의 종류에 대해서 알아보도록 하자.

| 표 4-1 | NoSQL의 종류 및 기능

NoSQL 종류	기능 설명	대표적인 NoSQL
Key-Value	Key와 Value로 데이터를 저장하는 방식	Redis, Riak 등
Column Family	데이터를 Column의 집합으로 저장하는 방식	Cassandra, Hbase 등
Document	데이터를 Json과 같은 문서의 형태로 저장하는 방식	Mongo DB, CouchBase 등
Graph	데이터를 노드와 엣지 기반으로 저장하는 방식	Neo4J, Neptune 등
Vector	• 벡터데이터 기반으로 저장하는 방식 • 최근 거대 언어모델 기반 서비스 및 머신러닝에서 많이 활용	Pinecone, Milvus 등

[표 4-1]과 같이 대표적인 NoSQL의 종류로는 총 다섯 개가 있으며, 그 이외에도 Wide Column Family 데이터베이스 등 다양한 NoSQL이 존재하며 종류별로 관련 기능에 대해서도 설명하였다. 벡터(Vector) 데이터베이스는 NoSQL의 범주에 포함할지에 대해서 고민을 많이 했지만 결과적으로 포함하는 것이 타당할 것 같아서 NoSQL의 범주에 포함하였다.

1) 키-밸류(Key-Value) 데이터베이스

Key와 Value로 데이터를 저장하고 조회하는 NoSQL이라고 할 수 있다. 빅데이터 플랫폼을 구성할 때 빠른 읽기/쓰기/조회가 필요할 경우에 수단 또는 임시 저장 용도로 가장 많이 사용하는 NoSQL이 바로 키-밸류 데이터베이스이다. 키-밸류(Key-Value) 데이터베이스에서 키(Key)는 고유 식별자를 의미하고 밸류(Value)는 데이터 또는 객체를 포함한다. 이러한 키-밸류 데이터베이스는 관계형 데이터베이스 또는 다른 NoSQL에 비해서 테이블과 같은 복잡한 구조를 가지고 있지 않고 매우 간단한 구조적 특징을 가지고 있다. 이러한 구조는 스키마의 유연성과도 깊은 관계가 있다. 스키마를 구성할 필요가 없거나 유연성이 매우 뛰어나다는 것으로 구조가 필요없거나 간단한 구조의 변경 만으로 모델을 변경할 수 있는 것은 매우 큰 장점이라고 할 수 있다.

특히, 빠른 읽기(Read)와 쓰기(Write)가 가능하고 캐싱 및 데이터 파티셔닝 등을 제공하며 빅데이터 특성상 많은 노드 증설이 필요할 때도 간단한 작업만으로 노드를 추가하면 되기 때문에 시스템의 확장성과 고 가용성이 가능하게 된다. 이것은 데이터의 저장 측면에서 확장성이 뛰어나다는 것을 의미한다.

키-밸류(Key-Value) 데이터베이스는 많은 장점이 있지만 단점 또한 존재한다. 키(Key)와 밸류(Value)로 이루어져 있기 때문에 간단한 반면 복잡한 쿼리의 구성이 힘들고 빠른 처리가 가능한 대신에 용량이 크거나 복잡한 데이터를 처리하기에는 부담이 있을 수 있다. 하지만 구성하려는 서비스 및 용도에 맞게 잘 적용한다면 매우 장점이 많은 데이터베이스로서의 역할을 수행할 것이다.

다음은 대표적인 키-밸류 데이터베이스인 레디스(Redis)의 공식 사이트를 나타낸 것이다.

그림 4-12 레디스(Redis) 공식 홈페이지

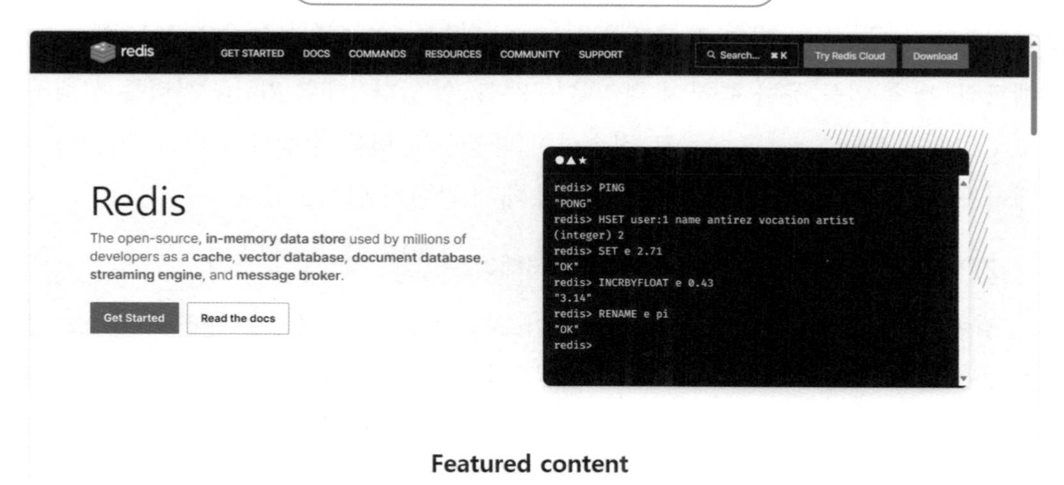

출처: https://redis.io

레디스(Redis)는 공식 사이트인 https://redis.io에서 다운로드받을 수 있으며 사이트의 홈페이지는 [그림 4-12]와 같다. 본 사이트에 다운로드할 수 있는 소프트웨어 그리고 관련된 기술 문서 등 모든 것이 자세히 게시되어 있고 활용에 관련된 레퍼런스 가이드까지 제공되어 있다. [그림 4-13]은 Redis의 설치 및 환경설정에 대해 설명한 것으로 다운로드받은 데이터의 압축을 해제한 후 해당 경로에 설치하고 간단히 실행하는 단계를 나타낸 것이다.

그림 4-13 레디스(Redis) 설치 단계별 설정

```
sudo apt update
sudo apt install redis-server

sudo nano /etc/redis/redis.conf

sudo systemctl restart redis

redis-cli

auth your_password
```

다양한 운영체제(Operating System)가 지원되고 있지만 본 설치환경은 리눅스(Linux)로 설치한다는 것을 가정하였다. 이 단계에서 'sudo'의 권한으로 Redis Install을 시작한다. 설치가 완료되면 특정한 경로의 'redis.conf'을 오픈하여 원하는 환경에 맞게 설치 환경을 편집한다. 'redis-conf' 파일에서의 환경설정은 다양한 부분이 포함될 수 있지만 기본적인 포트의 설정, 데이터베이스 파일명 및 개수, 메모리, 접속 인증 등을 통하여 환경을 구성할 수 있다. 이후 Redis 서버를 실행하고 CLI(Command Line Interface)로 접속하여 다양한 명령을 수행하면 된다. 지금까지 레디스를 설치하고 환경을 구성하는 것에 대해 간단히 알아보았다.

2) 컬럼-패밀리(Column Family) 데이터베이스

컬럼-패밀리(Column-Family) 데이터베이스는 오픈소스 하둡 및 엔터프라이스 서브 스크립션 하둡 내에서 기본적으로 제공하는 NoSQL이 H-base이다. Column Family 데이터베이스는 비교적 대규모의 복잡한 데이터를 처리할 때 사용되며 적합하다. 테이블을 기반으로 데이터를 구성하게 되고 각 테이블은 하나 이상의 컬럼 패밀리로 구성되며 각 컬럼 패밀리는 여러 컬럼, 즉 열을 포함하고 있다. 이러한 구조는 데이터의 논리적 그룹화를 가능하게 하며 열 단위로 데이터를 읽고 쓰는 데 효율적이라고 할 수 있다.

컬럼 패밀리 데이터베이스 또한 빅데이터 처리에 적합한 유연한 스키마 구조를 가지고 있다. 분산처리에 적합한 아키텍처 구조를 가지고 있어 대규모의 데이터 처리와 수평적 확장을 통한 선형적 성능의 향상이 가능하다. 특히 오픈소스 기반의 특성상 다양한 환경을 지원이 가능한 속성이 있어야 하는데 이 부분을 충분하게 충족하고 있어서 대부분의 하둡을 상용화한 기업에서 기본적으로 포함하고 있는 것이 에이치베이스(H-base)와 같은 구조형 형태를 가진 컬럼 패밀리 데이터베이스이다.

[그림 4-14]는 아파치 재단의 H-base 배포 홈페이지(https://hbase.apache.org)이며 소스의 배포 및 관련 기술 자료의 활용이 가능하다.

그림 4-14 에이치베이스(H-base) - 아파치 재단 공식 홈페이지

Apache HBase Project ▾ Project Information ▾ Documentation and API ▾ ASF ▾

ENHANCED BY Google

Welcome to Apache HBase™

Apache HBase™ is the Hadoop database, a distributed, scalable, big data store.

Use Apache HBase™ when you need random, realtime read/write access to your Big Data. This project's goal is the hosting of very large tables -- billions of rows X millions of columns -- atop clusters of commodity hardware. Apache HBase is an open-source, distributed, versioned, non-relational database modeled after Google's Bigtable: A Distributed Storage System for Structured Data by Chang et al. Just as Bigtable leverages the distributed data storage provided by the Google File System, Apache HBase provides Bigtable-like capabilities on top of Hadoop and HDFS.

Download

Click here to download Apache HBase™.

Features

- Linear and modular scalability.
- Strictly consistent reads and writes.
- Automatic and configurable sharding of tables
- Automatic failover support between RegionServers.
- Convenient base classes for backing Hadoop MapReduce jobs with Apache HBase tables.
- Easy to use Java API for client access.
- Block cache and Bloom Filters for real-time queries.
- Query predicate push down via server side Filters
- Thrift gateway and a REST-ful Web service that supports XML, Protobuf, and binary data encoding options
- Extensible jruby-based (JIRB) shell
- Support for exporting metrics via the Hadoop metrics subsystem to files or Ganglia; or via JMX

H-base는 [그림 4-14]의 공식 홈페이지를 통해 다운로드받을 수 있으며, 다운로드받은 H-base의 압축을 해제하고 원하는 경로에 설치한 후 사용 환경을 설정하는 과정을 거친다. 이러한 과정에서 환경설정은 파일은 'hbase-site.xml'이며 이것의 환경설정 구성 예이다. 이러한 환경설정의 구성은 H-base의 성능과 관련 기능에 효과적으로 구성할 수 있는 환경을 제공하기 때문에 매우 중요한 부분이라고 할 수 있다.

그림 4-15 H-base 설치 시 단계별 설정

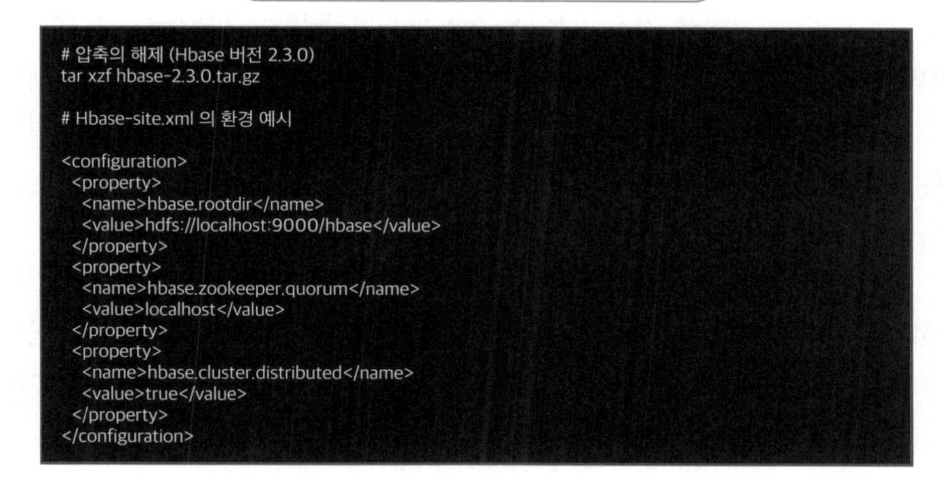
```
# 압축의 해제 (Hbase 버전 2.3.0)
tar xzf hbase-2.3.0.tar.gz

# Hbase-site.xml 의 환경 예시

<configuration>
  <property>
    <name>hbase.rootdir</name>
    <value>hdfs://localhost:9000/hbase</value>
  </property>
  <property>
    <name>hbase.zookeeper.quorum</name>
    <value>localhost</value>
  </property>
  <property>
    <name>hbase.cluster.distributed</name>
    <value>true</value>
  </property>
</configuration>
```

H-base의 설정환경은 다음과 같은 과정을 거친다. 첫째, 'tar xzf hbase-2.3.0.tar.gz'과 같은 명령어를 수행하여 압축을 해제한다. 여기에서 'tar'는 파일 및 디렉토리의 압축을 아카이브로 묶거나 압축 해제하는 명령어로서 'xzf'는 는 각각 아카이브를 압축 해제하고 압축 형식을 gzip을 사용하고 압축 해제할 파일을 지정한다는 옵션이다. 압축을 해제하면 생기는 'hbase-site.xml' 파일을 수정하여 환경을 설정한다. 'hbase-site.xml' 파일은 H-base의 구성을 조정하거나 최적의 환경으로 설정하는 매우 중요한 Config 파일이다.

'hase-site.xml' 파일의 내부 구성 중 'hbase.rootdir'은 H-base의 HDFS 루트 디렉토리를 지정하는 경우이며, 예시에서는 'hdfslocalhost:9000/hbase'로 설정되어 있다. 'hbase.zookeeper.quorum:'을 통하여 H-base의 zookeeper 서버를 지정한 것이다. 주키퍼(Zookeeper)는 하둡 또는 여러 오픈소스 생태계에서 분산 코디네이터로 사용하는 에코 소프트웨어이며 대부분의 분산 코디네이터에서 주키퍼를 사용하고 있는데, H-base에서도 분산 코디네이터를 주키퍼라는 오픈소스 소프트웨어를 사용하고 있다. H-base에서는 'hbase-site.xml' 파일 내에 속성은 〈proiperty〉 요소로 정의하고 있다. H-base는 데이터의 일관성 측면에서 많은 장점이 있기 때문에 대규모 데이터 처리용 코디네이터로 널리 사용되고 있다.

3) 다큐먼트(Document) 데이터베이스

다큐먼트, 즉 문서 단위로 데이터를 구성하는 방식의 데이터베이스로서 최근에 많은 빅데이터 플랫폼에 적용되고 있다. 특히, 문서의 구성은 JSON이나 BSON 같은 형태의 데이터 구조를 가지고 있는 문서 단위의 유연한 데이터를 저장하여 사용하며 대표적인 것으로는 몽고(Mongo) DB와 카우치(Couchbase) 등이 있다. 데이터 모델의 구성은 컬렉션(Collection)을 기반으로 데이터를 구성한다. 또한, 각 컬렉션은 한 개 이상의 문서(Document)로 구성된다. 뿐만 아니라 각 문서는 필드(Field)와 값(Value)의 쌍으로 구성된다. 문서는 JSON(JavaScript Object Notation) 또는 BSON(Binary JSON) 형식으로 구성 및 저장되며 문서 내부에 중첩 구조를 가질 수 있도록 되어 있다. 이러한 구조는 복잡한 데이터 구조를 표현할 수 있고 문서 간의 관계를 정의할 수 있게 된다. 저장된 각 문서는 고유한 식별자를 가지고 있어 이를 통하여 문서에 접근할 수 있게 된다.

다른 NoSQL과 같이 매우 유연한 스키마 구조를 가지고 있으며 빅데이터 처리에 적합한 분산환경을 제공하여 확장성과 안정성 그리고 성능이 매우 빠른 장점이 있어서 널리 이용되고 있다. 몽고 데이터베이스는 https://www.mongodb.com에서 다운로드받을 수 있으며 일반적인 오픈소스 기반의 소프트웨어처럼 체험형과 상업용 버전으로 나누어 운영되고 있는 것을 볼 수 있다. 몽고 데이터베이스의 공식 사이트에 방문하면 다양한 레퍼런스와 함께 활용 사례를 볼 수 있으며 기술 관련 자료 또한 풍부하게 공유되어 있는 것을 볼 수 있다. [그림 4-16]은 몽고 데이터베이스 사이트를 나타낸 것으로 메뉴 구성을 보면 다양한 정보가 게시되어 있다.

그림 4-16 몽고(Mongo) 데이터베이스 다운로드 사이트

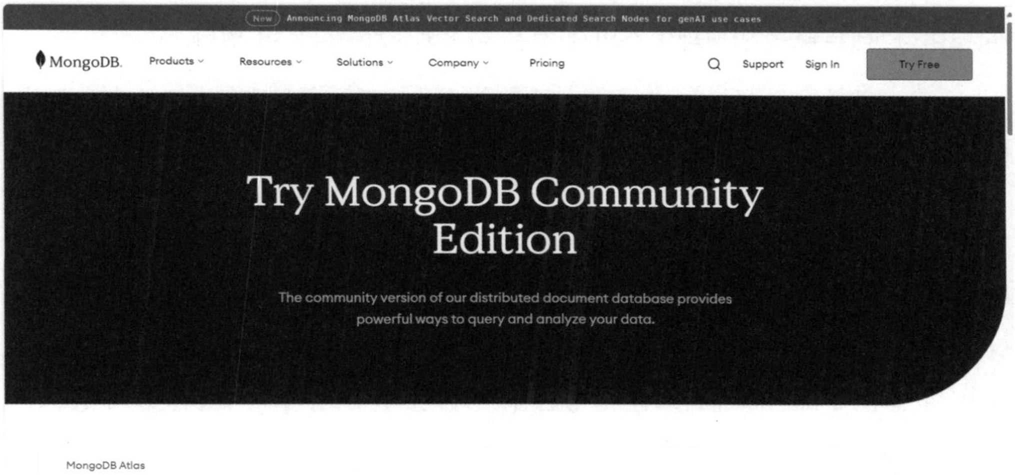

[그림 4-16]는 몽고 데이터베이스를 다운로드받아서 실행 단계까지의 단계별 설정을 나타낸 것이다. 'sudo apt install -y mongodb-org' 명령을 통하여 실제 설치가 실행된다. 설치가 끝난 후 환경 구성 파일 중 'Mongod.conf' 파일을 통하여 환경설정을 진행한다. 이때 데이터베이스의 환경 구성은 시스템의 성능 및 안정성 측면에서 매우 중요한 부분으로 세밀한 사용 목적에 따라서 설정하여야 한다.

그림 4-17 MongoDB 실행 단계별 설정

```
# Mongo DB를 설치 한다.
sudo apt install -y mongodb-org

# Mongod.conf 파일을 수정하여 환경 설정 한다.
sudo nano /etc/mongod.conf

storage:
  dbPath: /data/db

log:
  path: /var/log/mongodb/mongod.log

sudo systemctl start mongod
```

환경설정파일은 'mongob.conf' 파일을 사용하며 이에 대한 구성은 다음과 같은 것이다. 네트워크 인터페이스의 설정은 다음과 같은 항목이 있다.

net: bindIp: xxx.xxx.xxx.xxx # MongoDB가 수신 대기할 IP Address

port: xxxxx # MongoDB가 수신 대기할 포트 번호"와 같은 방법으로 설정을 진행한다. 그리고 저장소, 로깅, 보안, 복제, 샤딩, 서비스 설정 등과 같은 다양한 환경을 설정할 수 있다. 이러한 환경설정은 실제 사용환경에 맞게 설정값을 수정하여 실제 구성에 맞게 사용할 수 있다. 실제 'sudo systemctl start mongodb'를 실행하여 실제 몽고 데이터베이스를 실행한다. 이러한 설정이 마무리되면 실제 몽고 데이터베이스를 사용할 수 있게 된다.

4) 그래프(Graph) 데이터베이스

그래프(Graph) 데이터베이스는 그래프 이론을 기반으로 한 모델을 사용하여 데이터를 저장관리 하는 NoSQL 데이터베이스이다. 그래프 데이터베이스는 노드(Node)라는 개체(Object)와 엣지(Edge)라는 구성의 노드 간의 관계(Relation)로 구성된 데이터를 표현하며 다양한 데이터 간의 연결성을 파악하는 데 매우 효율적이다. 이러한 복잡한 관계 개체 간의 관계를 표현하고 탐색하는 데이터의 연결성 분석을 통하여 장바구니 분석, 추천 서비스, 고객 관계 등 다양한 분야의 서비스에서 이용이 가능하다. 뿐만 아니라 데이터 분석에 적합한 분산형 아키텍처 구조를 지원하기 때문에 성능 면에서 매우 탁월할 뿐만 아니라 ACID(Atomicity, Coinsistency, Isolation, Durability) 트랜젝션을 지원하여 데이터의 일관성과 무결성을 보장한다.

[그림 4-18]은 그래프 데이터베이스의 대표적인 데이터베이스로 네오포제이(Neo4J)의 다운로드 사이트를 나타낸 것으로 공식 배포 사이트는 https://www.neo4j.com이며 해당 홈페이지는 다음과 같다.

그림 4-18 Neo4J의 공식 다운로드 사이트

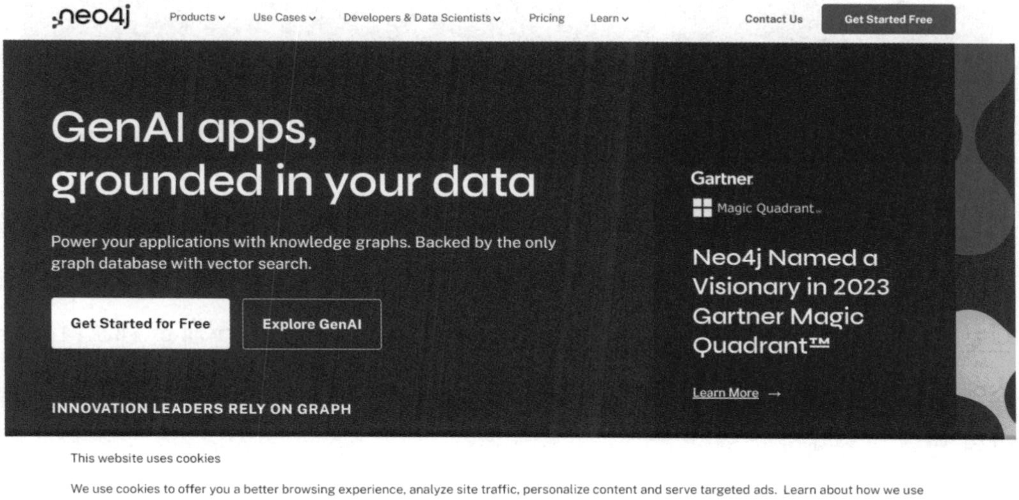

[그림 4-18]의 Neo4J 사이트를 통해서 관련 도구를 다운받을 수 있도록 되어 있다. 타 사이트와 같이 관련된 기술 문서 및 관련 Q&A 등이 포함되어 있으며 참고할 수 있는 여러 기술 가이드가 함께 제공되어 있으니 참고하기 바란다.

다음 [그림 4-19]는 Neo4J의 설치에서부터 환경설정에 대한 예시를 나타낸 것이다. 다운로드 사이트에서 다운로드받은 후 압축된 데이터를 해제하여 특정 사이트에 해제하여 저장한다. "Neo4j.conf" 파일을 통하여 관련 환경설정을 구현해 놓는다. 본 환경설정의 구성 버전은 4.4.3을 기준으로 하였다. 'Neo4j.conf" 파일의 환경 구성을 통하여 데이터베이스의 포트를 변경할 수 있게 되고 외부에서 접속할 때의 IP address 및 메모리 할당량 등도 조절이 가능하게 된다. 이러한 환경설정은 향후 데이터베이스를 활용할 때 최적의 구성환경을 제공할 수 있게 가장 최적화되어 있어야 한다.

그림 4-19 Neo4J 실행 단계별 설정

```
# 압축된 neo4j 파일의 압축을 해제한다.
tar -xf neo4j-community-4.3.3-unix.tar.gz

sudo bin/neo4j start

# neo4j.conf 환경 설정의 예시는 다음과 같다.
dbms.connector.bolt.listen_address=:7687
dbms.connectors.default_listen_address=x.x.x.x
dbms.directories.data=/path/to/data/directory
dbms.memory.heap.initial_size=2G
dbms.memory.heap.max_size=4G
```

최근 다양한 빅데이터 기반의 각종 서비스가 나오고 있는데, 이는 대부분 다양한 데이터의 관계를 분석한 결과를 비즈니스에 활용한 것이며 그래프는 그러한 용도로서의 활용도가 더욱 증가되고 있다. 대표적으로는 이러한 그래프 데이터베이스에는 앞서 설명한 Neo4J 등이 있으며 오픈소스 기반과 상업용 서브스크립션 기반의 형태가 존재하고 있다.

5) 벡터(Vector) 데이터베이스

벡터 형태의 데이터를 저장하고 처리하는 데 특화된 기능을 가진 데이터베이스 시스템을 의미한다. 이러한 데이터베이스는 벡터 기반의 유사도 분석, 그리고 추천 시스템, 자연어 처리 등 다양한 서비스의 개발에 사용된다. 벡터 형태의 데이터를 구조화된 형태로 저장한다. 벡터는 다차원 공간에서의 점으로 표현되며 각 차원은 데이터의 특성을 나타나게 된다. 이러한 벡터를 저장하고 인덱싱하여 효율적인 분석과 검색을 가능하게 한다. 특히, 벡터 데이터베이스는 벡터 간의 유사도를 측정하여 유사한 벡터를 검색하는 기능을 제공하는 데 자연어 처리에서 매우 효과적으로 활용할 수 있어 거대 언어모델과 같은 경우에 많이 활용하고 있는 추세이다.

그림 4-20 Milvus 사이트

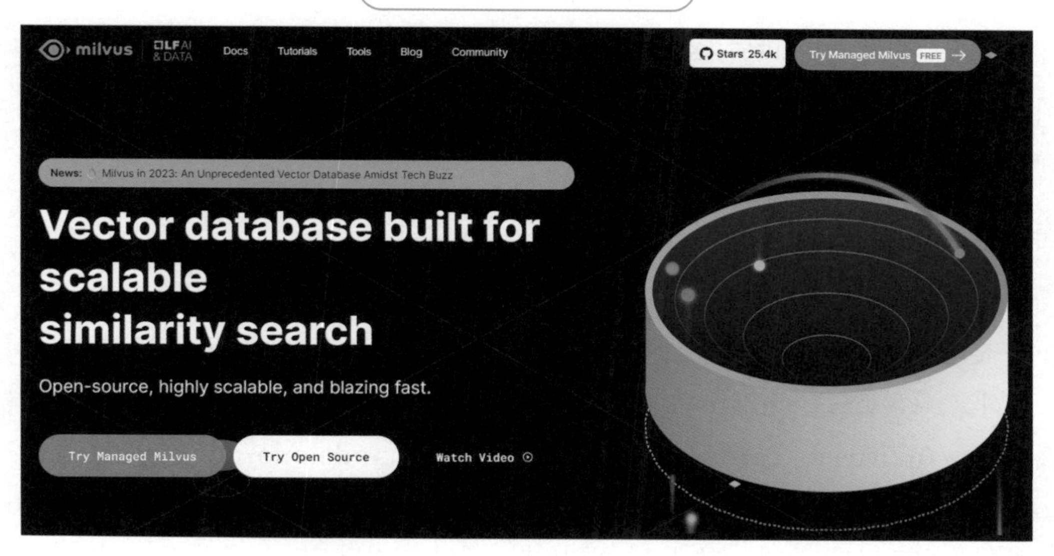

뿐만 아니라 다른 빅데이터 기반의 NoSQL과 같이 기타 데이터 기반 처리에 적합한 분산 및 병렬처리가 가능한 시스템 아키텍처를 가지고 있고 GPU 등의 가속에 관련된 기능 또한 가지고 있다. 벡터 데이터베이스는 대표적으로 파인콘(Pinecone)이나 밀버스(Milvus) 등이 있으며 활용도가 점점 많아지고 있다.

그림 4-21 Milvus 설치 단계별 환경설정

```
$ sudo apt update
$ sudo apt install -y docker.io docker-compose

$ sudo systemctl start docker
$ sudo systemctl enable docker

$ mkdir -p /home/user/milvus
$ cd /home/user/milvus

$ curl -L https://milvus.io/cn/docs/assets/cn/milvus-standalone-docker/docker-compose.yml
-o docker-compose.yml
$ docker-compose up -d

$ docker-compose ps
```

[그림 4-21]은 밀버스(Milvus) 데이터베이스의 설치 시 단계별 환경설정에 대해 설명한 것이다. Milvus는 설치하기 전 시스템 스펙에 대해서 선행적으로 분석해야 한다. 특히, CPU와 메모리, GPU 등의 설정이 해당 사이트에 들어가서 스펙에 맞는지를 검토해야 될 필요성이 있다. 이러한 요구가 맞다면 Milvus를 설치하기 위한 필수 소프트웨어는 Docker와 같은 필수 소프트웨어를 설치해야 한다.

구성 단계는 다음과 같다. 'sudo apt update'와 sudo apt install -y docker.io docker-compose'를 통해서 컨테이터 기반의 docker를 설치한 후 'start'와 'enable'을 통해서 기동해야 한다. 정상적으로 docker가 기동이 된 것을 확인하고 다운로드될 milvus의 디렉토리를 생성하고 설치를 시작한다. '$ curl -L https://milvus.io/cn/docs/assets/cn/milvus-standalone-docker/docker-compose.yml -o docker-compose.yml'과 같이 명령어를 수행하여 설치한다. 설치가 완료되면 docker를 통해 확인한다. 벡터 데이터베이스 중 Milvus와 같은 경우는 오픈소스 기반의 벡터 데이터베이스로서 벡터 데이터를 기반으로 유사도, 자연어 처리 등에 많이 사용되고 있다. 뿐만 아니라 벡터의 검색을 위한 알고리즘도 오픈소스화되어 배포되고 있어 최근 인공지능 기반 서비스에 많이 활용되고 있다.

에코 소프트웨어의 저장 기술

1 엘라스틱 서치의 저장 기술

빅데이터는 우리가 헤아릴 수 없는 다양한 용도로 활용되고 있다. 그중에서도 엘라스틱 서치(Elastic Search)는 Solr와 더불어 검색 엔진 및 분석 용도로 가장 많이 사용되고 있다. Shay Banon이 엘라스틱 서치를 개발할 당시부터 분산 환경에 적합한 검색 엔진 및 분석 용도로 개발되었으며, 엔진의 기반은 루씬(Licene)을 기반으로 하고 있다. 2010년부터 시작된 개발된 이 프로젝트는 오픈소스로 공개되었으며 상용화 제품으로도 급성장하고 있다. 엘라스틱 서치는 다양한 용도로 활용이 가능하며 다음과 같은 용로도 많이 사용되고 있다.

첫 번째, 빅데이터 기반의 대규모 데이터셋에서 검색 및 분석 업무를 수행하는데 있어서 탁월하며 특히 실시간적으로도 가능한 장점을 가지고 있다. 뿐만 아니라 언어 처리 및 검색 등에서 효과적으로 활용이 가능하다.

두 번째, 다양한 시각화 도구를 연계하여 데이터를 시각적으로 탐색하고 시각화할 수 있는 특징을 가지고 있다. 데이터를 검색하고 분석하는 용도에서 시각화의 기능은 매우 중요한 요소 중에 하나이며, 이러한 측면에서 다양한 시각화 도구와의 쉬운 연계는 장점이라고 할 수 있다.

세 번째, 머신러닝 등과 같은 예측 분석의 요구를 기반으로 모델을 생성하고 생성된 결과를 활용하는 지능형 알고리즘에 활용이 가능하다. 뿐만 아니라 각종 로그 데이터를 기반으로 보안과 같은 측면에서 이벤트를 감지 및 탐지하여 활용하는 용도로도 사용 가능하다.

마지막으로, 저장적인 측면에서 빅데이터를 기반으로 수집된 각종 로그 및 데이터를 실시간적으로 수집, 저장하는 측면에서의 활용성 또한 매우 뛰어나다고 할 수 있다.

위와 같은 용도 이외에도 엘라스틱 서치는 사용자의 요구사항에 맞게 유연한 개발을 가능하게 하며, 빅데이터 요구사항에 기반한 저장, 분석, 시각화 및 예측 분석 등을 통합한 빅데이터 플랫폼에도 활용이 가능하다.

다음은 엘라스틱 서치의 기술적 특징에 대해서 알아보도록 하겠다. 엘라스틱 서치는 기본적으로 빅데이터 처리에 적합한 병렬기반의 분산 아키텍처 구조를 가지고 있다. 이러한 병렬 기반의 분산 아키텍처는 데이터를 클러스터 내의 여러 노드에 데이터 분산 저장하여 처리하는 구조를 가지고 있고 데이터의 처리도 병렬로 처리하게 된다. 뿐만 아니라 클라우드 기술에서 활용하는 스케일링을 지원하여 빅데이터의 기반한 대용량의 데이터와 처리 부하를 효과적으로 수행할 수 있게 되어 있다. 검색 엔진에 필요한 필수적인 요소인 빠른 검색 및 질의를 위해 인텍싱 기술을 제공하며 효율적이고 빠른 검색 작업을 가능하게 한다. 이러한 검색기능을 효과적으로 수행하기 위해서 실시간적으로 데이터를 수집하고 인덱싱 기술에 의한 색인 기술을 통해 검색 및 분석이 가능한 구조를 가지고 있다.

저장적인 측면에서도 데이터를 여러 노드에 분산 저장을 지원하여 데이터의 가용성과 확장성을 보장한다. 특히, YAML(YAML Ain't Markup Language)과 JSON 형식의 문서를 기본 단위로 사용하여 데이터를 저장하기 때문에 다양한 종류의 데이터를 유연하게 저장할 수 있게 되며 RESTful API를 제공하기 때문에 애플리케이션의 통합을 쉽고 빠르게 지원하고 있다. 다음 [그림 4-22]는 엘라스틱 서치를 다운로드받을 수 있는 사이트(https://www.elastic.co/kr)의 메인 화면을 나타낸 것이다.

그림 4-22 엘라스틱 서치 사이트의 메인화면

엘라스틱 서치의 소프트웨어를 용도에 따라 다양한 버전을 위의 사이트에서 다운로드받은 후 설치를 수행하면 사용이 가능하게 되는데, 환경설정의 구성을 위한 설정파일은 다음과 같다. 소프트웨어를 다운로드받고 설치를 진행하기 전에 클러스터의 이름 및 포트 번호, 그리고 데이터 디렉토리의 위치 등을 사전에 설정하여 구성하여야 한다. [그림 4-23]은 설정파일 중 elasticsearch.yml의 환경설정의 예를 나타낸 것이다. 환경설정을 통해 클러스터의 이름을 지정하고 바인딩할 IP Address를 지정한다. http API에 대한 포트와 데이터 및 로그 디렉토리의 경로를 각각 지정한다. 'Bootstrip.memory_lock'은 JVM의 메모리를 관리할 수 있도록 설정한다. 이외에도 엘라스틱 서치를 사용할 때 사용 용도 및 환경에 따라 다양한 설정값을 조정하여 사용하게 된다.

그림 4-23 elasticsearch.yml 파일의 환경설정 예

```
cluster.name: my_cluster
node.name: node1
path.data: /var/lib/elastic
path.logs: /var/log/elastic
network.host: 0.0.0.0
http.port: 9800
bootstrap.memory_lock: true
```

Elatsticsearch.yml과 같은 환경설정파일은 여러 개가 존재하는데, YAML 형식으로 작성하도록 되어 있으며 'JVM.options', 'log4j2.properties.yml', 'user_settings.yml'과 같은 파일의 환경설정을 통해서 최적의 환경을 구성할 수 있다. 엘라스틱 서치를 사용하기 위해서는 우선적으로 오픈소스 기반의 엘라스틱 서치를 사용하여 다양한 기능 및 기술적 특징을 이해한 후 상용화된 제품을 사용할 것을 권장한다.

2 카프카의 저장 기술

빅데이터 플랫폼을 개발할 때 가장 먼저 필요한 기능이 실시간에 해당하는 데이터 수집 요건일 것이다. 이러한 측면에서 볼 때 카프카(Kafka)는 매우 핵심적인 기능을 수행하는 오픈소스 기반의 빅데이터 도구이다. 카프카를 한마디로 정의하자면 링크드인에서 개발하여 아파치 재단에서 2014년 오픈소스로 공개된 스칼라(Scala)로 개발된 분산형 스트리밍 플랫폼이라고 할 수 있다. 대용량의 실시간 스트리밍 처리를 위한 분산형 메시징 시스템으로 실시간적으로 데이터를 수집할 때 데이터의 유실 없도록 수집 가능한 메세징 큐(Queue)의 역할을 수행한다. 뿐만 아니라 크로스 플랫폼(Cross Platform) 기반으로 다양한 운영체제 및 소프트웨어에서 동작이

가능하다. 특히, IoT 등 M2M 기반 데이터 수집에서 탁월한 성능을 가지고 있으며 Producer와 Consumer 그리고 Broker 등 세 가지 요소로 구성되어 있다.

카프카의 기술적 특징은 다음과 같다. 첫 번째, 카프카는 기본적으로 분산형 메시징 시스템으로서 대용량의 데이터를 여러 서버에 분산하여 저장 처리한다. 데이터를 여러 개의 파티션으로 나누어 여러 브로커에 분산 저장하며 클러스트의 브로커들이 분산처리 기반으로 데이터의 안정성과 가용성을 보장한다.

두 번째, 빅데이터의 실시간적 데이터의 생성에 기인한 기술적 특징으로 스트림 처리에 특화되어 있다. 대용량 데이터는 특성상 많은 양의 데이터를 처리하기 위해서 높은 데이터 처리 성능을 요구하며 낮은 지연 시간을 요구한다. 이러한 실시간 처리를 통해 데이터의 변환, 집계, 필터링(Filtering), 조인(Join) 등을 통하여 다양한 분석 작업을 가능하게 한다.

세 번째, 대용량 데이터의 처리 특성상 높은 확장성을 요구한다. 따라서 병렬처리에 기반한 단순 브로커를 추가하거나 클러스트의 노드를 추가하는 스케일 아웃 기반의 시스템 아키텍처로 인해 확장성에 대응할 수 있으며 선형적인 성능 요구에 대비할 수 있도록 되어 있다.

마지막으로 카프카는 기본적으로 토픽(Topic)이라는 논리적인 단위로 구성하여 각 토픽을 여러 파티션으로 분할하여 병렬처리를 지원한다. 이러한 특징으로 인해서 다양한 데이터의 유형에 대응할 수 있는 유연성을 제공한다.

위와 같은 기술적 특징을 활용하여 빅데이터 기반의 데이터셋을 기반으로 한 로그 및 이벤트를 수집하고 분석하는 데 카프카가 활용되고 있으며, 실시간적인 스트리밍 데이터의 로그 및 이벤트를 유실없이 안정적으로 수집하고 처리한다. 아파치 카프카의 공식 사이트는 https://kafka.apache.org이며 관련된 기술 자료 및 해당 버전을 다운로드받을 수 있다. 버전마다 다양한 특성이 있으므로 최신 버전을 다운로드받아 사용할 것을 권장한다.

카프카를 사용할 때 카프카 클러스터를 구성하여야 한다. 카프카 클러스터는 주키퍼(Zookeeper)를 사용하여 클러스터의 메타데이터와 상태를 관리하도록 되어 있어 구성 시 Zookeeper를 설치하여 실행하여야 한다.

그림 4-24 Apache Kafka의 공식 사이트

kafka

GET STARTED
DOCS
POWERED BY
COMMUNITY
APACHE
DOWNLOAD KAFKA
APACHE KAFKA
More than 80% of all Fortune 100 companies trust, and use Kafka.
Apache Kafka is an open-source distributed event streaming platform used by thousands of companies for high-performance data pipelines, streaming analytics, data integration, and mission-critical applications.

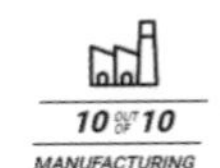
MANUFACTURING

BANKS

INSURANCE

TELECOM

SEE FULL LIST
Above is a snapshot of the number of top-ten largest companies using Kafka, per-industry.

필요한 해당 버전을 다운로드받은 후 다양한 압축 도구, 즉 tar 등을 통하여 압축을 해제한다. 'server.properties'의 환경설정을 통하여 카프카 브로커의 설정을 셋팅한다. [그림 4-25]는 카프카 환경설정파일 중 server.properties의 구성 예를 나타낸 것이다. 이때 'broker.id=0'은 브로커 ID의 설정을 나타낸 것으로 "0"은 고유한 ID를 나타낸 것으로서 고유한 ID를 가져야 한다.

그림 4-25 Apache Kafka의 구성 설정의 예

```
broker.id=0
listeners=PLAINTEXT://:9092
log.dirs=/kafka/logs
zookeeper.connect=localhost:2181
message.max.bytes=1048576
```

또한 환경구성 시 'listeners=PLAINTEXT://9092'는 포트번호를 나타낸 것으로 클라이언트는 이 포트를 통해서 브로커에 연결할 수 있게 된다. 이외에도 로그 디렉토리의 설정 그리고 Zookeeper의 연결정보를 통해 호스트와 포트를 정의한다.

마지막으로 카프카가 처리할 수 있는 메시지의 크기를 설정하며, 이때 1048576은 1024Kbyte를 의미한다. 사용 환경에 따라서 환경설정에 필요한 구성을 셋팅할 수 있게 된다. 지금까지 빅데이터를 구성하는 에코 소프트웨어 중 가장 많이 사용하는 엘라스틱 서치 그리고 카프카에 대해 알아보았다. 이외에도 다양한 에코 소프트웨어가 존재하므로 우리가 목적으로 하고 있는 요구사항에 맞는 에코 소프트웨어를 지속적으로 적용하는 노력이 필요할 것이며 기술적 발전이 매우 빠른 만큼 새로운 버전이 나올 때마다 수시로 다운받아서 기술적 완성도를 높이는 경험을 쌓아야 할 것이다.

PART 05

데이터 처리 기술

CHAPTER 01 빅데이터 처리 프레임워크 기술

CHAPTER 02 SQL On Hadoop 및 하이브(Hive)

CHAPTER 03 거대 언어모델(LLM) 기반 데이터 처리 기술

OVERVIEW

빅데이터 처리 프레임워크 기술

5. 데이터 처리 기술

SQL On Hadoop 및 하이브(Hive)

거대 언어모델(LLM) 기반 데이터 처리 기술

학습 목표

빅데이터의 프레임워크의 이해를 통해 SQL On Hadoop 및 거대 언어모델(LLM) 기반 데이터 처리 기술을 알아보고, 처리 관점에서의 다양한 에코 소프트웨어를 이해한다.

학습 항목

- 데이터 저장 기술의 이해
- 빅데이터 기반 에코 소프트웨어의 활용
- 데이터베이스와 NoSQL 기술의 활용
- 저장 기반 오픈소스 소프트웨어의 이해

키워드

맵리듀스, SQL On Hadoop, 거대 언어모델(LLM; Large Language Model)

기술분류

NoSQL, 빅데이터 시스템, 데이터 처리, 인공지능

NOTICE

무엇인가 처리한다는 것은 "무엇인가를 알맞은 형태로 다시 만든다."라는 의미를 포함하고 있다. 정보시스템에서 처리한다는 것은 특정 작업이나 단위의 프로세스를 수행하는 것을 의미한다. 따라서 데이터를 처리한다는 것은 데이터를 원천으로 하여 데이터 속에 포함된 의미를 이해하고 다양한 기술을 적용하여 사용자 또는 고객의 요구사항에 맞게 처리 기술을 활용하여 통찰력을 갖게 해주는 일련의 처리 기술을 데이터 처리 기술이라고 할 수 있다.

흔히, 요리사가 어떤 재료와 도구를 사용하였는지 그리고 어떤 요리에 특화된 경험을 가지고 있는지에 따라서 만들어지는 요리는 각각 다를 것이다. 아마도 중식에 적합한 도구와 양념, 경험을 가지고 있는데 프랑스 요리를 만든다고 한다면 아마도 그 요리사는 매우 난처할 것이고 목표로 했던 요리를 제대로 만들 수 없을 것이다.

데이터 과학자는 요리사와 매우 비슷한 역할을 하는 것 같다. 재료와 도구는 다르지만 통찰력이라는 차이는 아마도 맛과 분석의 결과를 나타내는 정도의 차이일 것이다. 데이터를 처리하는 기술의 영역에서도 과거와는 다르게 매우 발전하고 있으며 사용되는 도구 역시 매우 빠르게 발전하고 있다. 이러한 부분에서 보면 각 단계별로 연결되는 각종 소프트웨어적 도구들은 상호 의존성이 더욱 심화되고 있는 측면이 있다. 따라서 데이터를 저장, 관리, 분석하는데 사용되는 다양한 도구와 기술 세트를 포함하는 광범위한 영역을 포함하고 있다. 이미 수집과 저장의 기술에 대해서는 PART 03~04에 설명하였기 때문에 PART 05에서는 데이터 처리 영역 중 분석이라는 관점에 중점을 두고 설명하고자 한다.

따라서 빅데이터 처리에 핵심이 되는 하둡 기반의 병렬처리 프레임워크인 MapReduce와 SQL On Hadoop 그리고 최근에 이슈가 되고 있는 언어 기반의 거대 언어모델(LLM: Large Language Model) 등에 대해 다루고자 한다.

CHAPTER 01

빅데이터 처리 프레임워크 기술

대용량의 데이터를 하둡 기반으로 처리하려고 할 때 가장 먼저 떠오르는 기술이 맵리듀스(MapReduce)일 것이다. 맵리듀스를 한마디로 정의하면 대규모의 대용량의 데이터를 처리하기 위한 병렬 분산처리 컴퓨팅 프레임워크를 의미한다. 따라서 대용량의 데이터를 효율적으로 빠르게 분석하기 위한 요구성에 따라 개발된 것이고 하둡의 핵심 기능이라고 할 수 있다. 맵리듀스의 동작원리는 매우 간단하다. 대용량의 데이터셋을 기반으로 데이터를 분산하여 처리하고 중간 처리 과정을 통해서 데이터의 처리량을 줄이는 동시에 성능을 최적화하는 것이다.

그의 첫 번째 단계로 맵퍼(Maper) 단계가 있다. 이 단계를 통하여 입력된 데이터를 여러 개의 단위 조각으로 분할하여 결과적으로 이단계에서는 중간 키-값을 생성한다. 즉, 분할된 조각 조각을 독립적으로 Mapper 함수를 적용하여 중간 결과를 생성하는 것으로 입력 데이터의 분할을 통해서 중간 키-값쌍으로 변환하는 단계인 것이다. 이 단계에서 각 작업을 수행하는 노드에서 병렬로 실행되는 것이다.

이렇게 생성된 결과는 두 번째 단계인 파티셔너(Patitioner) 단계를 진행한다. 이 단계에서 Mapper의 출력을 기반으로 키를 기준으로 파티션을 수행한다. 이때 리듀서에게 전송될 데이터의 분산을 조절한다. 이것은 키와 값 중에서 키를 기준으로 해서 특정 파티션(리듀서)에 할당하게 되는 과정을 거친다. 이렇게 할당된 것을 가지고 세 번째 단계인 소터(Sorter)와 셔플(Shuffle) 과정을 거치게 된다. 파티셔너에 의해 파티셔닝된 데이터는 리듀스로 전송되기 전에 정렬 및 그룹화 과정을 거쳐서 같은 키를 가진 데이터가 동일한 리듀서로 전달되는 것이다. 이 과정을 좀 더 세분화해 보면 셔플은 중간 데이터를 리듀서로 보내는 역할을 하고 소터(sorter)는 중간 키-값 쌍을 정렬하는 단계로 설명할 수 있다.

이러한 과정을 통해서 정렬된 키-값을 네 번째 단계인 리듀서로 보내서 동일한 키에 대한 값을 모아 최종 결과를 생성하는 단계이다. 이렇게 생성된 결괏값을 컴바이너(Combiner)를 통해서 결과를 저장하는데, 이것은 여러 개의 결괏값을 블록으로 나누어 분산 저장하게 하는 기능을 통해서 마무리가 된다. 다음 [그림 5-1]은 MapReduce를 워드카운트(Word Count) 등에 활용한 사례를 각 단계별로 설명한 것이다.

그림 5-1 MapReduce를 활용한 Word Count 계산의 원리

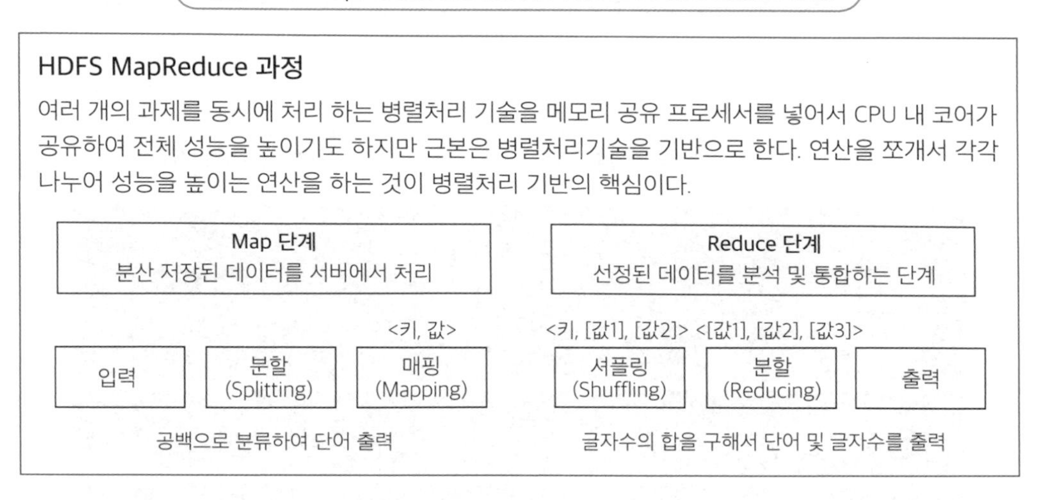

이러한 MapReduce는 대용량의 데이터를 가진 포털사이트 및 소셜 네트워크의 검색 결과에 활용하기도 하고 인기순위 키워드를 정의하여 순위를 정하기도 한다. 뿐만 아니라 각 지역별로 회자되고 있는 키워드를 통하여 인기 이슈를 찾아 마케팅에서도 활용하기도 하며 다양한 분야에서 활용하고 있다.

그림 5-2 MapReduce를 활용한 Word Count 계산의 과정

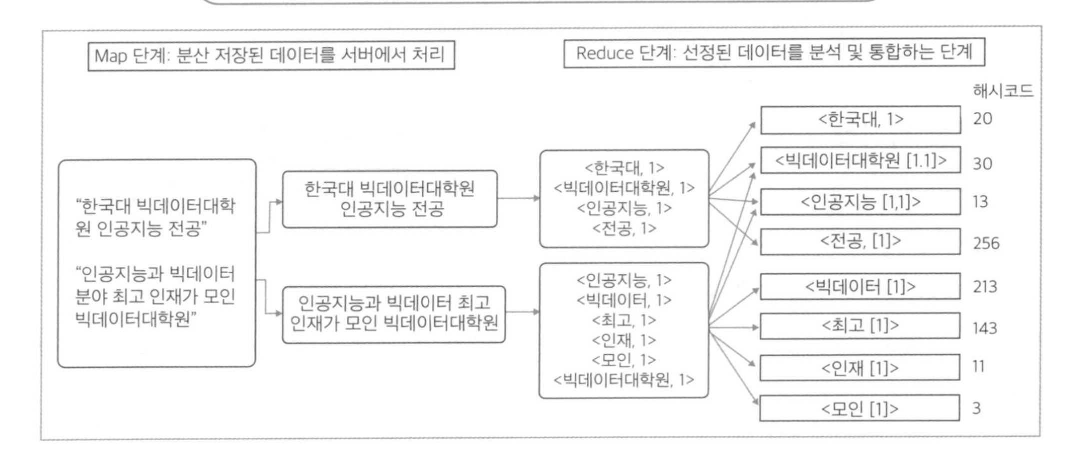

다음 [그림 5-3]은 파이썬을 활용하여 맵리듀스를 프로그래밍한 간단한 예시를 나타낸 것이다.

그림 5-3 MapReduce를 활용한 Word Count 파이썬 Code의 예

```
def mapper(text):
    words = text.split()
    result = []
    for word in words:
        result.append((word, 1))
    return result
```

```
def reducer(word, counts):
    return word, sum(counts)
```

```
def main():
    input_data = [
        "keyword--------",
        "keyword--------" ]

    mapped_data = []
    for text in input_data:
        mapped_data.extend(mapper(text))

    reduced_data = {}
    for word, count in mapped_data:
        if word not in reduced_data:
            reduced_data[word] = []
        reduced_data[word].append(count)

    for word, counts in reduced_data.items():
        total_count = sum(counts)
        print(f"{word}: {total_count}")
```

SQL On Hadoop 및 하이브(Hive)

데이터를 처리할 때 분석의 관점에서 많이 사용하는 것이 SQL On Hadoop이다. 흔히 정보계인 데이터웨어하우스에서는 SQL On Hadoop 개념이 아닌 비즈니스 인텔리젼스 관점의 OLAP(Online Analytical Processing) 도구인 BI(Business Injtelligence)를 많이 사용하였다. 하둡을 중심으로 한 빅데이터 시스템에서는 기존의 BI(Business Intelligence) 도구보다는 시각화 도구와 함께 SQL On Hadoop을 많이 사용하고 있다. 그 이유는 오픈소스를 기반으로 하고 있기 때문에 적용된 라이브러리가 광범위하게 많을 뿐만 아니라 최신 라이브러리가 하루가 다르게 빠르게 개발되어 배포되기 때문에 이러한 욕구를 채울 수 있는 것은 오픈소스 소프트웨어가 가능하기 때문이다.

SQL On Haoop을 사용하면 다음과 같은 장점이 있다. 첫째, 병렬처리와 분산처리 기술을 기반으로 한 대용량 데이터 처리에 탁월한 성능을 내는 하둡 기반 시스템에 SQL On Hadoop이 유연하게 적용할 수 있다. SQL On Hadoop은 ANSI에 기반한 SQL 쿼리를 통해서 효과적으로 처리할 수 있다. 단, ANSI SQL에 100% 호환되지 않지만 데이터를 처리하는 데 있어서 거의 문제가 발생하지 않고 소스도 공개되어 있기 때문에 환경에 맞는 구성 또한 자유롭게 할 수 있는 장점이 있다. 흔히, 개발을 진행할 때 기존의 관계형 데이터베이스를 처리할 때와 유사한 쿼리를 통해 프로그램 개발이 가능한 이점이 있다. 따라서 대용량의 데이터를 처리하기 위해서 관계형 데이터베이스의 쿼리(Query) 개발 능력만 있다면 쉽게 적용이 가능하기 때문이다.

둘째, 확장성 측면을 볼 수 있다. 기존의 데이터를 처리하기 위해서는 SMP(Symmetric Multi Processing) 기반의 스케일업(Scale Up) 방식을 적용했다면 확장성 측면에서 능동적으로 대응하기 어려울 수 있다. 하지만 MPP(Massively Parallel Processing) 기반의 스케일아웃(Scale Out) 방식에서는 단순하게 노드를 증설만 하게 되면 성능을 선형적으로 늘리는 것이 가능하기 때문이다.

셋째, 일부 OLAP(Online Analytical Processing) 도구들도 각종 API 기반의 많은 인터페이스를 통해 각종 데이터베이스 및 하둡과 NOSQL에 접속하여 다양하게 분석할 수 있지만 SQL On Hadoop은 비정형 데이터가 주류를 이루는 빅데이터의 생태계에서 목적별로 사용되는 다양한 비정형 데이터셋의 저장 데이터를 그대로 활용할 수 있다. 이는 데이터의 분석적 활용 측면에서 매우 장점이 많은 것으로 방대한 정형 및 비정형 데이터를 통합적으로 처리할 수 있는 장점이라고 하겠다.

넷째, 목적에 맞는 다양한 SQL On Hadoop을 통합하여 활용할 수 있다. 이것은 하이브와 같은 데이터웨어하우스 형태의 인프라와 함께 임팔라(Impala), 드릴(Drill) 등 다양한 분석 도구들과 데이터 생태계 안에서 활용이 가능한 것을 의미한다. 이것은 활용적 측면에서 매우 유연한 환경을 제공이 가능하게 되는 것이다.

마지막으로, 오픈소스를 기반으로 하고 있기 때문에 비용적인 측면에서 매우 큰 장점이 있으며 하드웨어적 특성에 기반을 하지 않고 의존성 또한 없는 오픈소스의 특성 때문에 전통적인 정보기술보다는 장점이 매우 많은 것을 특징으로 한다.

지금까지 SQL On Hadoop의 장점에 대해서 알아보았다. 다음은 대표적인 SQL On Hadoop기술 기반의 다양한 도구를 설명한 것이다.

| 표 5-1 | 데이터 기반의 SQL On Hadoop 관련 도구

도구	활용 기능
Apache Hive	• Hadoop 기반의 데이터 웨어하우징 기술로서 데이터 분석에 대한 인프라를 제공하는 것이다. 대용량 데이터웨어 하우스와 비슷하다고 할 수 있다. 하이브(Hive)는 SQL과 유사한 질의 언어를 사용하여 대규모의 구조화된 데이터를 분석할 수 있도록 해주는 오픈소스 기반의 SQL on Hadoop이다. • Hive는 데이터를 Hadoop 파일 시스템에 저장하고, 테이블과 파티션 등의 기능을 통해 데이터를 분석할 수 있다. • 특히, Hive는 하둡 생태계와 통합이 되어 있어 다양한 빅데이터 기반의 에코 소프트웨어와 유기적인 통합이 가능한 것이 큰 장점이라고 할 수 있다. • 실무적인 환경에서는 대부분 Hive를 분석 업무에 중심으로 활용하고 있다.
Apache Impala	• 임팔라(Impala)는 실시간으로 대화식 SQL 쿼리를 제공하는 분산 데이터 처리 엔진이다. • Impala는 Hadoop 기반의 클러스터 환경에서 대용량 데이터를 처리하고 분석하기 위해서 만들어진 오픈소스 기반 하둡 에코 소프트웨어이다. • 분산 파일 시스템(HDFS)과 H-base와 같은 NoSQL을 지원하며, 병렬과 분산처리의 기반이 되는 하드웨어 자원인 MPP 기반의 아키텍처에서 동작함으로써 대용량 데이터 분석을 위한 처리 성능을 향상시키는 특징이 있다. • 특히 SQL On Hadoop의 핵심 기능인 SQL은 SQL-92 표준을 준수하며 ANSI SQL 기반으로 하기 때문에 호환성이 매우 좋다. • 빅데이터의 특징인 비정형 데이터 처리에 기반한 다양한 데이터 형식을 지원하여 광범위한 빅데이터 시스템에서 가장 많이 사용하고 있어 이에 대한 기술이 많이 공개되어 있는 것이 특징이다. 뿐만 아니라 쿠두(Kudu)와 같은 에코 소프트웨어에서 적용이 가능하다.
Apache Drill	• 드릴(Drill)은 다양한 데이터 소스에서 구조화되지 않은 비정형 데이터를 탐색하고 분석하기 위해 만들어진 오픈소스 기반 분산 쿼리 엔진이다. • Drill은 ANSI SQL 기반으로 한 쿼리를 제공하고 있으며 다양한 원천 데이터에 대한 스키마를 추론하여 쿼리를 수행할 수 있는 장점 때문에 다양한 상용화 하둡 벤더에서 기본 도구로 제공하고 있다. • 다른 SQL On Hadoop 도구의 목적과 같은 대용량의 빠른 데이터 분석이 가능하다. • 클라우드 및 온프로미스 환경의 파일 시스템과 NoSQL 데이터베이스 그리고 관계형 데이터베이스, 클라우드 스토리지등의 데이터를 연계하여 분석이 가능하다. • 특히 클러스터 내의 여러 노드에서 병렬로 쿼리를 처리하여 대용량 데이터 처리에 대한 성능이 뛰어나며 데이터 소스의 구조가 변경되더라도 쿼리를 수정할 필요가 없는 장점도 있다. 뿐만 아니라 하둡 생태계에 다양한 에코 소프트웨어와의 통합이 가능하고 ODBC, JDBC와 같은 드라이버를 통하여 분석에 사용되는 BI도구와도 쉽게 연계가 가능한 특징을 가지고 있다.

Stinger	• 스팅어(Stinger)는 Apache Hive의 하위 프로젝트로 개발된 엔진으로 하이브의 성능을 향상 시켜서 SQL On Hadoop 기능 수행 시 대용량 처리와 실시간 처리에 대한 성능 향상을 목적으로 만들어진 엔진이다. • 최신 플랫폼에서는 이전에 비하여 활용하는 빈도가 떨어진 오픈소스 기반의 소프트웨어이다. • 컬럼나 스토리지(Columnar Storage) 기능과 Vectorized Query Excution 기능을 통해서 기존의 Hive의 데이터의 스캔 성능과 함께 벡터 단위의 쿼리 실행을 통한 처리속도를 높이는 기능이 포함되어 있는 특징을 가지고 있다.
Presto	• Presto는 페이스북에서 개발한 오픈소스기반 분산 SQL 쿼리 엔진이다. • 빅데이터의 요구사항에 맞게 대용량 빅데이터 처리를 인모메모리 기반 처리를 통해서 빠른 성능을 제공한다. • 다른 SQL On Hadoop과 비슷하게 여러 개의 노드로 구성된 클러스터에서 쿼리를 병렬로 실행하여 빠른 성능을 보장하고 인터렉티브한 대화식 분석이 가능한 것이 특징이다. • SQL On Hadoop의 핵심 기능인 쿼리 SQL 호환이 ANSI SQL을 기반으로 하고 있어 기존의 SQL 문법만 가지고도 다양한 연산도 가능하다. • 우리나라의 많은 빅데이터 프로젝트에서 활용되고 있는 도구이다.

SQL On Hadoop은 세 가지로 분류가 된다. 오픈소스 기반의 SQL On Hadoop 도구와 여러 기업 내에서 프로젝트로 시작하여 배포된 오픈소스 기반의 도구, 그리고 상용화된 OLAP 또는 BI 제품과 연계된 BI 기반의 SQL On Hadoop 등으로 구분되고 있다. 오픈소스 기반의 도구 내에서도 상용화 하둡 벤더들이 자사 하둡의 안정성 및 성능을 높이는 일환으로 관련 SQL On Hadoop을 기본 장착하여 제공하기도 한다.

다양한 요구사항 및 분석의 니즈에 맞는 SQL On Hadoop을 선정하여 시스템 설계 시 적용하는 것을 권장한다. 물론, 사전에 다양한 도구 및 버전 별로 테스트와 성능 검증을 거쳐 선정하는 과정이 필요하다고 할 수 있다. CHAPTER 02에서는 다양한 SQL On Hadoop 중에서 가장 많이 사용하고 있고 상용화된 하둡 벤더에서도 제공하는 도구인 하이브를 중심으로 알아보도록 하겠다.

1 SQL On Hadoop 하이브(Hive)의 이해

하이브(Hive)는 아파치 하둡 기반의 오픈소스 기반 데이터웨어하우징 패키지로 대량의 비정형(로그) 데이터 처리를 위해 페이스북에서 Hive를 만들어 사용하기 시작하였다. 이를 페이스북이 오픈소스로 공개하였고 아파치 재단의 하둡 하위 프로젝트의 Eco 소프트웨어라고 할 수 있다. 하이브는 하둡에서 맵리듀스를 직접 구동하게 되면 성능상의 다양한 문제가 발생할 수 있는 것을 방지하기 위해서 이에 대한 부하를 줄여주는 용도로도 사용된다.

이는 사용자가 SQL로 쿼리를 작성하면 자동으로 맵리듀스 작업으로 변경해 주는 쿼리 엔진이기 때문에 맵리듀스를 직접 작성하지 않고 쿼리 언어만으로 하둡의 비정형 데이터에서 분석이 가능한 하이브는 다음과 같은 특징을 가지고 있다.

1) 처리 용이성 측면

SQL과 유사한 HIVEQL(Hive Query Language)를 통해서 데이터를 조회하고 처리할 수 있는 특징을 가지고 있다. Hive QL은 SQL과 비슷한 쿼리로 분석을 수행할 수 있는 기능을 제공하는 Eco 도구이다.

2) 처리 구조적 측면

대용량 데이터 처리에 최적화되어 있다. 이는 데이터를 맵리듀스 작업으로 변환하여 분산처리를 수행하게 되며, 이때 하둡 클러스터 내의 여러 노드에 분산하여 처리하는 최적화된 구조를 가지고 있다.

3) 처리 유연성 측면

정의된 스키마 및 데이터 형식을 사용자가 정의한 테이블로 생성하는 기능이 있다. 데이터 형식 면에서도 사용자 정의 함수를 통해 요구사항에 맞는 데이터 형식을 지원하는 기능이 있다. 이는 정의된 테이블, 행, 컬럼, 스키마 등 관계형 데이터베이스와 유사한 개념의 기능이라고 할 수 있다.

4) 처리 확장성 측면

하이브는 다양한 파일 시스템과 호환을 통한 확장이 가능한 아키텍처 구조를 가지고 있어 필요에 따라서 클러스터의 크기 및 데이터 처리 능력을 손쉽게 확장할 수 있다.

뿐만 아니라 오픈소스 기반의 다양한 도구들과 통합이 가능하여 NoSQL인 H-base, Spark 등과도 데이터의 공유 및 연동이 가능한 특징을 가지고 있어 다양한 데이터 처리 요구에 부응할 수 있는 장점에 대해서 알아보도록 하자.

하이브는 쿼리 형태의 쉬운 분석 환경을 제공하며 데이터가 큰 작업도 지원하기 위해 시스템 일부가 장애가 발생해도 전체 시스템에 영향을 주지 않고 지속적인 처리를 계속하는 지원하는 기능을 제공해 준다. 뿐만 아니라 메모리를 사용하지만 상대적으로 하드디스크 위주로 사용하면서 가능한 불필요한 쓰기, 읽기 또한 피하도록 설계되어 있다.

하이브가 기존 데이터웨어하우스를 빅데이터용으로 대체하기 위한 용도로 만들어졌으며 많은 레퍼런스 사이트에서 광범위하게 사용되고 있어 안정화된 도구라고 할 수 있다. 하이브를 사용하기 위해서는 다음 [그림 5-4]의 하이브 설치 및 활용 절차를 참고하여 단계별로 설치하여 구성에 적합하도록 설정을 하면 된다. 물론, 하이브를 사용하기 위해서는 하둡 클러스터가 구성되어 있어야 한다. 그리고 하이브를 사용하기 위해서는 다음과 같은 아파치 공식 사이트(http://hive.apache.org)에서 최신 버전을 다운받으면 된다.

그림 5-4 하이브 설치 및 활용 절차

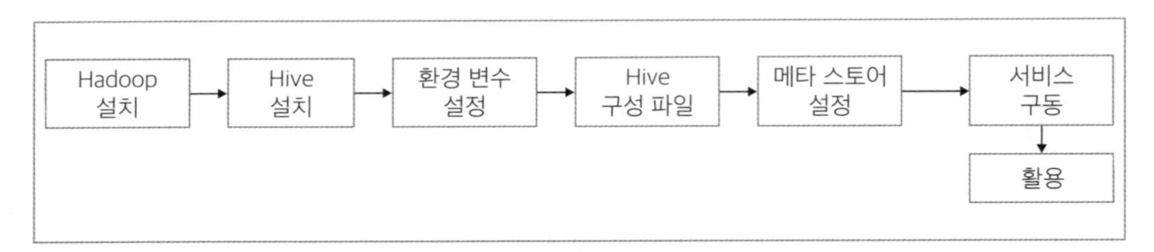

세부적인 설치 및 설정은 다음과 같다.

1) 하이브의 설치

사용자의 요구사항 및 서비스에 가장 적합한 하둡의 버전을 확인하여 아파치 재단의 웹사이트에서 다운받아 클러스터를 구성하고 설치를 완료한다. 이때 최신의 버전보다는 한 단계 아래 정도의 마이너 버전을 설치하는 것이 조금 더 안정적인 측면에서 적합할 수 있다.

최신의 버전을 설치하게 되면 관련된 기술적 사항이나 버그등이 공개되지 않아서 사용하는데 많은 애로 사항이 나올 수 있기 때문이다. 뿐만 아니라 하둡의 버전에 따라 하이브 버전의 의존성이 존재하므로 3.x 버전의 하둡 클러스터를 구축하면 하이브도 3.x를 설치하여 사용하는 것이 최신 기술의 적용성 측면에서 적합할 수 있다.

2) 하이브의 설치

앞서 하둡이 설치되었다면 그 버전에 가장 잘 맞는 버전의 하이브를 다운받아서 설치를 한다. 다운받는 사이트는 아파치 재단의 공식 사이트에서 다운받는 것을 권장한다. 다음은 아파치 재단의 하이브 공식 사이트이다.

그림 5-5 아파치 재단의 하이브 공식 사이트

출처: hive.apache.org

본 사이트를 통해서 아파치 하이브의 최신 자료 및 관련 소프트웨어 등을 다운받아 사용하면 된다. 본 공식 사이트에는 관련 기술 자료, 개발 정보, 커뮤니티 정보 등을 포함한 거의 모든 내용이 공유되어 있다. 이때 다운로드받은 하이브 소프트웨어 원본 파일은 압축되어 있기 때문에 이를 해제하고 원하는 위치에 저장해 놓은 후 설치해야 한다.

3) 환경 변수의 설정

설치된 하이브를 사용하기 위해서는 환경 변수를 설정해야 한다. 환경 변수에는 Hadoop과 Hive의 경로를 추가하고, 필요한 설정값을 지정해야 한다. 이것은 HADOOP_HOME 변수에 Hadoop의 설치 경로를 지정하고, HIVE_HOME 변수에 Hive의 설치 경로 등을 설정하는 의미한다.

환경설정에 대한 세부 절차는 다음과 같다.

1) HADOOP_HOME의 변수를 사용하여 하둡 경로의 설치를 지정하게 된다.

하둡이 설치된 상태에서 하이브를 설치하면 HADOOP_HOME의 변수에 해당 하둡이 설치된 경로를 지정한다. 예를 들어, 하둡이 "/usr/local1/hadoop"에 설치되어 있다면 이와 같은 경로를 변수의 환경설정에 지정하는 것이다. [그림 5-6]에서 하둡의 경로는 "/usr/local/hadoop"을 나타낸 것이다.

그림 5-6 아파치 하이브 환경설정 예시

```
export HADOOP_HOME=/usr/local/hadoop
export HIVE_HOME=/usr/local/hive
export PATH=$PATH:$HIVE_HOME/bin
export HIVE_CONF_DIR=$HIVE_HOME/conf
export HIVE_AUX_JARS_PATH=/path/to/udf.jar
```

2) 하둡의 경로가 하이브의 변수를 통해 지정이 되었다면 하이브의 경로를 지정해야 한다.

하이브의 경로를 지정하는 변수는 HIVE_HOME를 사용한다. 이때도 하둡의 경로를 지정한 것과 같은 방식으로 "/usr/local/hive"와 같은 경로를 지정하여 설정한다.

3) 하이브의 경로를 지정하는 설정을 완료하였다면 PATH 변수를 통해 실행 가능한 Hive 명령어를 사용하기 위해서 실행 경로를 추가하여야 한다.

하이브의 실행 경우는 각각의 환경에 따라 다를 수 있지만 "$HIVE_HOME/bin"일 경우 PATH 변수를 사용하여 실행 경로를 설정한다.

4) 하이브의 설정파일이 위치한 디렉토리 정보를 지정하는 환경 변수는 HIVE_CONF_DIR이다.

따라서 $HIVE_HOME/conf라는 경로일 경우 HIVE_CONF_DIR=$HIVE_HOME/Conf와 같이 지정하여 각각 디렉토리 정보를 설정한다.

5) 하이브에서 추가적인 라이브러리 등의 경로를 지정할 경우의 사용되는 환경 변수는 HIVE_AUC_JARS_PATH 변수를 사용하면 된다.

이러한 경로 환경설정에 사용자 정의 함수(UDF) 등도 지정하여 사용할 수 있다. 따라서 HIVE_AUC_JARS_PARH 변수를 사용하여 추가적인 직렬화/역직렬화 클래스, 사용자 정의 포맷 등과 같은 다양한 라이브러러 파일을 지정할 수 있게 된다. 이러한 변수를 통하여 사용자의 요구에 맞는 하이브의 기능을 확장하고 사용자 기능을 정의하는 기능 등을 추가적으로 사용할 수 있게 된다.

그림 5-7 hive-env.sh의 환경설정 구성

```
# Hive 실행 경로 설정
export JAVA_HOME=/usr/lib/jvm/java-8-openjdk-amd64

# 메모리 설정
export HADOOP_HEAPSIZE=1024

# Hive Metastore 서비스의 메모리 설정
export HIVE_METASTORE_HEAPSIZE=2048

# 로그 디렉토리 설정
export HIVE_LOG_DIR=/var/log/hive
export HIVE_PID_DIR=/var/run/hive

# 임시 디렉토리 설정
export HIVE_TMP_DIR=/tmp/hive

# Hive 실행 시 사용할 설정 파일 경로 설정
export HIVE_CONF_DIR=/etc/hive/conf
```

[그림 5-7]은 하이브 설정환경 중 주요 구성 파일 중 하나인 hive-env.sh 파일의 환경설정의 예시를 나타낸 것으로 환경설정에 사용되는 변수는 실행 환경에 따라 다를 수 있지만 일반적으로 아래와 같은 변수를 통하여 환경을 설정한다. JAVA_HOME, HADOOP_HEAPSIZE, HIVE_SERVER2_HEAP_SIZE, HIVE_METASTORE_HEAPSIZE, HIME_LOG_DIR, HIVE_TMP_DIR, HIVE_CONF_DIR 등의 변수가 있다. 이를 통해 하이브가 필요로 하는 리소스나 디렉토리 경로 등을 지정하여 사용할 수 있게 된다. 일반적으로 하이브의 설정파일 중 가장 중요한 파일은 hive-site.xml 설정파일로서 하이브의 주요한 설정값들이 포함되어 있으며 하둡 클러스터와의 연결정보, 실행정보 등이 지정되게 된다.

다음은 하이브의 설정파일 중 주요한 것을 설명한 것이다.

$HIVE_HOME/conf/hive-site.xml

$HIVE_HOME/conf/hive-env.sh

$HIVE_HOME/conf/hive-exec-log4j2.properties

$HIVE_HOME/conf/hive-log4j2.properties

$HIVE_HOME/conf/hive-exec-log4j.properties

이러한 환경설정파일은 하이브의 실행에 필요한 각종 경로, 환경값 등을 포함하고 있으며 파일 형태는 XML 또는 Propertie 파일 형태로 되어 있다. 따라서 이러한 환경설정파일은 하이브를 설치한 디렉토리로 이동한 후 conf 디렉토리 내에 존재한다. 이러한 환경설정은 운영을 하면서 세밀한 조절을 통해서 최적의 환경설정을 하게 된다.

6) 하이브 메타 스토어 설정을 통해서 다양한 데이터베이스를 활용하여 데이터의 메타 데이터를 관리하게 된다.

이러한 메타 스토어로 활용할 수 있는 데이터베이스는 포스트그레(PostgreSQL)을 많이 사용하고 있고. 그 외에도 다양한 데이터베이스를 지원하고 있으므로 해당 용도에 맞게 적용하여 활용하면 된다.

7) 6)까지 작업이 완료되었으면 이제 하이브의 강력한 기능을 사용할 수 있는 단계가 완료된 것이다.

하이브를 실행하기 위해서는 터미널에서 hive shell을 기동하여 실행할 수 있고,

hive CLI(command Line Interface)를 통해서도 실행할 수 있다. 일반적으로 Hive shell과 CLI는 비슷한 기능을 가지고 있기 때문에 필요에 따라 선택하여 사용하면 된다.

다음은 하이브를 설치하여 간단한 쿼리를 통하여 집계 분석의 예시를 작성한 것이다.

그림 5-8 하이브 CLI를 통한 분석 쿼리의 예

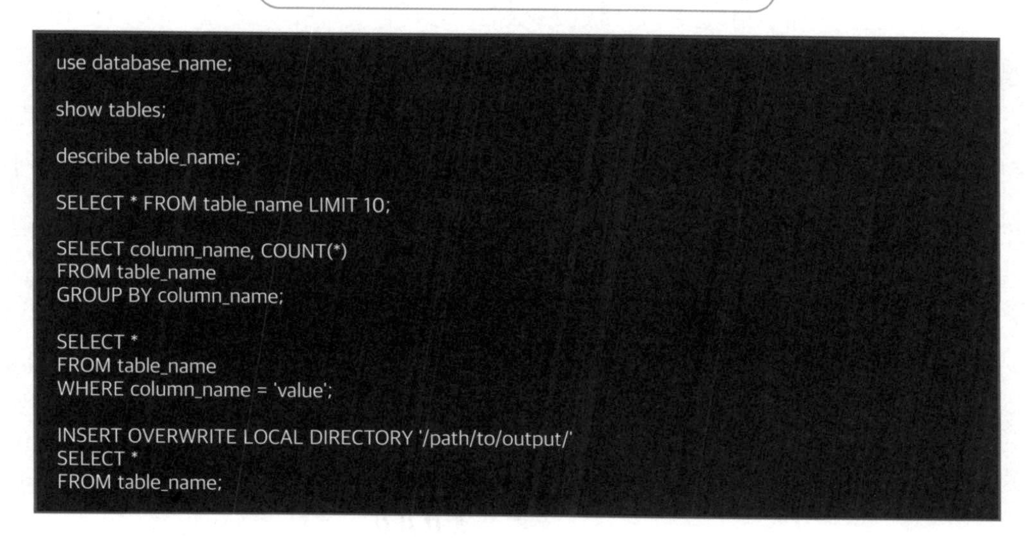

```
use database_name;

show tables;

describe table_name;

SELECT * FROM table_name LIMIT 10;

SELECT column_name, COUNT(*)
FROM table_name
GROUP BY column_name;

SELECT *
FROM table_name
WHERE column_name = 'value';

INSERT OVERWRITE LOCAL DIRECTORY '/path/to/output/'
SELECT *
FROM table_name;
```

[그림 5-8]은 하이브 CLI를 실행하여 CLI command 창에서 하이브를 기동한 후 사용할 데이터베이스를 선택한다. 해당 데이터베이스의 테이블 항목과 스키마를 확인한다. 이후 데이터를 조회하여 SQL의 집계 함수를 이용하여 특정 열을 Group By를 통해서 특정 열의 집계를 수행한다. 집계에 해당하는 조건을 WHERE 절을 사용하여 필터링한 후 결과를 출력할 수 있는 간단한 쿼리이다. 또한 파일로 저장하려면 "INSERT OVERWRITE LOCAL DIRECTORY"를 사용하면 해당 경로를 지정하면 된다. 하이브 CLI를 활용하여 데이터를 조회하고 간단한 집계분석을 수행해 보았다.

지금까지 하이브에 대해서 알아보았다. 하이브는 빅데이터 시스템을 기반으로 분석에서 가장 많이 사용하고 있고 안정화되어 있어 큰 불편없이 편하게 사용할 수 있는 장점이 있으며 다양한 도구들을 적용하여 사용자의 요구사항에 맞는 서비스를 구현하는 데 매우 도움이 될 것이다.

SQL On Hadoop을 위한 Kudu 이해

데이터가 기하급수적으로 생성되는 빅데이터의 시대에서 이를 축적하고 분석하는 니즈는 더욱 증대될 것이다. 인공지능 기술이 실생활에 파고 들어 우리의 삶을 더욱 풍성하게 해주는 데이터 분석에 대한 기술은 하루가 다르게 발전하고 있다. 이러한 이면에는 데이터 활용에 대한 다양한 시도가 일어나고 이를 개선하려는 정보기술 개발자의 노력이 뒷받침되었다고 할 수 있다.

SQL On Hadoop은 오픈소스 기반 빅데이터 생태계에서 데이터를 쉽고 편리하게 분석하기 위한 노력이었다면 이러한 SQL On Hadoop의 기술을 더욱 빛나게 하는 기술이 쿠두(Kudu) 또는 호로보드(Horovod)와 같은 도구이지 않을까 생각한다.

그림 5-9 아파치 Kudu의 공식 사이트

https://kudu.apache.org
Home
Overview
Documentation
Releases
Blog
Community
FAQ
APACHE KUDU
Apache Kudu is an open source distributed data storage engine that makes fast analytics on fast and changing data easy.
Quickstart
Installation
Releases
Streamlined Architecture
Kudu provides a combination of fast inserts/updates and efficient columnar scans to enable multiple real-time analytic workloads across a single storage layer. Kudu gives architects the flexibility to address a wider variety of use cases without exotic workarounds and no required external service dependencies.
Learn more »
Faster Analytics
Kudu is specifically designed for use cases that require fast analytics on fast (rapidly changing) data. Engineered to take advantage of next-generation hardware and in-memory processing, Kudu lowers query latency significantly for engines like Apache Impala, Apache NiFi, Apache Spark, Apache Flink, and more.
Learn more »
Open for Contributions
Founded by long-time contributors to the Apache big data ecosystem, Apache Kudu is a top-level Apache Software Foundation project released under the Apache 2 license and values community participation as an important ingredient in its long-term success. We appreciate all community contributions to date, and are looking forward to seeing more!
Learn more »
Copyright © 2023 The Apache Software Foundation.
Apache Kudu, Kudu, Apache, the Apache feather logo, and the Apache Kudu project logo are either registered trademarks or trademarks of The Apache Software Foundation in the United States and other countries.
COMMUNITY
CODE

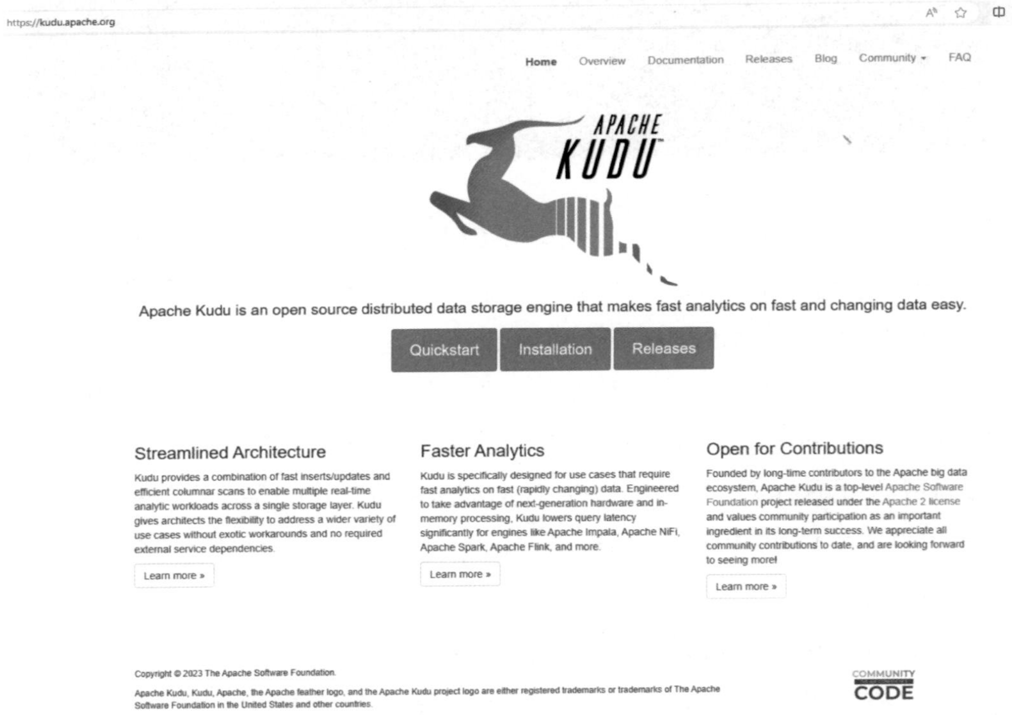

출처: kudu.apache.org

따라서 본 장에서는 쿠두(Kudu)와 하둡(Harovod) 기술에 대해서 알아보고 이러한 기술이 어떻게 SQL On Hadoop과 융합되어 분석의 성능과 신뢰도를 높일 수 있게 되는지에 대해 알아보겠다. 쿠두는 아파치 하둡용으로 개발된 오픈소스 기반 칼럼 스토어라고 할 수 있다. 하둡 기반의 HDFS와 NoSQL인 H-base를 기반으로 대용량의 데이터를 저장, 분석을 고속으로 처리하는 데 특화된 아키텍처를 기반으로 하고 있다. 조금 더 엄밀하게 얘기하면 아파치 하둡용으로 개발된 오픈소스 기반 칼럼 스토리지 기반 시스템이라고 할 수 있다.

구조적으로 데이터용 엔진이라고 할 수 있으며 NoSQL인 H-base를 연결하기 위한 빅데이터 엔진이라고도 할 수 있다. 뿐만 아니라 다양한 빅데이터 에코 소프트웨어인 임팔라, 스파크 등과도 통합하여 다양한 용도로 활용할 수 있는 장점이 있다. Kudu의 장점으로는 상호운영적 측면에서의 운영성, 연계성, 통합성, 접근성 등을 지원하여 분석과 트랜젝션 시스템을 구조적으로 단순하게 만들 수 있는 장점이 있다. 이러한 Kudu는 다양한 에코 소프트웨어를 조합하여 활용이 가능하다. 예를 들면, Kudu와 Impala, Kudu와 Impala+Hive, Kudu와 Impala+Hbase 등으로 구성이 가능하며 요구사항에 맞는 구성이 가능하다.

대용량의 데이터를 기반으로 하는 빅데이터를 압축을 통하여 저장이 가능하고, 이러한 데이터셋을 프라이머리 키를 통해서 접근이 가능하여 매우 빠른 성능의 속도를 가지고 있다. 뿐만 아니라 빅데이터 기반의 스토어 아키텍처 구조를 가지고 있지만 수정과 삭제가 가능한 기능도 내장되어 있다. 따라서 적용 시 SQL On Hadoop 기반의 Impala와 같은 도구와 함께 연동하여 운영해야 하는 특징을 가지고 있다. 결과적으로는 Kudu를 사용하면 실시간적인 고속 데이터 분석에 활용가능한 진보된 빅데이터 인프라 환경에 적합하다고 할 수 있다.

Kudu는 아파치 재단의 Kudu 사이트(http://kudu.apache.org) 및 미러 사이트에서 다운로드받을 수 있으며 [그림 5-9]는 kudu 공식 웹사이트이다. 본 사이트를 통하면 관련 소프트웨어 및 기술 자료를 함께 볼 수 있으며 관련 커뮤니티를 통해서 릴리즈 및 기타 FAQ 정보 또한 공유할 수 있도록 되어 있다. Kudu의 기술적 특성 때문에 그의 로고는 빠르게 점핑하는 아프리카 동부지방의 영양을 지칭하는 것으로 빠른 분석을 가능하게 해주는 특성 때문에 로고 또한 영양으로 한 것 같다.

| 표 5-2 | Kudu의 주요 특징

항목	기능
컬럼(Column) 기반 저장소	칼럼 기반 저장 방식을 사용하여 쿼리의 성능과 압축률이 좋다.
분산 및 병렬 기반 구조	분산 아키텍처를 통해서 대용량의 데이터를 저장하고 병렬처리를 통해서 빠른 Read/Write의 기능을 제공한다.
실시간 및 배치 처리	실시간 및 배치처리에 용이하며 특히 빅데이터에서 필요한 실시간 처리가 가능한 기술적 특징을 가지고 있다.
효과적인 장애 대처	데이터에 대한 일관성이 보장되며 복제를 통한 장애 대비가 가능하다.
스키마	스키마의 변경이 가능하여 다양한 형태의 데이터를 저장하고 처리할 수 있다.

[표 5-2]와 같은 주요 특징으로 인해서 다양한 빅데이터 서비스를 지원하는 플랫폼에서 많이 사용하고 있다. 데이터 분석 용도뿐만 아니라 실시간 데이터 처리 및 분석 용도로 사용하며 하이브리드 형태의 빅데이터 플랫폼에서도 많이 사용되고 있다. 결과적으로 Kudu는 칼럼 기반의 저장소와 분산 아키텍처 구조를 통해서 실시간적인 대용량 빅데이터 처리에 특화되어 있으며 데이터 분석에 기반한 요구사항에 즉각적으로 대응할 수 있는 기술적 특징 또한 가지고 있다. 빅데이터 시스템은 다양한 에코 소프트웨어를 조합하는 퍼즐 테크놀러지를 기반으로 하고 있다. 수많은 에코 소프트웨어 및 빅데이터의 생태계에서 사용자의 요구사항에 맞는 최적의 빅데이터 환경을 구축하기 위해서는 이러한 기술 및 도구를 광범위하게 검토하고 활용하는 경험이 필요하다고 하겠다.

거대 언어모델(LLM) 기반 데이터 처리 기술

지금까지 빅데이터를 처리하기 위한 하둡의 병렬처리 프레임워크인 맵리듀스와 데이터 처리를 위한 SQL On Hadoop에 대해서 알아보았다. CHAPTER 03에서는 최근 이슈가 되고 있는 다양한 언어, 즉 텍스트 기반의 처리를 통해서 거대 언어모델(LLM; Large Language Model) 등 생성형 인공지능 서비스 등이 등장하고 있는데, 이러한 서비스를 가능하게 하는 텍스트 기반 데이터 처리 기술에 대해서 알아보도록 하겠다. 텍스트 기반의 데이터 전처리 기술은 텍스트 데이터를 처리하고 정제하는 과정을 의미한다고 할 수 있다. 이러한 기술은 자연어 처리(NLP; Natural Language Processing)를 기반으로 하고 있으며 매우 다양한 기술들이 활용되고 있다.

그림 5-10 LLM 기반 서비스의 프레임워크

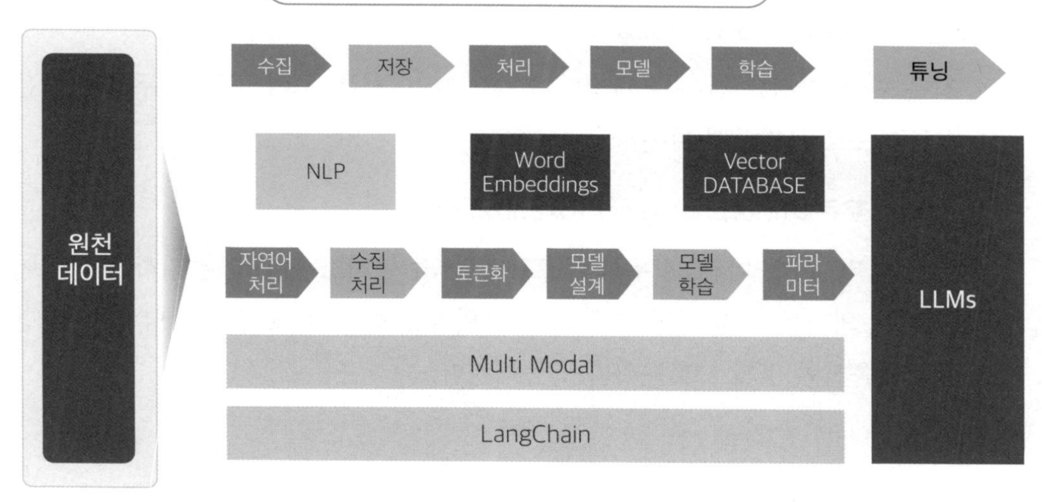

[그림 5-10]은 LLM 기반 서비스의 프레임워크를 나타낸 것으로 다양한 기술요소를 기반으로 하고 있는 것을 알고 있을 것이다. 이러한 텍스트 기반 언어를 처리하기 위해서는 다음과 같은 단계를 통해서 텍스트를 처리하게 된다.

첫 번째는 일반적인 언어 전처리 단계에서, 즉 자연어 처리 단계에서 토큰화(Tokenization)를 수행하게 된다. 토큰화는 언어 기반으로 되어 있는 텍스트 데이터를 작은 단위, 즉 토큰 단위로 나누는 과정을 의미한다. 토큰은 문장, 단어, 형태소, 문자와 같은 단위로 구성이 되며 문장을 나누는 과정에서 다양한 방법들이 존재한다. 토큰은 문장, 단어, 형태소, 문자로 구분이 되며 이용 형태에 따라서 다른 방법도 사용된다.

토큰화는 텍스트를 처리하고 분석하는 첫 번째 단계로서 텍스트를 작게 분리하여 문장의 구조를 파악하고 빈도를 계산하는 작업이 함께 수반된다. 첫 번째 단계를 통하게 되면 언어 기반의 텍스트 데이터가 구조화되어 컴퓨터에서 처리가 가능하도록 도와주는 단계라고 할 수 있다. 이러한 토큰화는 통상적으로 네 가지의 단계가 있으며 세부 기능은 다음과 같다.

1) 문장 토큰화(Sentence Tokenizaion)

텍스트를 문장 단위로 나누는 과정을 의미한다. 통상적으로 마침표(.), 물음표(?) 등을 기준으로 나누기도 하며 기술적으로는 자연어 처리를 위한 라이브러리인 NLTK(Natural Language Tool Kit)의 sent_tokenize와 같은 라이브러리를 활용하여 어휘의 처리 및 품사 등의 태깅 작업을 하기도 한다.

2) 단어 토큰화(Word Tokenization)

문장을 단어 단위로 나누는 과정이다. 이 과정에서는 공백 또는 구두점과 같은 기준을 중심으로 분리하여 나눈다.

3) 형태소 토큰화(Morphological Tokenization)

언어에 따라 조사, 어간, 접두사 등으로 단어의 형태소 단위로 분리하는 작업이다. 형태소는 의미를 가진 가장 작은 말의 단위라고 할 수 있으며 딥러닝 등 다양한 방식으로 효율적인 형태로 토큰화가 가능해진다.

4) 문자 토큰화(Character Tokenization)

텍스트를 글자(Character) 단위로 나누는 것을 의미한다. 따라서 한 글자씩 토큰으로 분리한다는 뜻이다. 따라서 한 글자가 개별적인 하나의 토큰으로 처리되는 과정이다. 이러한 과정은 세밀한 언어의 구조를 이해하거나 특정한 언어의 처리 작업 등에 활용되며 자동 번역, 언어 모델링, 그리고 글자 단위의 특징을 추출할 때 사용되기도 한다. 이와 같은 4가지의 토큰화를 통하여 분석이 가능한 전처리 단계를 수행하게 된다.

두 번째는 텍스트 데이터에 대한 정제(Cleanging)이다. 흔히 신문의 주요기사의 댓글을 보게되면 기사와 상관이 없는 글들이 많이 게시되는 경우를 우리는 흔히 접하게 된다. 분석에 필요없거나 오히려 혼란만 가중되는 키워드를 노이즈라고 할 수 있다. 뿐만 아니라 노이즈는 내용에 상관이 없는 기호 등도 포함될 수 있다. 그리고 특수 문자와 각종 반정형 데이터의 태그(Tag) 같은 경우도 노이즈의 한 예라고 볼 수 있다. 이러한 데이터를 제거하는 작업을 정제 작업이라고 한다. 이 부분은 신뢰성 있는 데이터를 확보하는 데 매우 중요한 단계라고 할 수 있다.

세 번째는 정규화(Normalization) 과정이다. 흔히 정규화란 데이터베이스에서 많이 사용하는 단어로 데이터를 일정한 규칙에 따라 변환하여 데이터를 일관성 있게 만드는 과정을 뜻한다. 이러한 과정을 거치게 되면 데이터는 일정한 크기와 형식으로 변환하여 표준화 또는 일반화시키는 것을 의미한다. 예를 들어, 이미지 데이터를 통해서 인공지능 학습을 한다고 가정하면 각 이미지 데이터는 원본 이미지 데이터뿐만 아니라 가지고 있는 메타 데이터까지 일반적인 정규화 과정을 거쳐서 표준화를 시켜야 한다. 조금 더 구체적으로는 만들어진 이미지에 따라 모두 다르게 되어 있는 원본 데이터의 이미지의 화소와 크기 등을 통일화시키는 것을 의미한다.

이러한 정규화 과정을 거쳐서 데이터의 일관성을 유지하고 모델의 학습 성능을 높이고 분석 결과에 대한 일관적인 결과를 얻을 수 있게 된다. 이 과정에는 토큰 정제(Token Normalization)과 같은 과정도 함께 진행이 된다. 이것은 특정한 용도의 텍스트를 하나의 토큰으로 처리하는 방법을 의미하는 것이다.

네 번째는 문서 벡터화(Document Vectorization) 과정으로 단어의 빈도와 문서의 빈도를 고려하여 단어를 수치화하거나 유사도를 기반으로 가중치를 활용하는 방식의 TF-IDF(Term Frequency-Inverse Document Frequency), 그리고 단어의 밀집 벡터 형태로 표현하는 방식의 워드 엠베딩(Word Embedding) 같은 과정을 거쳐서 텍스트를 수치형 벡터로 변환하는 과정이다. 이러한 문서 벡터화의 과정을 통해 텍스트 데이터가 수치화되고 유사성을 계산하여 상품 추천 서비스에 활용하기도 한다.

지금까지 텍스트 기반의 데이터를 각종 전처리 단계를 통하여 효과적으로 분석이 가능한 단계로 만들기 위한 각 요소에 대해서 알아보았다. 이러한 과정은 다음 [그림 5-11]의 언어모델 설계 단계를 위한 주요 단계 중에 매우 중요한 단계라고 할 수 있다.

그림 5-11 언어모델을 설계하기 위한 주요 단계

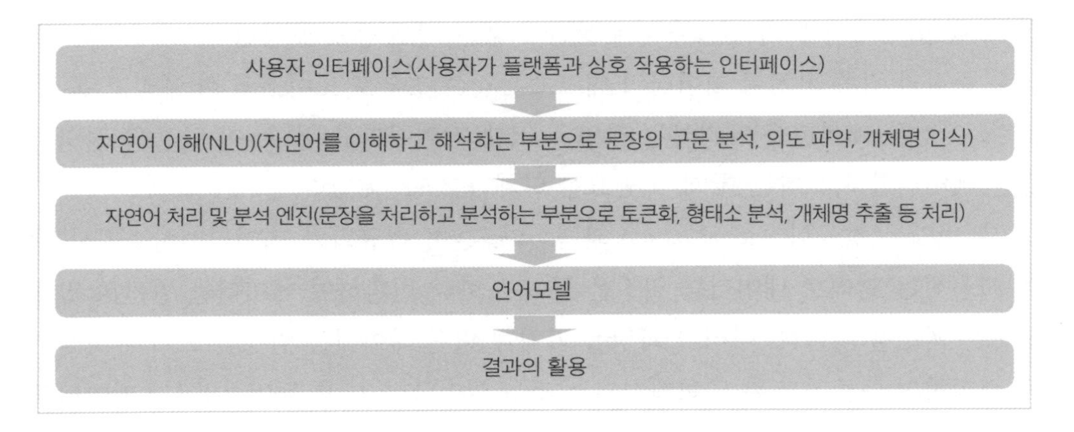

텍스트 기반의 원천 데이터를 활용하여 거대 언어모델(LLM)과 같은 인공지능 서비스를 구현하기 위해서는 다음과 같은 기술적 요소가 필요하다. 첫 번째로 데이터 수집 및 저장 기술 도구 셋이 필요하다. 데이터의 수집에서 저장 그리고 분석을 위한 시스템 차원의 고려가 필요하며 목적하는 사항을 달성하기 위해서는 데이터 수집 및 저장 소프트웨어 및 하드웨어적 사항이 필요하다. 그것은 활용 시스템의 기반 구조에 다른 온프로미스 또는 클라우드 기반의 형태의 인프라를 전제로 하고 있고 다양한 인터페이스를 활용하여 정형화되어 있지 않은 비정형 데이터를 효과적으로 수집하고 저장하는 데 일관된 성능적 요소가 필요하다고 할 수 있다. 따라서 목적별 하둡, NoSQL 데이터베이스 및 관계형 데이터베이스 등이 포함된다.

특히, 빅데이터에서 활용하는 NoSQL 데이터베이스는 그래프, 칼럼패밀리, 다큐먼트, 키-밸류 데이터베이스가 있으며 최근에는 벡터 데이터베이스 그리고 와이드 칼럼 데이터베이스, XML JSON 데이터베이스 등이 있다. 각각의 용도 및 기술적 특성은 PART 03 '데이터 저장 기술'에 자세히 설명해 두었다.

두 번째는 병렬과 분산처리에 적합한 프레임워크의 선정이다. 이러한 병렬과 분산처리에 해당하는 프레임워크는 기본적으로 대용량의 데이터를 처리하고 다양한 모델을 실행하기 위한 기본적인 부분에 해당한다. 따라서 적용되는 많은 에코 소프트웨어의 경우 스케일 아웃에 기반한 병렬과 분산처리 프레임워크를 가지고 있는가 매우 중요한 부분이다. 따라서 수집에서부터 처리, 분석까지의 각 단계별로 적용된 에코 소프트웨어가 이러한 기술 기반을 하고 있는지를 검토하는 것이 중요한 부분 중 하나이다.

세 번째는 대규모의 언어 기반 원천 데이터를 처리하기 위한 광범위한 시스템적 성능을 뒷받침할 수 있는 구조를 갖추고 있어야 한다. 시스템적 성능을 뒷받침하기 위한 다양한 요소들이 있다. 그것은 노드를 통합하여 하나의 클러스터링 기반의 기반 구조를 가지고 있어야 한다. 그것을 가능하게 하는 부분은 고성능의 서버를 의미한다. 서버를 이루는 메모리, CPU, GPU, SSD, Cache 등의 요소가 포함된 부분을 의미한다.

그리고 스케일 아웃 방식의 시스템 확장이 가능한 구조로 되어 있어야 된다. 따라서 물리적으로는 병렬 아키텍처 기반의 구조를 포함하고 있어야 하며 논리적으로는 데이터를 분산하여 처리할 수 있는 구조가 되어야 방대한 데이터를 처리할 수 있는 시스템이 된다는 것이다. 뿐만 아니라 물리적, 논리적 구조의 기반 시스템를 활용하여 소프트웨어적으로 다양한 업무 기반의 요건에 기반한 서비스를 제공할 수 있게 되고 데이터의 속성 및 구조에 따라 최적화된 환경 속에서 우리는 목표로 하는 거대 언어모델 기반의 다양한 결과물을 만들어 낼 수 있게 되는 것이다.

다음은 Nathan Marz와 Jay Kreps가 개념을 제안한 대용량의 데이터를 처리할 때의 활용되는 람다 아키텍처와 카파 아키텍처의 구조를 설명한 것이다. 람다 아키텍처는 성능을 높이기 위해서 배치처리와 실시간 처리에 기반한 스트림처리의 두개의 레이어를 통해 처리하는 것을 특징으로 하고 있다. 이러한 구조적 특징은 데이터의 정확한 처리와 일관성을 위해서 처리의 형태에 따른 두개의 레이어, 즉 스피드 레이어와 배치 레이어로 나누어 처리하게 되며 결과적으로 매우 빠른 성능을 낼 수 있다.

그림 5-12 Lambda 아키텍처 구조

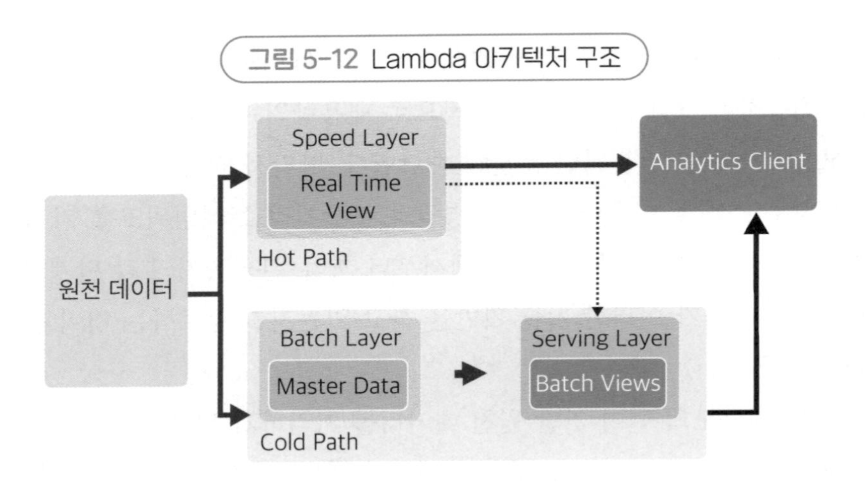

카파 아키텍처는 모든 데이터의 처리가 단일 스트림 기반 처리 시스템을 사용하여 처리된다. 단일 경로인 스트림 프로세싱 엔진(스피드 레이어) 데이터가 입력되면 실시간으로 전달되어 순차적으로 처리되기 되기 때문에 대용량의 데이터를 처리하기 적합하고 오픈소스 기반의 카프카와 같이 구성하면 더욱 성능 좋은 아키텍처를 구성할 수 있게 된다. 특징적으로는 구조가 매우 간단하기 때문에 유지 보수 및 기능 개선에 매우 좋은 구조라고 할 수 있다.

그림 5-13 Kappa 아키텍처 구조

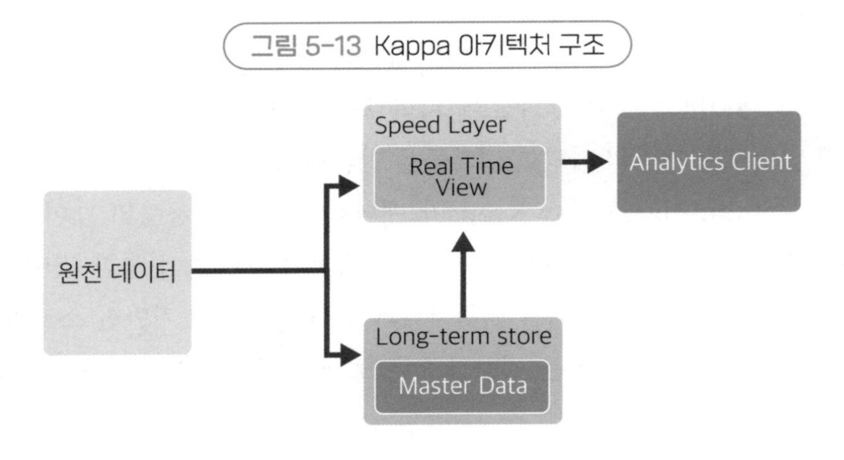

따라서 이러한 두 가지의 시스템 구조는 하둡이나 스파크 또는 카프카와 같은 오픈소스 기반의 빅데이터 처리 도구와 활용이 가능한 특징 또한 가지고 있다. 결론적으로는 람다 아키텍처는 정교한 처리를 통한 정확한 결과를 만들어 내는 데 적합한 구조이며, 카파 아키텍처는 실시간 처리에 사용할 경우 좋은 결과를 가지고 낼 수 있는 구조를 가지고 있다. 사용자의 환경 및 서비스 구현에 대한 요구사항을 기반으로 가장 적합한 아키텍처를 적용하는 것이 중요하다고 할 수 있다.

네 번째는 데이터에 대한 커스텀 개발 도구의 활용이 필요하다. 이 부분은 불필요한 시스템 자원을 효율적으로 운영하고 목표로 하는 서비스를 개발할 때 중요한 요소이다. 거대 언어 모델 기반의 서비스는 대규모의 언어 데이터를 활용하여 자연어의 처리 및 이해를 기반으로 한다. 따라서 데이터의 전처리 및 정제, 그리고 특성을 추출하고 라벨링하여 데이터 및 모델의 평가 및 검증을 하는 부분이라고 할 수 있다. 커스텀 개발 도구는 이러한 과정을 효율적으로 처리해 주는 기능을 하는 것이다.

일반적으로 이러한 도구는 파이썬 기반의 개발 언어와 그에 포함된 각종 도구를 활용하는 것이 일반적이며 Pandas, scikit-Learn, Pytorch 등이 활용된다. 상세하게는 이러한 개발 도구를 활용하여 텍스트 기반의 데이터를 정규화하고 정제하여 적용 모델이 이해하기 쉽도록 한다. 뿐만 아니라 데이터의 특성을 추출하여 모델이 학습에 효과적으로 적용하기 용이하게 한다. 또한 모델의 성능과 검증을 평가하기 위한 라이브러리를 포함하고 있다. 그리고 개발 도구에게 개발이 용이하게 해주는 개발 환경을 제공하는 도구, 즉 주피터 노트북(Jupyter Notebook)과 같은 도구의 활용도 중요하다고 할 수 있다. 다음 [표 5-3]은 각 도구별 기능에 대해서 설명한 것이다.

| 표 5-3 | 커스텀 개발 도구

항목	기능
Python	데이터 기반 개발 언어로서 데이터 처리 및 모델 개발과 학습에 사용된다.
TensorFlow	딥러닝 모델 개발과 학습을 위한 라이브러리 도구이다.
Pytorch	딥러닝 모델 개발과 학습을 위한 라이브러리로서 가장 많이 사용되고 활용이 간편하다.
Scikit-Learn	파이썬 기반의 머신러닝 라이브러리로서 데이터 분석 및 모델을 쉽게 구축하고 평가할 수 있는 도구이다.
Jupyter Notebook	데이터 분석 및 모델 개발을 위한 대화형 환경을 제공하여 파이썬과 같은 개발 언어를 주피터 노트북을 활용하여 개발한다.

다섯 번째는 데이터와 모델을 평가하고 검증하는 것이라고 할 수 있다. 이 부분은 학습과 테스트 데이터셋 그리고 후보 모델과 최종 모델을 평가하고 검증하는 부분이라고 할 수 있다. 네 번째에 설명한 커스텀 도구를 통해 데이터를 전처리하고 특징을 추출하여 모델을 만들고 난 이후 다양한 튜닝 과정을 거치게 된다. 이 과정에서는 모델의 성능을 최적화하기 위한 하이퍼 파라미터 등과 같은 튜닝을 거치게 된다. 튜닝 과정은 모델을 개선하여 성능 좋은 모델로 만들기 위한 단계로서 지속적인 반복 과정을 거치게 된다. 거대 언어 모델 기반의 언어 모델에서 자연어의 처리를 위한 모델 성능을 평가하는 다양한 메트릭이 존재한다.

이 중에서 가장 많이 사용하고 있는 BLEU (Bilingual Evaluation Understudy)에 대해 간단한 파이썬 코드와 함께 이에 대한 간단한 설명해 보고자 한다. 이 코드에서는 nltk.translate.bleu_score 모듈을 사용하여 BLEU를 계산하고, word_tokenize 함수를 사용하여 문장을 토큰화하고, corpus_bleu 함수를 사용하여 BLEU 점수를 계산하는 방식이다.

그림 5-14 BLEU 성능평가에 대한 파이썬 코드의 예

```
from nltk.translate.bleu_score import corpus_bleu
from nltk.tokenize import word_tokenize

# 예측 문장
candidate = "The seal is playing in the sea."

# 참조(정답) 문장 리스트
references = [
    " Playing in the sea where seals are.",
    "The seal is playing in the water."
]

# NLTK 문장을 토큰화
candidate_tokens = word_tokenize(candidate.lower())
reference_tokens = [word_tokenize(reference.lower()) for reference in references]

# BLEU 계산
def compute_bleu(candidate, references):
    return corpus_bleu([[reference] for reference in references], [candidate])

bleu_score = compute_bleu(candidate_tokens, reference_tokens)

print("BLEU Score:", bleu_score)
```

언어 처리에 대한 성능을 평가하는 지표로서 생성된 언어 기반의 문장이 기준과 얼마나 일치하느냐를 평가하는 것으로 성능을 평가할 때 중요한 요소로 활용되고 있다. BLEU에서 점수가 0에서 1까지로 가지고 있으며 1에 가까울수록 결과의 성능이 높은 것으로 평가하고 있다. 연속적인 N개의 단어를 사용하여 번역의 품질을 평가하는 요소로서 N-gram 기반 평가라고 한다. 뿐만 아니라 일반적인 평가에 사용하는 정밀도(Precision) 기반의 측정이 가능하다. 이것은 N-gram 중 기준 번역에서도 추출할 수 있는 N-gram의 비율을 계산하는 것을 의미한다. N-gram에 포함하고 있는 것은 Precision을 계산하여 이를 조합한 평균값을 얻어 BLUE 결과를 도출하는 방식이다.

[그림 5-14]는 BLEU 성능평가에 대한 파이썬 코드의 예이다. 이것을 실행하기 위해서 물론 "pip install nltk"의 커맨드를 통하여 nltk를 사전에 설치해야 한다. 언어 기반에서 서비스 중 STT(Speech To Text)의 예를 들면 언어나 음성의 인식은 무척이나 중요한 부분이다. 따라서 CER(문자단위오류율; Character Error Rate), WER(워드단위오류율; Word error Rate), PER(Phoneme Error Rate) 등 평가 방식, 그리고 데이터 및 모

델에 대한 통계적 기반의 평가 방식인 Confusion Matrix, F1, Recall 등 다양한 방식이 있는데, 이러한 평가는 일반적인 Python과 같은 분석 및 모델 개발 언어에 라이브러리 제공하고 있기 때문에 쉽게 응용이 가능하다.

다섯째, 평가 및 검증이 완료된 모델을 배포하고 관리하기 위한 단계를 거치게 된다. 모델을 컨테이너화하여 배포 및 관리하는 프레임워크이며, 흔히 도커(Docker)와 같은 컨테이너 도구를 활용한다. 이러한 컨테이너 도구를 활용할 때 모델을 컨테이너화 한다는 것은 모델을 독립적인 환경에서 실행 할 수 있도록 패키징을 한다는 것을 의미한다. 물론, 개발 모델은 소프트웨어 구성이 된다는 것을 뜻한다. 구성된 모델은 튜닝 과정을 거치면서 지속적인 업데이트가 일어나고 구조에 대한 변경이 일어난다. 이에 대한 여러 가지 특성을 컨테이너 환경을 통하여 일관된 실행 환경을 제공하는 것을 뜻한다.

이러한 컨테이너 기반의 도구들은 특성상 다양한 운영체제를 지원할 수 있어야 하며, 운영체제 내에서 동일한 이미지를 사용하여 모델을 실행시킬 수 있는 것을 의미한다. 또한 시스템 차원에서 사용되는 하드웨어 자원을 단일화된 형태로 각각 실행하며 확장 및 배포가 용이한 구조를 포함하고 있어야 한다. 이러한 기술을 기반으로 개발된 각종 모델을 다양한 환경에서 일관된 실행 가능한 환경을 제공하여 운영 및 관리가 용이한 환경을 제공하게 하는 특징을 가지고 있다.

위와 같은 다양한 장점 등을 활용한 도커와 쿠버네티스와 같은 도구는 최근 빅데이터 및 인공지능 프로젝트에서 많이 활용하고 있으며, 최근 많은 기업에서 거대 언어기반 모델을 활용한 다양한 서비스가 활발하게 만들어지고 있다. 이에 필요한 단계별 과정 및 기술요소 그리고 적용 도구에 대해서 알아 보았다. 다음 [표 5-4]는 각 단계별 적용 도구의 예시를 나타낸 것이다.

| 표 5-4 | 거대 언어모델 기반의 서비스 개발 시 활용 도구의 예

분야	도구
데이터 수집 및 저장	• Hadoop • NoSQL Database • 클라우드 기반 스토리지
분산 컴퓨팅	• Apache Hadoop • Apache Spark
모델 개발 및 학습	• Jupyter Notebook • Python • PyTorch
모델 평가	BLEU
모델 배포 및 관리	• Docker • Kubernetes
시각화 및 모니터링	• Grafana • Kibana
데이터베이스	NoSQL, 관계형 및 벡터 데이터베이스 등

* 그 외에 자연어 기반 처리 도구 필요함.

이미 각 요소별로 다양한 오픈소스 기반의 소프트웨어가 많이 개발되어 있어 이를 효과적으로 적용하게 된다면 우리가 원하는 다양한 기능의 언어 기반 인공지능 프로젝트를 쉽고 편리하게 구축할 수 있게 된다.

PART 06

데이터 분석

OVERVIEW

데이터 분석의 이해

6. 데이터 분석

빅데이터 기반의 탐색적 데이터 분석

비즈니스 애널리틱스 기술

학습 목표

데이터 분석 관점의 데이터를 이해하고 탐색적 데이터 분석에 기반한 다양한 분석 및 기술에 대해서 이해한다.

학습 항목

- 데이터 분석의 이해
- 빅데이터 기반의 탐색적 데이터 분석(BEDA)
- 데이터 분석 기술의 활용
- 데이터 분석용 오픈소스 기반 소프트웨어

키워드

분석, 탐색적 데이터 분석, 비즈니스 애널리틱스

기술분류

데이터 분석, 탐색적 데이터 분석, 비즈니스 애널리틱스

NOTICE

데이터를 분석하기 위해서는 데이터에 대한 속성을 이해해야 하고, 무엇을 의미하는지에 대한 광범위한 도메인 지식이 필요하다.

데이터를 다양한 관점에서 분석하여 목적하는 업무 및 서비스에 활용하기 위해서는 흔히 분석을 위한 탐색적 데이터 분석을 활용한다. 탐색적 데이터 분석의 정의는 주로 EDA(Exploratory Data Analysis)와 Crispy DM 같은 방법론을 활용하지만 최근 빅데이터를 기반으로 하는 분석 방법론에서는 빅데이터 기반의 탐색적 데이터 분석 정의(BEDA; Bigdata based Exploratory Data Analysis)를 활용한다.

이러한 분석의 정의를 기반으로 하는 방법론은 데이터를 기반으로 도메인 지식을 융합하여 새로운 업무에 활용하거나 서비스를 구축할 때 매우 유용하게 활용할 수 있으며 생산성 및 성능의 고도화를 이루는 데 매우 유용한 도구라고 할 수 있다. 따라서 본 PART에서는 이를 활용하는 다양하고 깊이 있는 관점에서 소개하려고 노력하였다.

PART 05의 CHAPTER 01에서는 빅데이터에 대한 분석의 특징과 목적, 절차를 심도 있게 다루고 있다. CHAPTER 02에서는 빅데이터 기반의 탐색적 데이터 분석의 이해에서부터 유형 및 접근 방법을 다루고 있으며, CHAPTER 03에서는 분석에 기반한 비즈니스 애널리틱스 기술 및 적용 사례 등을 중심으로 분석적 관점을 중심으로 다루고 있다.

CHAPTER 01

데이터 분석의 이해

1 빅데이터 분석의 특징

빅데이터는 데이터의 방대함에 따라 그것을 처리하고 저장하는 방식이 기존의 정형 데이터를 다루는 방법과 많은 차이를 보이고 있음을 PART 05의 CHAPTER 03에서 학습하였다. 빅데이터의 분석에 있어서도 기존의 데이터 분석과는 그 절차와 방법에 있어서도 많은 차이가 있다.

우선 빅데이터 분석과 기존 정형 데이터 분석의 가장 큰 차이점은 빅데이터 분석은 그 목적에 따라 어떠한 데이터도 활용할 수 있다는 점이다. 기존의 정형 데이터 분석은 정형화된 데이터베이스나 데이터 마트를 활용하여 제한된 분석을 할 수밖에 없으며 또한 데이터의 영역을 확장한다고 하더라도 정형화된 데이터의 속성상 다양하고 광범위하게 분석하는 데 제약을 갖고 있다. 그러나 빅데이터 분석은 분석의 목적에 따라 수집할 수 있는 데이터의 한계가 없다고 할 수 있다. 회사 내에 보유하고 있는 자체 데이터에 국한하지 않고 공공 데이터 및 인터넷상의 모든 데이터가 분석자료로 쓰일 수 있다.

세상의 접근할 수 있는 모든 데이터를 활용할 수 있기 때문에 빅데이터 분석의 한계는 무한하다고 할 수 있다. 그러나 이 특징으로 인해 정형 데이터 분석에서 발생하지 않는 데이터의 확보에 기반한, 데이터 기반 프로세스를 중심으로 한 전처리 과정을 거치는 것이 필요하기도 하다. 빅데이터 분석의 데이터는 매우 다양한 원천으로부터 발생하는 비정형의 데이터를 분석하기에 용이한 형태로 변경해야 하는 과정이 필수적이므로 데이터 분석의 계획을 세우는 단계에서부터 데이터의 확보와 전처리 방법을 고려하여 진행해야 한다. 따라서 빅데이터 분석을 하기 위해서는 그 분석의 목적을 수립하고 사용하고자 하는 데이터를 확보하여 처리하는 과정을 체계적으로 수립해야 한다.

2 빅데이터 분석의 목적

데이터 분석의 목적은 데이터를 통해 필요한 정보를 획득하고 찾아내는 데 있다고 할 수 있다. 이미 확보한 데이터는 과거의 정보이지만 이러한 과거의 정보를 바탕으로 분석하고 원인을 파악하여 미래의 일을 예측하거나 필요한 정보를 도출하는 것이 목적이라 할 수 있다.

빅데이터 분석에 있어서도 그 목적은 비슷하다고 할 수 있지만 빅데이터 분석에 사용하는 데이터는 과거에 발생한 데이터뿐 아니라 현재 웹상에서 발생하는 각종 실시간 데이터를 활용할 수 있으며 이러한 특징은 최신 트렌드나 향후 발생에 대한 예측 분야에 더 효과적이라 할 수 있다. [그림 6-1]은 빅데이터 분석의 목적에 대하여 나타내고 있다. 일반적으로 많이 알려진 빅데이터 분석의 목적으로는 의사결정, 불확실성 해소, 인과관계 파악, 예측, 요약 등이 있다.

의사결정은 이미 제시된 여러 가지 대안 중에서 가장 효과적인 안을 선택하는 것을 의미한다. 이러한 선택이 효과적이며 최선의 선택이 되도록 하는 것을 뜻한다.

불확실성 해소란 앞선 의사결정에서 발생할 수 있는 리스크인 불확실성을 제거하여 보다 명확한 정보를 제공하는 것을 말한다. 이러한 불확실성 제거는 의사결정의 혼란을 줄여 주며 여러 선택의 결과를 보다 명확하게 구분할 수 있도록 해준다.

요약은 결론적으로 빅데이터에서 발생하는 매우 큰 데이터를 이해하기 쉽고 신속하게 파악할 수 있도록 핵심만 도출하여 축소해 주는 것을 말한다. 이러한 요약에서는 불필요한 정보는 제거하고 핵심 정보만을 도출할 수 있어야 하며 요약된 결과가 이후 단계에서 신속하게 활용될 수 있도록 정형화되어야 한다. 기사, 논문, 보고서, 서적, 홈페이지 등 요약에 대한 필요사항은 매우 많으며 이는 인터넷을 기반으로 하는 웹이나 모바일 환경에서 매우 다양하게 활용될 수 있다.

인과관계 파악은 데이터 상호 간의 연관관계를 분석하고 파악하여 원인과 결과를 도출하는 것을 말한다. 이러한 인과관계에 대한 파악은 발생하는 행위에 대한 상세한 분석을 가능하게 하여 의사결정하는 데 활용할 수 있다. 예측은 분석된 데이터를 바탕으로 원인과 결과 분석을 통해 특정 패턴을 도출하여 미래에 발생할 결과를 예측하는 것을 말한다.

예측에는 동일하게 반복되는 패턴을 도출해야 하며 이러한 패턴이 항상 미래에 발생할 결과와 일치하는 것은 아니지만 미래에 발생할 결과에 대한 다양한 시나리오를 세워 대비할 수 있게 한다.

그림 6-1 빅데이터 분석의 목적

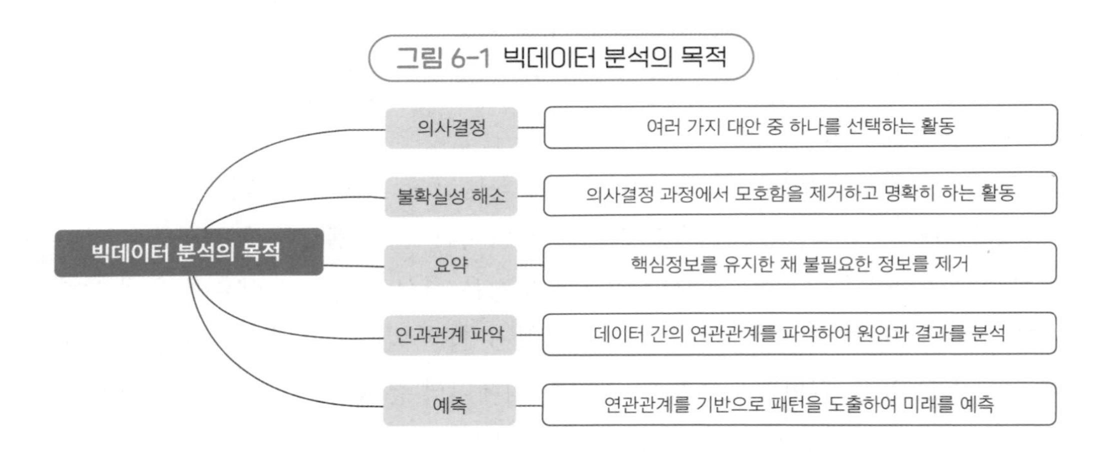
빅데이터 분석의 목적
의사결정
여러 가지 대안 중 하나를 선택하는 활동
불확실성 해소
의사결정 과정에서 모호함을 제거하고 명확히 하는 활동
요약
핵심정보를 유지한 채 불필요한 정보를 제거
인과관계 파악
데이터 간의 연관관계를 파악하여 원인과 결과를 분석
예측
연관관계를 기반으로 패턴을 도출하여 미래를 예측

이러한 빅데이터 분석은 기업체에서 다양하게 활용할 수 있다. 가트너 그룹은 기업에서 활용할 수 있는 Big Data Value Model(2015)로 다섯 가지를 제시하기도 하였다. 이러한 활용 영역을 보면 고객, 마케팅, 리스크 관리, 운영(Operation), 재무, 생산, 프로세스 등 매우 광범위하게 사용될 수 있음을 나타내며, 그 영역과 분야에 한계가 없음을 알 수 있다.

그림 6-2 빅데이터 분석의 활용(Big Data Value Model)

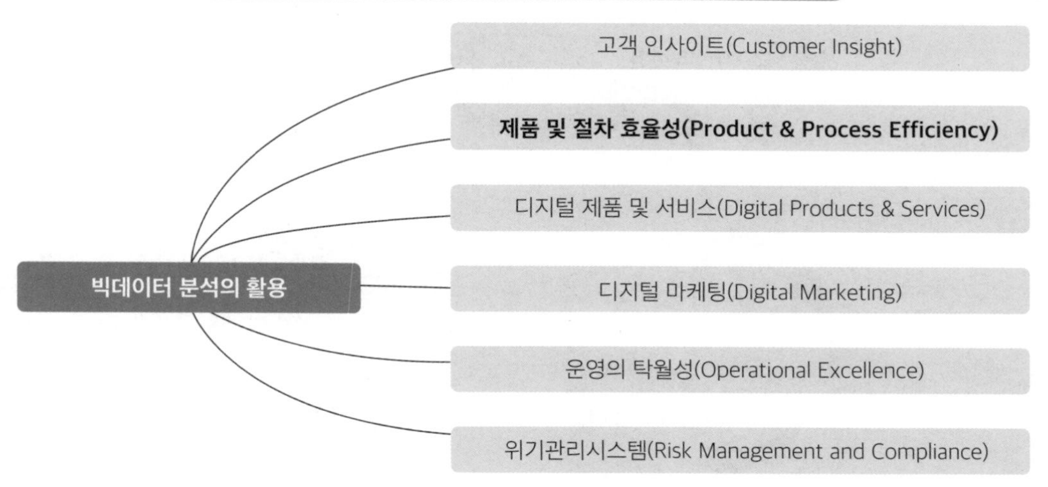

출처: Gartner, Selecting Impactful Big Data Use Cases, 2015

3 빅데이터 분석의 절차

빅데이터 분석은 방대한 양의 데이터를 다룰 뿐 아니라 서로 다른 원천에서 얻은 다양한 형식의 데이터를 다루기 때문에 효율적인 절차를 준수해야 한다. 빅데이터 분석의 경우 한 번의 시행착오로 인해 재실시되었을 경우 처음부터 다시 시작해야 하는 막대한 비용과 시간이 낭비될 뿐 아니라 각각의 단계에서 제대로 수행되어야 다음 단계로 나아갈 수 있기 때문에 분석 초기부터 최적화된 방법론과 절차를 따르는 것이 효과적이다. 물론 이러한 절차는 절대적인 것은 아니며 분석하고자 하는 목적과 사용 가능한 데이터 그리고 분석 조직에 따라 달라질 수 있지만 가장 보편적이고 일반화된 프로세스를 기반으로 목적에 맞게 수정 보완되어야 할 것이다.

그림 6-3 빅데이터 분석의 절차

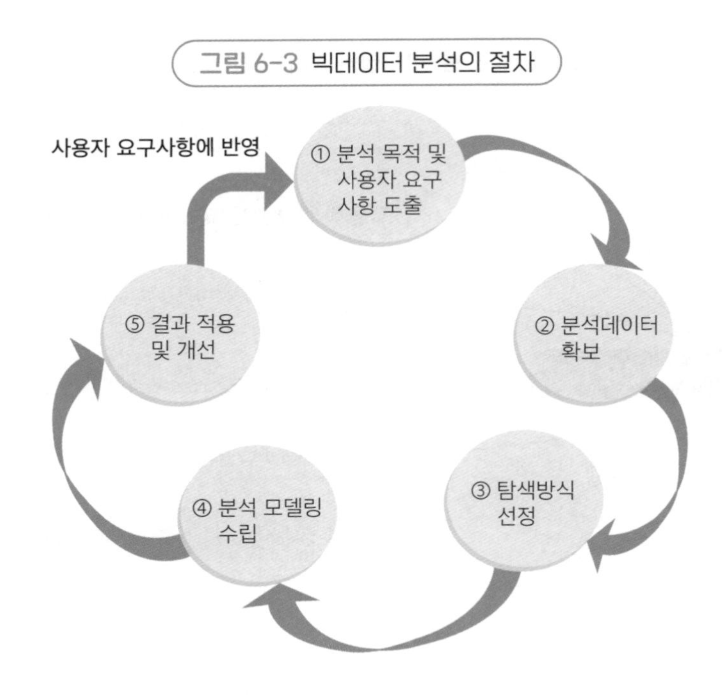

1) 빅데이터 분석의 목적 및 사용자 요구사항 도출

기존의 요구공학에서 분석의 목적인 사용자 요구사항을 도출한다는 것은 사용자 요구사항을 이해하고 도출하여 제3자가 이해할 수 있는 수준으로 명확화하여 정형화하는 과정이라 할 수 있지만 빅데이터 분석에 있어서는 이러한 정형화 과정뿐 아니라 분석을 위한 가설을 수립하고 분석변수를 도출하여 검증하는 과정이 추가된다고 할 수 있다.

우선 빅데이터 분석의 목적을 도출하기 위해서는 사용자 사업 도메인의 주요한 이슈를 이해하고 그것을 바탕으로 사업의 요구사항을 도출하여야 한다. 사용자의 요구사항을 이해하기 위해서는 사용자가 속한 산업을 우선적으로 이해하고 사용자의 용어와 주요한 이슈들을 이해하는 것을 선행한 후 문제점을 파악 한다. 이러한 과정에서 요구공학에서 사용되는 다양한 방법이 동원할 수 있다.

Top-down 방식과 Bottom-up 방식을 통하여 비즈니스를 파악하고 시장요인, 산업요인을 이해하여야 한다. 이러한 분석을 하기 위해서는 해당 산업의 각종 보고서와 통계를 통한 문서(Document) 연구 방식과 직접 사용자와의 직접적 대면을 통한 방식이 있다. 이러한 산업의 이해를 바탕으로 사용자 요구사항을 도출하며 이 과정에서 인터뷰, FGI(Focus Group Interview), 브레인스토밍, 설문, 워크숍 등 다양한 고객 대면 기법이 활용될 수 있다. 이 과정 이후 도출된 요구사항을 도표화하여 미처 고객이 발견하지 못한 미충족 사항을 도출할 수 있어야 한다.

사용자라고 해서 모든 요구사항을 이야기할 수 있는 것은 아니며 전문가로써 불완전한 요구사항을 명확히 하기 위해서는 미충족 요구사항을 포함하여 모든 요구사항의 완전성을 확보해야 할 것이다. 이러한 완전성이 의미하는 것은 요구사항에 나타나 있는 활동과 전략, 다양한 요소들의 상관관계, 프로세스 흐름 등을 최종적으로 도출하여 명세화하는 것이다. 이렇게 명세화된 요구사항은 이후 변경에 대비하여 문서화하고 지속적으로 변경 관리하여야 한다.

산업 도메인 이슈를 이해하고 요구사항을 도출한 이후에는 요구사항을 충족하기 위한 필요자원을 도출하고 명세서를 작성해야 한다. 즉, 각 요구사항을 실현하기 위해 빅데이터 분석 시 어떠한 데이터가 필요한지 데이터의 유형, 데이터 원천, 수집 방법 등을 도출하고 명세화한다. 빅데이터 분석에 있어서 이러한 데이터에 대한 확보는 매우 중요하며 확보해야 할 데이터에 대하여 요구사항 분석 초기부터 철저하게 준비해야 한다.

이러한 분석에 필요한 데이터에 대한 정의 이후에는 사용자 요구사항을 충족하는 정도에 대한 목표를 수립해야 한다. 요구사항 충족에 대한 목표는 충족에 따라 고객에게 어떠한 가치가 주어질 수 있는가에 대한 도출뿐 아니라 실재로 실현 가능한지 ROI를 분석하여 최적의 목표를 선정하는 것이 중요하다. 무조건 목표를 높게 잡는 것이 중요한 것이 아니라 분석에 들어가는 비용과 시간, 내외부 환경 요건을 모두 고려하여 현실적으로 도출해야 하며 최종적으로 달성하려는 목표에 대하여 구체적인 측정 가능한 지표로 정의하여야 한다.

이러한 지표는 정량적이거나 정성적 지표로 수치화하여 달성하고자 하는 고객 가치로 지속적으로 관리하여야 한다. 분석 주제를 선정한 후에는 어떻게 분석할 것인가를 구체화하여야 한다. 이러한 분석 방안을 구체화하기 위해서는 의사결정 요소와 분석 체계를 모형화하고 분석에 필요한 데이터에 대해서도 구체화한다.

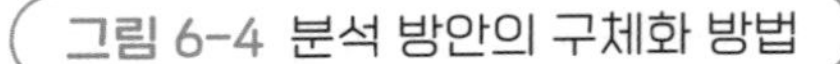
그림 6-4 분석 방안의 구체화 방법

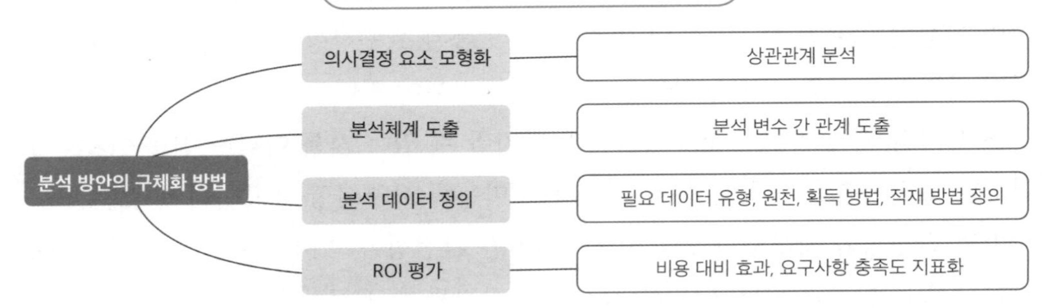

[그림 6-4]는 분석 방안의 구체화에 대한 방법을 나타내고 있다. 이 과정에서는 앞 단계에서 도출된 구조화된 프로세스를 활용하여 각 단계 프로세스 간의 상관관계를 정의하고 모형화하여 의사결과정에서의 각 요소 간의 관계를 도출한다. 그리고 분할된 프로세스 단위로 정리하여 '요구사항 정의 → 분석 방법 → 결과'의 분석 체계를 도출한다.

그림 6-5 분석 체계의 도출 절차

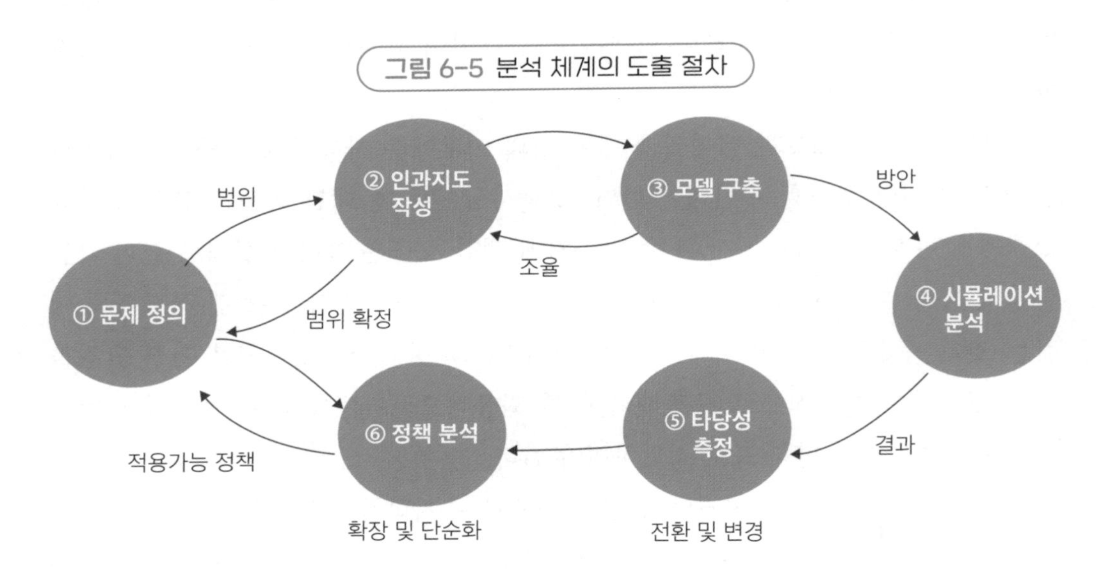

[그림 6-5]는 분석 체계를 도출하기 위한 절차로 내외부적 환경 요소, 정책, 시장, 제약 조건 등을 고려한 문제 정의에서 출발하여 구축된 모델의 시뮬레이션과 이에 대한 피드백을 반영하는 구조로 한 번 도출된 분석 체계가 지속적으로 개선될 수 있도록 체계화하여야 한다. 이러한 분석 체계를 구체화한 이후에는 분석 방안을

활용한 시나리오를 작성한다. 활용 시나리오는 주요 의사결정과 예측에서 분석 방안을 활용하는 방법을 쉽게 나타내어야 하며, 빅데이터 분석 요구 정의 단계에서 최종적으로 제시해야 하는 결과이다. 논리트리(Logic Tree)나 유스케이스를 활용하여 도식화하고 이해하기 쉽게 나타낼 수도 있으며 도출된 요구사항을 기반으로 하여 예상되는 결과를 제시하는 형태로 작성될 수도 있다.

이상으로 빅데이터 요구사항 도출 단계에서의 주요 활동과 목적에 대해 살펴보았다. 이 과정에서는 향후 진행될 모든 단계에 대한 전체적인 계획과 필요요소들에 대해서 정의하는 단계로 사용자 요구사항, 데이터 정의, 분석방안, 활용 시나리오가 결과물이라고 할 수 있다.

2) 분석 데이터 확보

앞서 PART 01에서 데이터의 유형에 대해 이미 학습하였으며 PART 03에서 다양한 데이터 수집 기술에 대하여 학습하였다. 빅데이터 분석을 위한 데이터 확보를 위해서는 우선적으로 정형 데이터, 반정형 데이터, 비정형 데이터의 유형과 구조 및 그 특징에 대해 알고 있어야 하며 사용자 요구사항 도출 과정에서 요구사항에 필요한 데이터 정의를 바탕으로 그 데이터가 어떠한 유형과 어디서 획득할 수 있는지 데이터 원천 파악이 선행되어야 한다. 분석 데이터 확보 단계에서는 그러한 선행 단계에서의 결과물을 바탕으로 데이터를 수집하고 활용하는 전처리 과정을 수행한다.

데이터 수집 방법은 그 유형과 원천에 따라 다양하게 수행될 수 있다. 내부적으로 확보하고 있거나 외부에서 공공 데이터처럼 정형화된 데이터와 웹상에서 얻을 수 있는 반정형 데이터 그리고 비정형 데이터의 유형에 따라 다양한 기법이 사용될 수 있다. 이렇게 다양하게 획득한 데이터는 주요한 개인정보나 국가기밀 또는 비공개 산업정보 등 비밀이 확보되어야 하는 데이터가 부득이하게 획득될 수 있으며 이러한 정보들은 제3자가 알 수 없도록 처리해야 하는데 그것을 데이터 비식별화라고 한다. 예를 들면, 데이터 분석 과정에서 굳이 필요 없는 주민번호가 획득되었을 경우 유출되더라도 알 수 없게 조치하는 것을 말한다.

| 표 6-1 | 데이터 비식별 기법 사례

구분	내용	사례
가명 처리	주요 식별 정보를 알 수 없는 다른 값으로 대체	김갑돌 → 홍길동
총계 처리	데이터 총합값 등으로 변경하여 개별 데이터 보호	A 50, B 30 → 합 80
삭제 처리	개인 식별이 불가하도록 중요값 삭제	김갑돌 35세 → 35세
범주화	데이터를 범주화하여 변환	김갑돌 35세 → 김씨 30대
마스킹	개인 식별자를 볼 수 없도록 마스킹	김갑돌 → 김**

[표 6-1]에서는 데이터 비식별 기법 사례를 보여주고 있다. 이러한 비식별 조치는 한 번으로 그치는 것이 아니라 시간이 지남에 따라 재식별을 통해 노출의 위험이 증가할 수 있기 때문에 지속적인 모니터링과 비식별 보완 조치를 수행하여야 한다. 빅데이터 분석을 위한 데이터 확보의 단계별 절차는 사용자 요구사항에 필요한 데이터의 유형과 분석 변수를 정의하고 내외부에서 대상되는 데이터의 수집을 기획한다. 우선 필요 데이터가 내부에서 확보하고 있는 것인지 외부에서 획득해야 하는지 분석한다.

내부에서 이미 확보하고 있는 데이터라면 부서 간의 협조가 필요한 데이터인지, 획득 권한과 협조에 대하여 확인하고 데이터의 유형에 대해 데이터베이스인지, 스프레드 쉬트인지, JASON인지 등을 파악하여 각 유형에 맞는 수집 방법을 사용한다. 외부 데이터일 경우 쉽게 얻을 수 있는 공공 데이터인지, 유료로 제공되는 데이터인지, 또는 자동화 봇을 통하여 수집해야 하는 데이터인지를 분석하고 데이터 수집 방법을 필요 데이터별로 준비해야 한다. 그렇게 하기 위해서는 요구사항에서 도출된 시나리오와 분석 변수의 적정성을 파악하고 필요 데이터의 활용 용도와 적재 방식을 고려해야 한다.

이러한 과정을 통해서 수집된 데이터들은 빅데이터 분석에서 효율적으로 사용하기 위하여 사전에 정의된 적재 방식으로 수집되어야 한다. 그렇지 않을 경우 단순 데이터의 수집 후 그것을 재정리하는 과정이 매우 복잡하므로 데이터 확보 기획 단계에서 시나리오에 맞게 활용할 방식과 적재 방식을 함께 정의하여야 할 것이다. 이렇게 수집된 데이터는 빅데이터 분석에 활용하기 위하여 전처리 과정을 거쳐야 한다. 이 과정은 매우 다양한 도메인에서 수집된 데이터로 자동화 처리가 거의 불가능하여 정제(Cleaning), 통합(Integration), 변환(Transformation), 축소(Reduction) 과정을 반복하여 목표치에 도달할 때까지 수행한다.

| 표 6-2 | 데이터 전처리 기법

기법	내용	사례
정제 (Cleaning)	결측값을 처리하고 이상값을 제거하여 데이터 신뢰성 향상	입력 오류, 미사용 코드 등의 모순점 포착과 메타 확인을 통한 범위 오류, 유형 오류 등 제거
통합 (Integration)	정제된 데이터를 통합	데이터 통합, 스키마 통합
축소 (Reduction)	분석 결과에 영향이 없는 한도에서 전체 모수를 축소하여 성능 향상	중복 제거, 노이즈 및 가비지(Garbage) 제거
변환 (Transformation)	데이터 분석 효율성을 높이기 위하여 변환	정규화, 요약, 속성 및 데이터 타입 변경

이러한 전처리 과정을 거친 데이터들은 품질 확보와 검증을 통해 사용 여부를 결정한다. 빅데이터 품질은 일반적인 회사 내에서의 데이터 품질과는 차이가 있다. 보통의 데이터 품질관리는 매우 엄격하여 가능한 한 예외치를 허용하지 않는 것이 원칙이다. 이는 관계형 데이터베이스의 특성상 데이터 표준의 준수가 필수적이기 때문에 그 예외를 허용하지 않는 것과는 달리 빅데이터는 대량의 데이터이므로 필요한 수준과 용도에 따라 품질 접근 방식이 달라질 수 있다.

데이터 적용 타당성에 치명적이지 않다면 일반적 데이터 사용자 오류는 허용할 수 있으며 정밀성에 있어서도 개별 데이터의 정밀함보다는 전체 데이터가 나타내는 의미가 검증기준으로서 더 타당하게 적용될 수 있다. 그것은 무한정 오류값을 허용하는 것은 아니며 품질 수준에 있어서 사용 목적에 따라 목표 수준을 조절할 수 있어야 한다는 의미이다. 이렇게 데이터 품질 수준을 충족한 데이터들은 데이터 검증을 통하여 최종 활용될 데이터로 확보될 수 있다.

이러한 데이터 검증에는 데이터 출처의 명확성, 데이터 중복 여부, 컴플라이언스 적합성, 데이터 다양성, 품질지표 만족도, 분석, 검증, 테스트 세트 분리 여부 등 다양한 검증 방식이 있으며 데이터 확보 단계에서는 이러한 검증체계도 확보하여야 한다. 일반적으로 빅데이터 분석 시 다양한 원천에서 획득한 데이터들 간의 평균을 비교하여 유의미한 데이터인지 검증을 한다.

| 표 6-3 | 데이터 검증 기법

기법	내용	사례
t-Test	서로 독립된 두 집단 간의 평균의 차이를 검증하는 기법	TV 제조사에 대한 남녀 선호도 차이 검정
ANOVA (Analysis of Variance)	셋 이상의 독립된 집단 간의 평균의 차이를 검증하는 기법	TV 제조사에 대한 20, 30, 40, 50대 연령별 선호도 차이 검정
다중 비교 (Multiple Comparison)	분산만으로 집단 간 세부적 차이를 확인할 수 없어 집단 평균을 두 개로 짝지어 세부적으로 비교	최소유의차(LSD: Least Significant Difference) 방법

3) 분석 방식(탐색) 기획

이제 빅데이터 분석을 위한 목적과 사용자 요구사항을 충족시킬 데이터 확보 단계의 다음으로는 본격적으로 빅데이터 분석 방식을 기획하는 단계이다. 데이터 분석 방식에는 그 목적과 방법 그리고 확보된 데이터의 정도에 따라 매우 다양한 기법이 존재한다. 빅데이터 분석 시 적용하는 기법에 따라 발생하는 비용과 시간이 다를 수 있으며 최적의 방식을 선정하는 것이 중요하다. 최선의 분석 방법을 선택하기 위해서는 분석하고자 하는 분석 변수 간의 상관관계를 확인하고 변수의 개수나 분석 집단의 수에 따라 다양한 기법에서 선택할 수 있다.

- 단순 회귀 분석: 독립 변수와 종속 변수(1:1)
- 다중 회귀 분석: 독립 변수 2개 이상, 종속 변수 1개(n:1)
- 로지스틱 회귀 분석: 독립 변수는 등간이나 비율 척도, 종속 변수는 질적 명목 척도

또한 통계적 기법 이외에도 머신러닝 탐색 방안을 기획할 수도 있다. 머신러닝 기반 탐색 기법을 사전에 파악하고 데이터에 기반한 다양한 모델을 선정하게 되는 단계를 거친다.

그림 6-6 머신러닝 탐색 기법

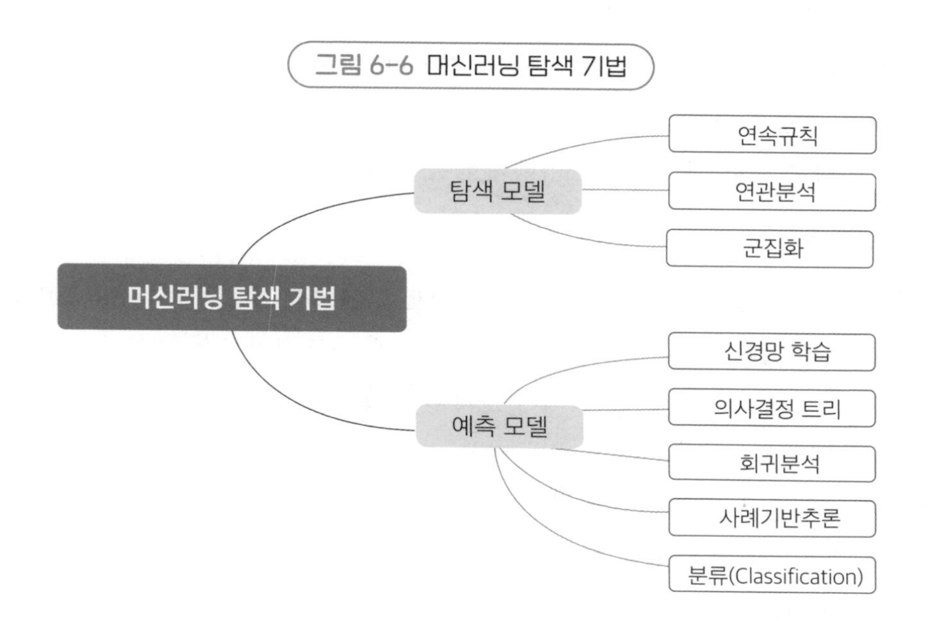

4) 분석 모델링 도출

어떠한 탐색 기법을 적용할 것인지 선정하였으면 다음 단계로 모델링을 기획한다. 현실 세계에서 발생하는 다양한 활동들을 추상화하여 데이터로 표현하는 과정을 모델링이라 한다. 일반적인 관계형 데이터 모델링에서는 논리적 모델을 통하여 엔티티(Entity)와 이들의 관계들을 도출하는 논리적 모델링과 실재 데이터베이스로 구현되는 물리적 모델과정을 거치지만 빅데이터 분석의 모델링에서는 다른 형태의 모델링 과정을 적용한다.

그림 6-7 빅데이터 모델링의 수립 절차

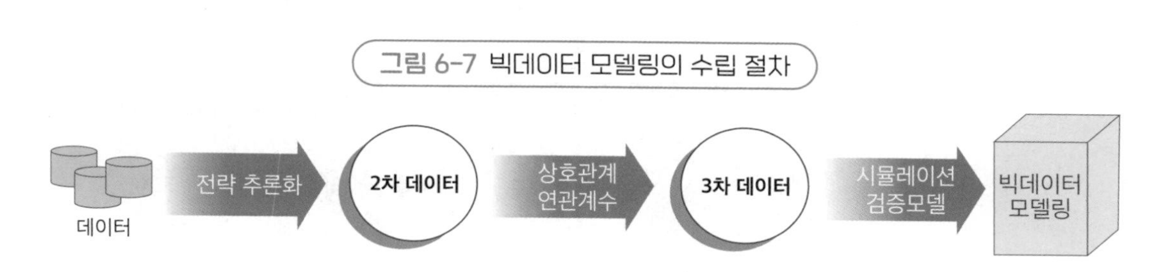

이러한 빅데이터 모델링 방법론에는 계층적 프로세스 모델링과 KDD(Knowledge Discovery in Database)와 같은 방법론들이 적용된다. 계층적 프로세스 모델링은 Phase, Task, Step의 3계층으로 분류하고 단계적으로 분석과 보완이 반복적으로 구성된 방법론이다. KDD 방법론은 데이터 마이닝, 머신러닝, 인공지능 등 다양한 기법에서 데이터 시각화, 패턴 인식 등에 활용할 수 있는 방법론이다. 도출된 모델링은 앞에서 학습한 NoSQL 등의 빅데이터 분산 파일의 아키텍처로 처리되거나 람다, 카파 등의 실시간 빅데이터 아키텍처로 처리되도록 한다.

5) 결과 적용

도출된 모델링을 업무에 적용하고 인사이트를 도출하며 활용하는 단계이다. 우선 운영상황에 적용하기 이전에 다양한 테스트와 시뮬레이션을 통하여 분석 방법과 예측 결과를 충분히 숙지한 후 운영상황에 적용한다. 그리고 모델링 적용으로부터 나타난 결과가 비즈니스에 얼마나 많은 영향을 미쳤는지와 같이 영향에 대해서도 평가를 수행한다. 이러한 단계에서는 초기의 요구사항 정의에 대한 충족도를 지표화하여 측정하고 각 단계별 발생한 개선 사항을 수정 보완하여 지속적으로 관리할 수 있게 한다.

그림 6-8 빅데이터 분석 흐름 정리

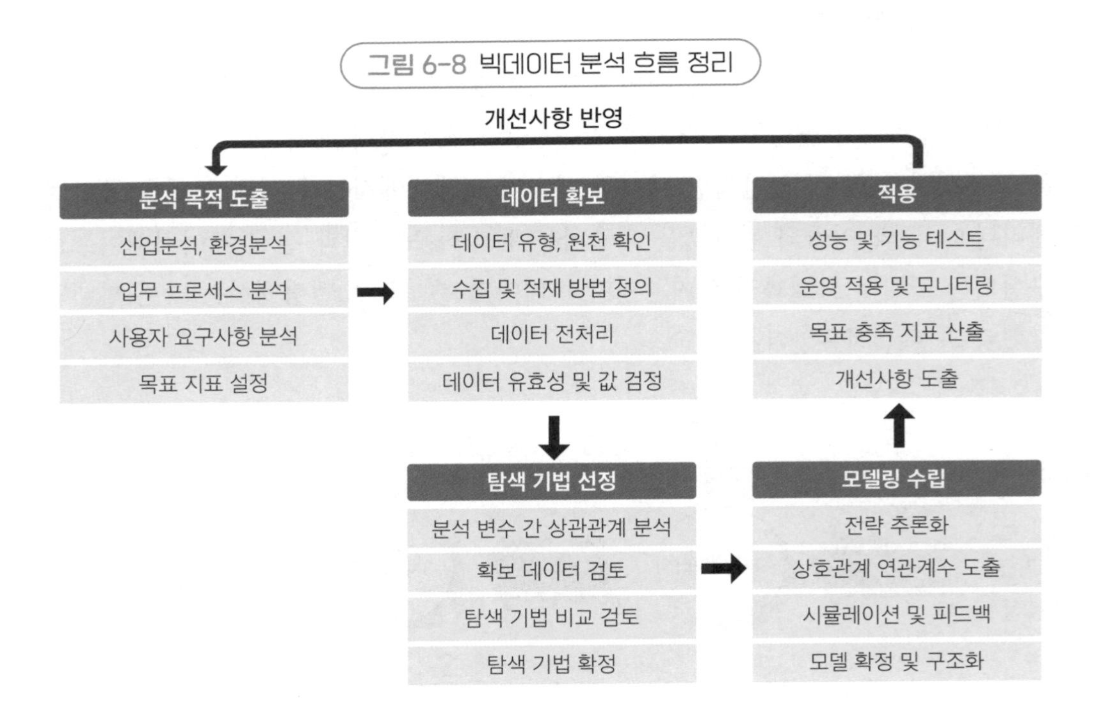

빅데이터 기반의 탐색적 데이터 분석

1 데이터 분석의 접근법

1) 탐색적 데이터 분석과 확증적 데이터 분석 기법

데이터 분석의 접근법에는 크게 탐색적 데이터 분석(EDA: Exploratory Data Analysis)와 확증적 데이터 분석(CDA: Confirmatory Data Analysis)이 있다. 데이터 분석의 목적에 따라 적절한 접근법을 선택하여야 하며 두 접근법의 차이를 이해하고 적용할 수 있어야 한다. 우선 탐색적 데이터 분석(EDA)은 Bottom-Up 방식으로 데이터를 통해 필요한 결과나 인사이트(Insight)를 도출하는 기법이며 확증적 데이터 분석(CDA)은 Top-Down 방식으로 이미 도출된 가설이나 인사이트를 데이터를 통하여 검증하고 확인하는 기법이다.

이러한 분석 접근법에서 데이터가 활용되는 방식도 다르게 나타날 수 있다. CDA에서는 먼저 수립된 가설을 검증해야 하기 때문에 확실한 목표가 있어 매우 엄격하게 적용되어야 하지만 EDA에서는 다양한 데이터를 통하여 확실하지 않은 인사이트를 도출하기 때문에 기존에 갖고 있는 선입견이나 제한 없이 자유롭게 활용할 수 있다.

반대로 CDA에서는 가설의 검증 결과에 집중하느라 매우 유용한 가치를 제공하는 지표를 놓칠 수 있으며 EDA에서는 도출된 결과가 모호하고 불확실할 가능성이 있을 수 있다. 예를 들어, 마트에서 돼지고기를 사면 소주와 닭고기를 사고 맥주를 함께 산다는 행위를 분석한다고 가정하면 CDA 기법은 가설을 이미 세운 상태에서 고기의 판매에 따라 해당 주류의 판매가 연관성이 있는지 엄격하게 검증할 수 있는 반면에 애초에 이러한 가설이나 인사이트 없는 상태에서 고기 판매와 주류 판매 데이터를 분석하는 과정에서 고기 유형에 따라 주류 판매 유형이 달라진다는 추정을 도출하려는 기법이 EDA라고 할 수 있다. 따라서 CDA는 보다 정량적인 분석이라면 EDA는 어떠한 정성적인 결론을 도출하려고 하는 경우에 많이 쓰인다고 할 수 있다.

| 표 6-4 | 탐색적 기법과 확정적 기법 차이

구분	탐색적 분석 기법(EDA)	확정적 분석 기법(CDA)
목적	인사이트 도출	가설 검증
데이터	유연한 적용	엄격한 적용
주요 기법	시각화, 상관관계, 클러스터링, 분류(Classification), 텍스트 마이닝	가설검정, 회귀분석, 생존분석 등
절차	① 데이터 수집 → ② 시각화 탐색 → ③ 패턴 도출 → ④ 인사이트 도출	① 가설 설정 → ② 데이터 수집 → ③ 통계 분석 → ④ 가설 검증

이 두 기법은 어느 기법이 더 우수한가의 문제라기보다는 상호 보완적으로 적절하게 활용되어야 한다. 가령 수많은 데이터가 발생하는 백화점에서 정보는 많은데 어떠한 인사이트를 도출하지 못하는 경우 EDA 기법을 통하여 자유로운 데이터 분석을 통하여 상품 간의 연관 관계, 계절에 따른 상품 판매량 연관 관계 등의 인사이트를 도출하고 가설을 수립할 수 있다. 그리고 이러한 가설은 CDA를 통하여 매우 엄격하게 가설을 검증하여 결론을 도출할 수 있을 것이다. 최근의 빅데이터 시대에는 수많은 데이터와 정보가 혼재되어 있지만 유용한 인사이트를 도출하기 위하여 EDA 기법이 특히 주목받고 있다. 수많은 데이터의 홍수 속에서 다양하고 유연하게 데이터를 분석하여 인사이트를 도출하고 유용한 가설들을 수립할 수 있게 할 수 있다. 막연하게 정보에 대한 분석 없이 수립되는 가설이 아니라 데이터를 바탕으로 분석된 가설들은 보다 더 효과적이고 창의적인 인사이트를 제공할 수 있을 것이다.

2 탐색적 데이터 분석의 유형

1) 탐색적 데이터 분석의 특징

탐색적 데이터 분석은 데이터의 탐색만으로 이미 수집된 데이터로부터 인사이트를 도출하는 기법이다. 이는 주어진 데이터를 최대한 가공하지 않고 순수 데이터가 나타내는 현실 상황을 있는 그대로 나타낸다고 할 수 있다. 이러한 탐색적 데이터 분석의 핵심 요소로는 수집된 데이터 정보를 간편한 계산식을 활용하여 숫자로 요약하거나 박스플롯(Box Plot)이나 산포도(Scater Plot)와 같은 그래프 등을 이용하는 숫자 요약, 데이터 유용성 향상을 위하여 정규 분포, 로그 변환 등 데이터의 재표현, 그리고 데이터가 어느 분포에 적합한지 데이터 적합성을 분석하는 데이터 분포 등의 요소들이 있다.

탐색적 기법은 수많은 데이터들을 다양한 측면에서 유연하게 분석하여 새로운 패턴을 발견하여 새로운 가설을 추가하거나 기존의 가설을 수정하는 가설 설정과 데이터의 분포 및 값을 검토함으로써 데이터의 잠재적 문제를 발견하는 데 활용된다. 탐색적 분석에는 많은 기술들이 사용되며 [그림 6-9]와 같이 크게 분석 요소 기술과 시각화 요소 기술로 나누어질 수 있다.

그림 6-9 탐색적 데이터 요소 기술

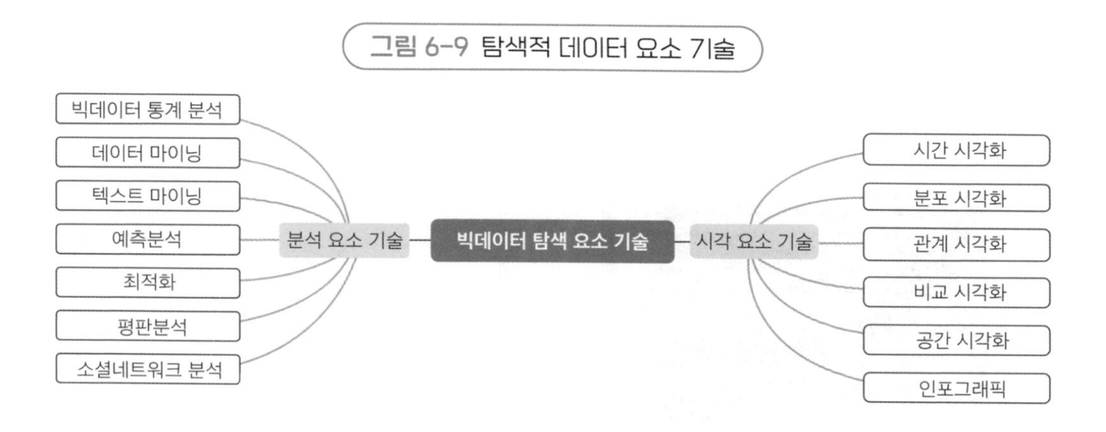

분석 요소 기술의 빅데이터 통계 분석은 다양한 통계 기법을 활용하여 통계 분석을 수행하는 기술로 고차원 회귀분석, 분류분석, 군집분석 등이 있다. 데이터 마이닝은 공통적으로 발생하는 패턴을 도출하여 상관관계나 추세 등을 도출하는 분

석 기법으로 연관성 규칙을 발견하는 데 사용된다. 텍스트 마이닝은 구조화되지 않은 많은 양의 텍스트를 전처리 과정을 거처 정보를 추출하고 문서를 요약하는 데 사용된다. 예측분석은 과거 데이터와 변수 간의 관계를 분석하여 미래를 예측하는 데 사용된다. 최적화나 평판분석은 상품의 수요 예측이나 소비자 반응을 분석하는 데 사용된다. 소셜 네트워크 분석은 최근 많은 관심을 받는 분야로 소셜 네트워크의 연결 구조와 강도를 분석하여 트렌드나 영향도를 측정하는 데 사용된다. 이러한 분석 요소 기술은 단순히 하나의 기술만으로 사용되는 것이 아니라 분석하고자 하는 목적에 따라 조합하여 사용될 수 있다.

시각화 요소 기술은 평면적인 데이터를 직관적으로 알 수 있도록 표현하여 이해하기 쉽고 핵심 정보를 직접적으로 제공하거나 압축하여 제공한다. 시각화 요소 기술의 종류로는 특정 시점의 값을 표현하거나 지속 관찰한 값을 표현하며 막대그래프나 누적그래프 시계열 그래프 등으로 나타낸다.

분포 시각화는 전체적인 관점에서 각 요소들의 부분적인 관계를 나타내며 파이 차트, 도넛 차트 등이 있다. 관계 시각화는 변수 간의 관계를 직접적으로 표현하며 버블 차트, 스캐터 플롯 등이 있다. 비교 시각화는 인지가 용이하고 표현이 가능한 히트맵, 스타차트 등이 있다. 공간 시각화는 점, 선, 버블 등을 이용한 지도로 스몰 멀티플 등이 있다. 인포그래픽은 다양한 정보를 시각화하여 차트, 지도, 다이어그램 등으로 표현한다.

그림 6-10 다양한 시각적 차트 사례

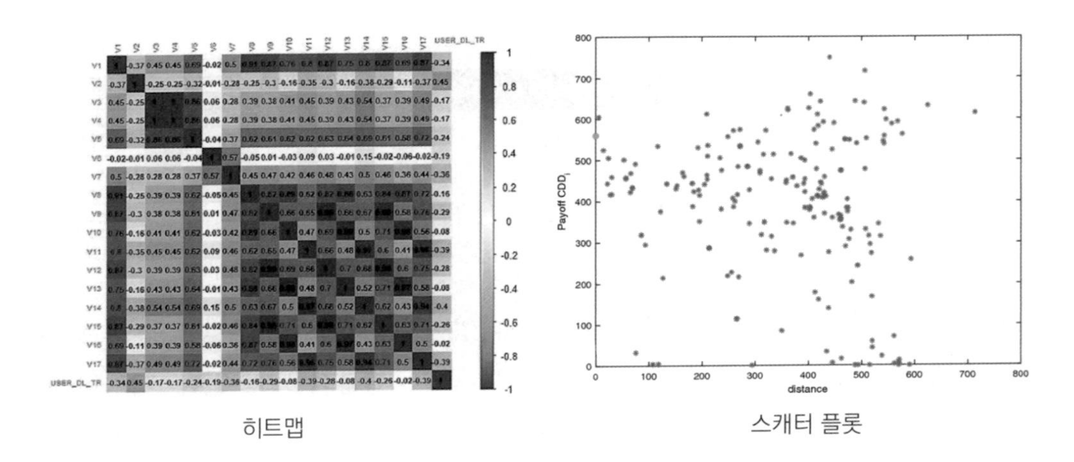

히트맵 스캐터 플롯

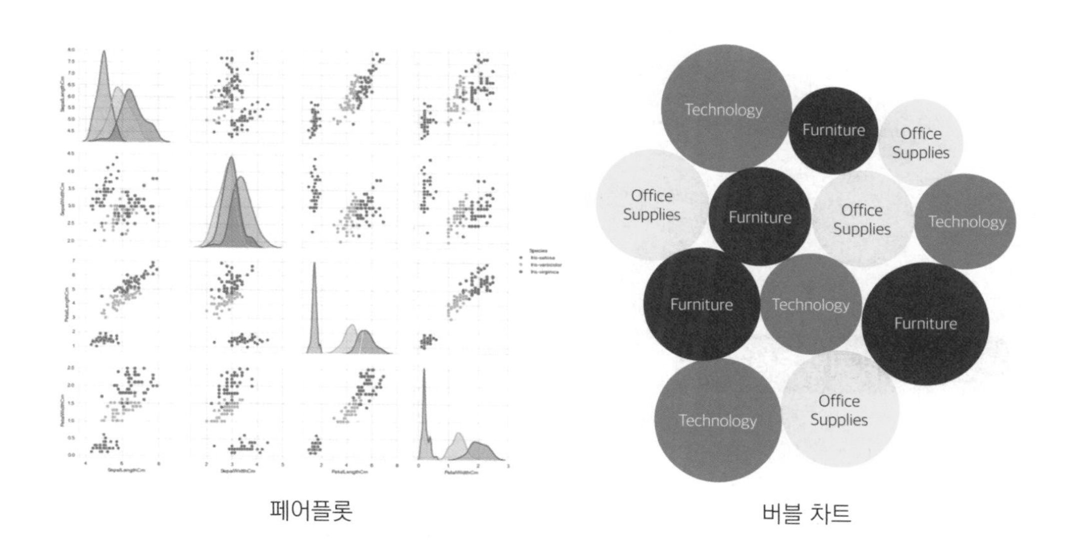

페어플롯　　　　　　　　　　　　버블 차트

2) 머신러닝 기반의 탐색적 기법

최근 빅데이터는 머신러닝을 활용하여 데이터를 탐색하는 기법이 주목받고 있다. 머신러닝이란 많은 양의 데이터를 기반으로 개발자가 프로그래밍으로 탐색하는 것이 아닌 컴퓨터가 신경망과 딥러닝을 사용하여 컴퓨터가 자율적으로 학습하여 정보를 제공하는 기술로 정의할 수 있다. 이러한 머신러닝은 대규모의 데이터를 활용한다는 측면에서 빅데이터와 매우 밀접하게 관련된다. 머신러닝을 빅데이터 분석에 활용하기 위해서는 학습할 충분한 데이터가 있어야 한다. 우선적으로 분석 데이터를 먼저 확보하기 위하여 클러스터링(Clustering)이나 분류(Classification)를 통하여 분석에 사용될 데이터를 추출한다.

머신러닝에서 사용이 가능한 수준으로 정제하여 데이터를 확보하면 머신러닝 알고리즘을 통하여 학습시켜 데이터를 탐색하고 정보를 얻는 방식이다. 머신러닝의 학습 방법에는 지도학습, 비지도 학습, 강화학습이 있다.

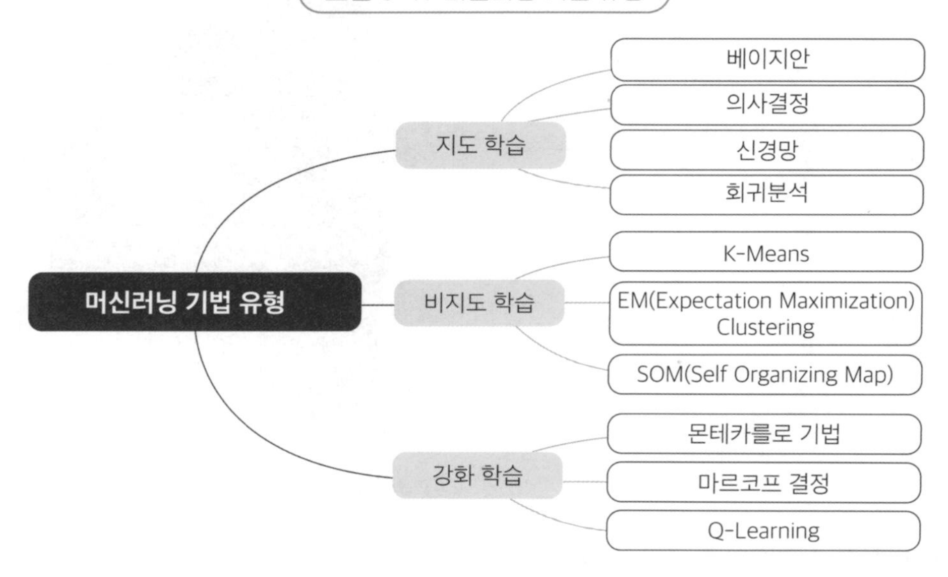

지도학습(Supervised Learning)은 이미 정답이 알려져 있어 이를 학습하는 기법으로, 입력으로 값이 주어지면 출력으로 학습한 값이 나타나며 이미 알려진 정답을 기반으로 학습하여 함수적 모델을 수립하고 데이터를 분석하는 기법으로 음성인식, 이미지 인식, 자연어 인식, 추세 예측에 활용된다.

또한 비지도 학습(UnSupervised Learning)은 정답이 알려지지 않은 방대한 데이터를 분석하여 학습하는 방식이며 학습 데이터에서 공통된 패턴이나 추세를 찾아내는 방법이다. 대표적으로 클러스터링기법이 있으며 마케팅에서 고객 세분화하여 분석하거나 개체의 분포특성을 분석할 때 많이 사용된다. 강화학습(Reinforcement Learning)은 알파고로 유명해진 학습 방법으로 행위에 대한 보상(Reward)를 증가하는 형태로 학습하는 방식이다.

이 방식이 유용한 이유는 지도학습으로 학습하려면 제공이 불가능한 정도의 수많은 예제가 있어야 하는데, 강화학습의 경우 행동에 대한 보상 알고리즘을 도출하면 모든 사례를 학습하지 않아도 되기 때문이다. 알파고 사례에서와 같이 바둑은 경우의 수가 너무 많아 모든 경우의 수를 계산하거나 학습하는 것이 불가능하지만 강화학습을 통하여 인간을 이길 수준의 바둑 실력을 갖게 되었다.

머신러닝의 학습 유형에 따라 분류 방식과는 달리 그 활용 목적에 따라 분류하기도 하는데, 크게 탐색적 모델과 예측 모델이 있으며 [그림 6-12]는 머신러닝 사용 목적에 따른 다양한 데이터 분석 기법이 있다.

그림 6-12 머신러닝 활용 목적에 따른 분류

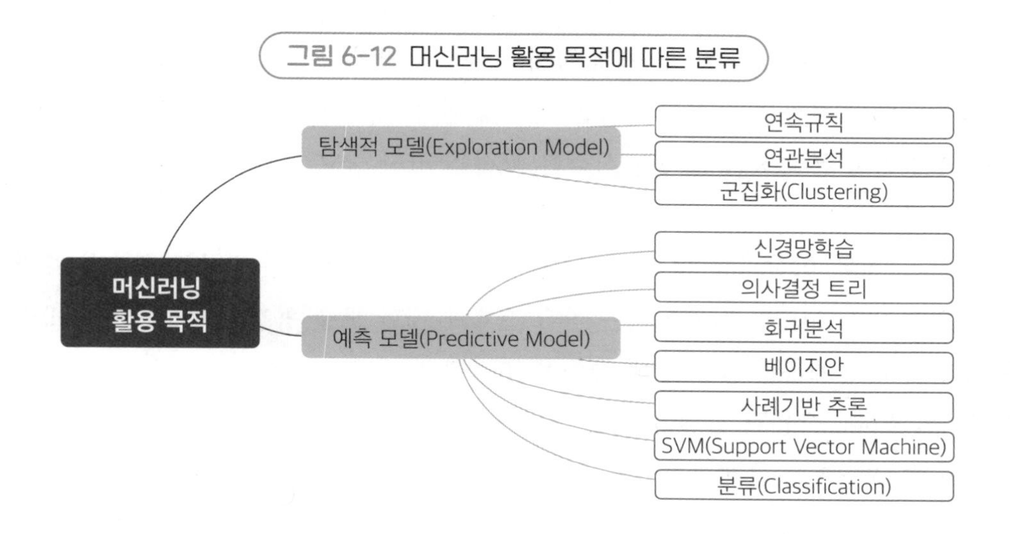

3) 빅데이터 분석을 위한 데이터 마이닝

빅데이터 분석은 분석하고자 하는 데이터의 양이 방대할 뿐 아니라 유형도 비정형 데이터가 많아 이러한 데이터로부터 효용가치가 높은 정보를 추출하는 데이터 마이닝이 매우 중요하다. 데이터 마이닝은 모호하고 혼재되어 있는 대량의 데이터로부터 관계, 패턴, 추세를 추출하고 의사결정에 활용하는 기술이다. 정형화된 데이터 웨어하우스의 데이터 마이닝과 빅데이터 기반의 데이터 마이닝은 차이가 있다. 따라서 빅데이터의 마이닝은 데이터의 효율적 분석을 위하여 체계적인 절차를 수립하고 계획에 따라 수행하는 것이 효율적이다.

그림 6-13 데이터 마이닝 단계

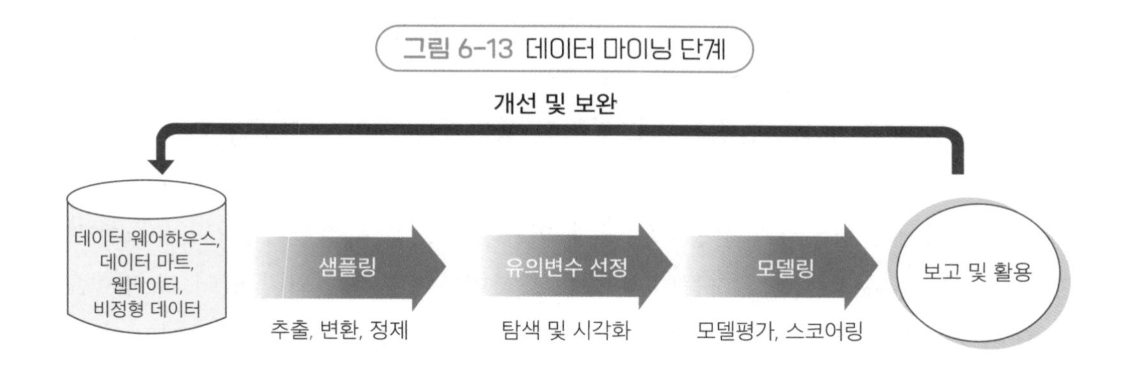

데이터 마이닝을 하기 위해서는 우선 활용 가능한 데이터를 확보해야 한다. 이러한 데이터는 DW, 데이터 마트 등 내부의 정형 데이터를 비롯하여 웹데이터, 비정형 데이터 등 내외부를 총망라하여 획득될 수 있다. 이러한 데이터 중에서 활용할 데이터를 추출하게 되는데, 이때 정제(Cleaning), 변환(Transformation) 등 활용 가능한 데이터로 추출하는 전처리 과정을 거치게 된다. 이렇게 추출된 데이터는 유의변수를 선정하고 본격적인 탐색과 시각화 과정을 거쳐 중요한 패턴이나 특징을 도출하게 된다.

다음 단계는 머신러닝 등 알고리즘을 통해 예측 모델을 수립하고 학습을 수행하는 단계이다. 이러한 단계에서는 학습 결과에 대한 모델 평가와 계량화된 치표를 통해 정확도와 예측력 등 모델의 성능을 평가하게 되고 최종적으로 보고 및 분석에 활용하게 된다. 적용된 모델은 실제 적용에서 지속적으로 개선점을 도출하여 다시 반영될 수 있도록 순환체계를 구성하여야 한다.

대표적인 마이닝의 활용에는 텍스트 마이닝(Text Mining)과 소셜 네트워크 분석(Social Network Analsysis)이 있다. 텍스트 마이닝은 다량의 텍스트 데이터에서 자연어 처리 기술을 이용하여 정보를 추출하는 기술이다. 주로 특정 단어의 빈도수를 측정하는 TF-IDF(Term Frequency-Inverse Document Frequency) 기법이 활용되며 문서의 핵심 키워드를 도출하거나 검색 엔진 결과의 순위, 연관어 검색, 문서 간의 유사도 등에 활용된다.

소셜 네트워크 분석은 수학의 그래프 이론을 바탕으로 소셜 네트워크를 분석하여 주요한 정보를 도출한다. 응집력(Cohesion), 구조적 등위성(Equivalence), 명성(Prominence), 범위(Range), 중개(Brokerage)의 총 5가지 속성을 주요 지표로 도출하여 분석하여 연결망을 분석한다. 응집력이란 연결망의 밀도나 결속을 측정하며 구조적 등위성은 물리적으로 얼마나 가깝게 연결되었는지와 당사자 간의 관계 패턴의 유사성을 분석한다. 명성은 행위자가 여러 행위자들 간의 관계에서 얼마나 중심에 위치해 있는지를 측정하고 간접적으로 연결된 행위자들 간의 거리도 함께 측정한다. 범위는 연결 달성 여부를 측정하는 도달 가능성과 최단 경로를 측정한다. 중개는 연결 네트워크에서 행위자가 담당하는 중계 역할의 정도를 측정한다. 이러한 소셜 네트워크 분석은 수많은 행위자들이 다양한 소셜미디어로 연결되어 있어 그 영향도와 연결성을 활용한 다양한 마케팅 및 트렌드 분석이 측정되어 더욱 부각되고 있다.

3 탐색적 데이터 분석의 유형

탐색적 데이터 분석의 기법은 매우 많으며 또 연구를 거듭하여 새로운 알고리즘을 갖춘 기법들이 지속적으로 나타나고 있다. 이러한 모든 기법들을 모두 학습한다는 것은 매우 어려운 일이나 탐색적 기법의 근간을 이루고 있는 기초적인 기법들에 대하여 학습한다면 새로운 기법을 추가적으로 학습하는 것은 어렵지 않을 것이다.

1) 분류(Classification)

데이터 마이닝의 가장 기본적인 기법중 하나로 이미 알려진 기준을 부여하고 정의된 분류에 맞게 구분한다. 이러한 분류에서는 분류기준이 명확히 정의되어 있어야 한다. [그림 6-14]는 분류 개념을 나타낸 것이다.

그림 6-14 분류 개념도

여러 모양의 도형들이 산만하게 이루어져 있는 데이터를 모양이라는 기준을 제시하면 그 모양에 맞게 구분하여 정리하는 것처럼 많은 데이터를 분류 기준에 맞게 나누는 기법이다. 데이터는 범주형 또는 이산형 자료를 사용할 수 있다. 가령 고객 신용등급이 B+ 이상인 기준으로 나눈다거나 자금 세탁에서 이상 거래 징후를 포착하여 경고를 나타내는 데 사용할 수 있다. 분류 기법의 세부 알고리즘으로는 로지스틱 회귀분석, 의사결정 트리, 서포트 벡터머신 등이 있다.

로지스틱 회귀분석은 두 개의 범주만을 갖는 종속변수와 독립변수 간에 이벤트가 발생할지에 대한 확률을 예측한다. 선형 회귀분석과는 달리 종속변수와 독립변수 간에 'S' 곡선의 특징을 나타낸다. 의사결정 트리는 추출하고자 하는 목적에 따라 분리 기준을 마련하고 기준의 충족 여부에 따라 반복 수행되며 분류 및 예측에 모두 사용되는 유용한 기법이다.

의사결정 트리는 시각적으로 매우 직관적이며 데이터 전처리를 하지 않아도 되며 수치형 범주형 변수를 동시에 다룰 수 있는 장점이 있으나 데이터의 크기가 클 경우 불필요한 가지가 나타날 수 있으며 한 번에 하나의 변수만을 다루므로 변수 상호 간의 작용을 파악하기 어렵다는 단점이 있다.

2) 추정(Estimation)

추정은 연속형이나 수치형으로 결과가 나타난다는 점에서 분류와 다르다고 할 수 있다. 추정은 대량의 데이터에서 순서를 나열하거나 특정 기준으로 구분할 수 있다. 예를 들어, 청년 지원 예산이 10만 명 기준으로 수립되었는데 실제 청년 수가 50만 명일 경우 분류의 경우 명확하게 10만명을 추출하기가 쉽지 않다. 그러나 추정을 사용할 경우 50만 명을 특정 조건으로 순위를 매기거나 나열하여 10만 명을 추출할 수 있다. 이러한 추정 기법은 기업의 고객 마케팅에서 프로모션의 효과를 위하여 최적화된 고객 타겟군을 선정하는 데 많이 이용된다.

3) 예측(Prediction)

예측은 미래에 발생할 일을 예측한다는 점에서 앞선 분류나 추정과 다르다. 사용하는 알고리즘이나 기법은 분류나 추정과 비슷하지만 추가적으로 예측모델을 수립하여 입력값에 따른 결괏값을 추론하는 기법이다. 신규 가입한 고객군을 분석하여 유료 회원으로 전환할 가능성이 높은 고객군을 예측하는 데 사용될 수도 있으며 향후 소비 트렌드의 추이를 예측하는 데도 사용될 수 있다.

4) 연관규칙(Association Rules)

연관분석은 여러 개의 데이터군 사이에서 발생하는 연관 관계를 추출하여 규칙을 수립한다. 유사집단화(Affinity Grouping)이라고도 하며 장바구니 분석(Market Basket Analysis)이나 친화성 분석(Affinity Analysis)으로 많이 사용된다.

마트에서 아기 기저귀와 맥주의 상관 관계를 통해 교차판매(Cross Sales) 전략을 수립하는 데 많이 사용된다. 연관규칙을 추출할 때는 지지도(Support), 신뢰도(Confidence), 향상도(Lift) 지표를 사용한다. 지지도는 두 아이템의 이벤트가 동시에 일어날 확률이다. 예시에서 맥주와 기저귀가 함께 구매될 확률로 나타낼 수 있다. 신뢰도는 한 아이템에 대한 이벤트가 다른 아이템 이벤트로 연속적으로 발생할 확률이다. 예시에서 기저귀를 산 사람이 맥주를 살 확률이라고 할 수 있다. 이 경우는 기저귀를 산 거래에 기저귀와 맥주가 함께 산 확률로 조건부 확률로 나타낸다. 향상도는 인기 상품을 나타낼 때 사용하며 예시에서 기저귀를 사지 않았을 때의 맥주 판매와 기저귀를 샀을 때의 맥주 판매의 증가 비율을 나타낸다. 이를 수학적으로 정의하면 [그림 6-15]와 같다.

그림 6-15 연관규칙 측정 도구

- 지지도: support(A → B) = P(A) or P(A, B)
- 신뢰도: confidence(A → B) = P(A, B) / P(A)
- 향상도: lift(A → B) = P(A, B) / P(A)•P(B)

5) 연속규칙

연속규칙은 개별적으로 발생한 데이터를 시계열적으로 정렬하고 분석하여 시간의 연속적인 흐름 속에서 미래에 발생할 이벤트를 예측하는 기법이다. 시계열 분석의 구성 요소로는 추세(Trend), 계절성(Seasonality), 주기성(Cycle)이 있다. 추세(Trend)는 장기적으로 증가 또는 감소의 경향이 존재하는 것을 의미하며, 계절성(Seasonality)은 계절적 요인의 영향으로 인한 효과가 1년 정도의 기간 동안 주기적으로 나타나는 것을 말하며, 주기성(Cycle)은 대체적인 기간에 상승과 하락이 일정하게 반복되는 것을 나타낸다. 또한 불규칙 요인(Irregular factor)라고 하여 측정이나 예측이 어려운 오차나 추세, 계절요인, 주기성 등 3요소로 설명이 불가능한 요인을 나타내기도 한다. 시계열 자료는 이러한 3가지 핵심 구성 요소로 분해하여 나타낼 수도 있다. 이를 시계열 분해라고도 하며 각 구성 요소의 패턴을 파악하여 미래 예측에 활용한다.

그림 6-16 시계열 분해 사례

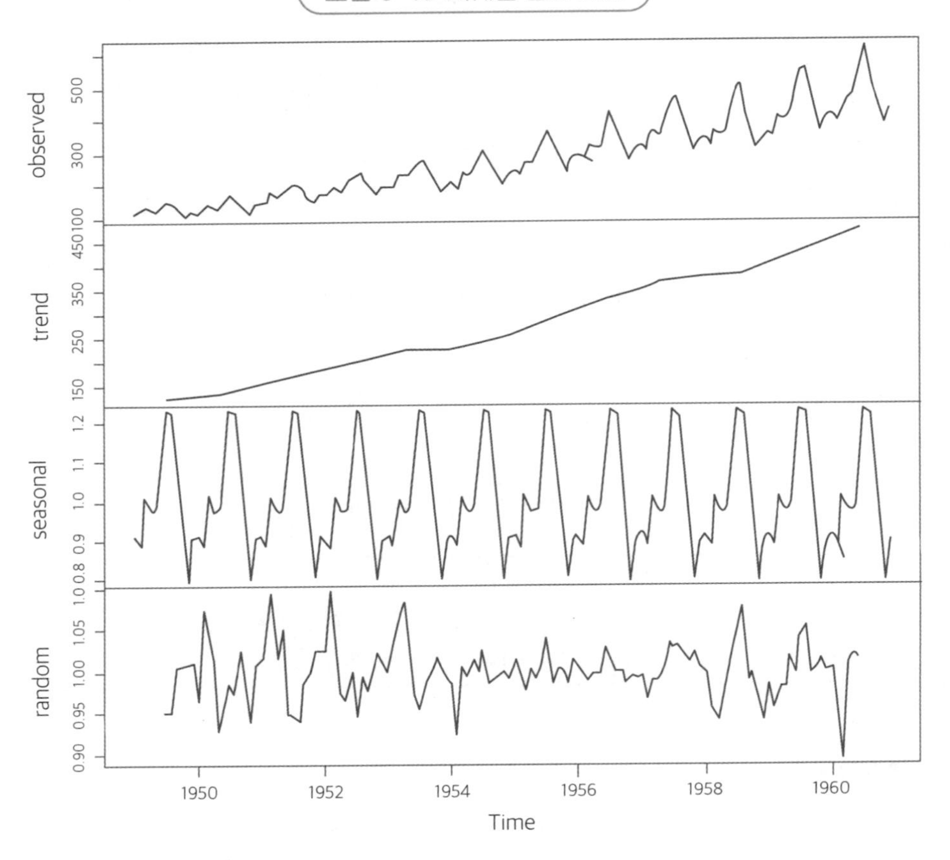

6) 군집화(Clustering)

군집은 비슷한 특성을 가진 개체를 그룹화하여 집단의 성격을 파악함으로써 유사 특성의 군집을 발굴한다. 기준이 명확한 분류(Classification)와는 다르게 명확한 기준이 제공되지 않아 유사 군집을 분류하는 과정에서 새로운 인사이트를 얻는 경우가 많으며 유사 집단의 구분을 통해 전체 데이터 구조에 대한 이해를 도출하기도 한다.

예를 들어, '사과, 야구공, 바나나, 연필, 기차, 오렌지'를 분류하면 과일로 나누었을 경우 사과, 바나나, 오렌지로 분류할 수 있으며 군집을 활용하여 구분하면 바나나, 연필, 기차를 기다란 모양으로, 사과, 야구공, 오렌지를 둥근 모양으로 구분하는 결과가 나올 수 있다. 즉, 군집은 유사한 형태의 거리와 유사도를 가지고 유사함을 구분한다. 군집이 분류와 같은 명확한 기준을 제시하지 않아 다양한 알고리즘이 사용된다. 군집 알고리즘은 크게 분할법(Partitioning Method), 계층법(Hierachical Method), 모델 기반(Model-based Method)으로 분류될 수 있다.

그림 6-17 K-Means 사례

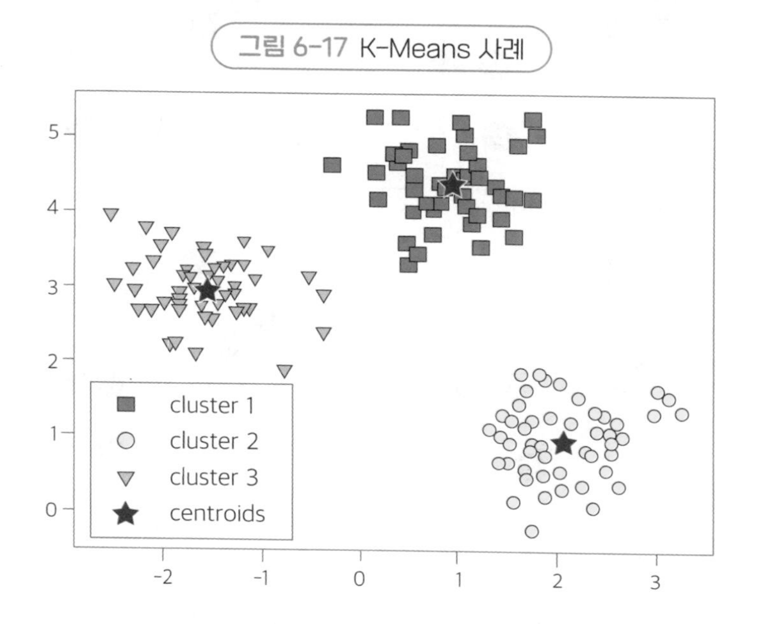

분할법은 사전에 결정된 군집들의 수를 사용하며 대표적으로 K-Means가 있다. K-Means는 군집 중심점(Centroid)이라는 임의의 지점을 선정하고 그곳을 중심점으로 가장 가까운 개체들을 구분하는 기법이다. 군집화에서 가장 많이 사용되는 알고리즘으로 알고리즘이 쉽고 간결한 장점이 있지만 속성의 개수가 지나치게 많을 경우 군집화 정확도가 떨어질 수 있다. 또한 몇 개의 군집을 선택해야 할지 판단하기 어렵다는 단점이 있다.

계층법은 나누어져 있는 데이터를 작은 단위로부터 병합과 분할하는 것을 반복하여 최종적으로 모든 데이터를 군집할 때까지 반복하는 방식이다. 군집들을 계층적으로 정리하기 위하여 활용된다.

그림 6-18 계층분할법 사례

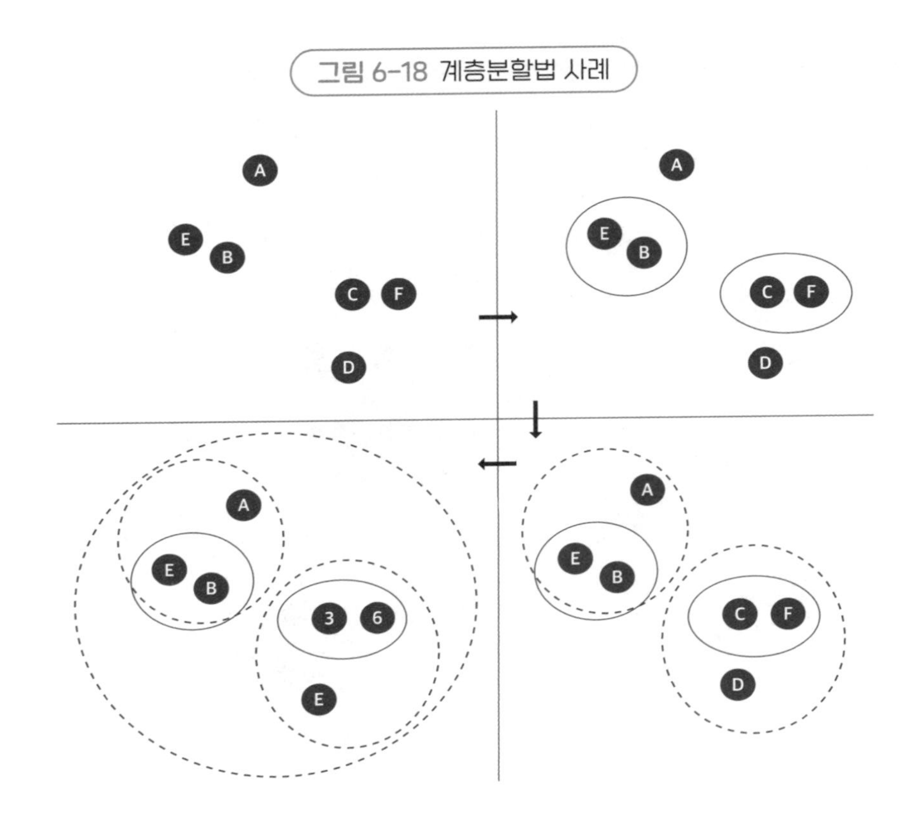

[그림 6-18]에 나타나 있듯이 처음에는 가까운 거리의 개체를 구분하여 군집하고, 구분된 군집들에서 다시 가까운 군집들끼리 합치는 과정을 반복하여 최종적으로 모든 개체들을 포함하는 계층형 군집을 완성하게 된다. 이렇게 구분된 군집은 덴드로그램(Dendrogram)으로 표현하여 원하는 개수만큼의 군집을 얻을 수 있다. 덴드로그램은 개체의 군집 순서를 수평선 높이로 표현하는 것이다. 우리의 예에서는 (B, E) → (C, F) → (D, (C, F)) → (A, (B, E))의 순서로 군집이 되는 것을 알 수 있다. 이를 덴드로그램으로 표현하면 [그림 6-19]와 같다.

그림 6-19 덴드로그램(Dendrogram) 예시

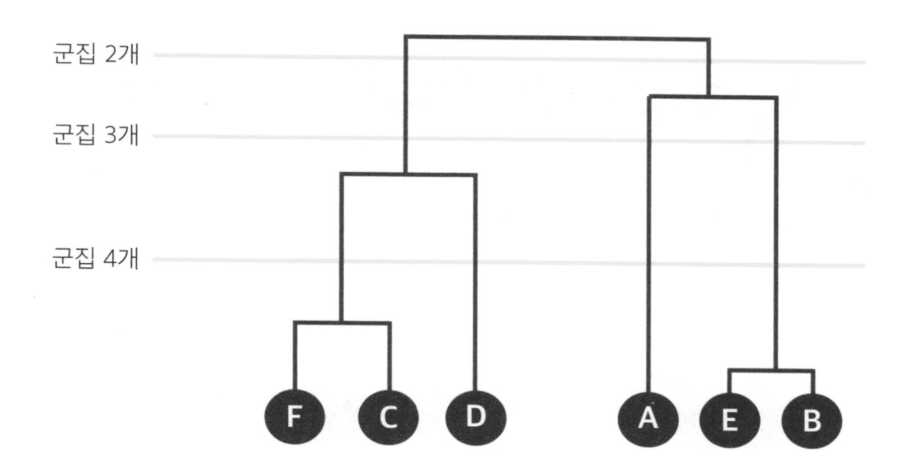

[그림 6-19]에서 덴드로그램의 높이는 군집이 만들어진 순서로 E-B 조합이 가장 먼저 군집되어 높이가 낮고 F-C 조합이 그다음 전체 조합이 가장 높게 나타난다. 이러한 덴드로그램은 전체 개체의 군집이 계층화되어 나타나며 필요한 군집의 개수에 따라 나누기 용이하다. 예를 들어, 군집이 2개가 필요하면 F-C-D, A-E-B 조합으로 구분되고, 군집이 3개가 필요하면 F-C-D, A, E-B 조합으로 군집될 수 있다.

모델 기반 군집 방법은 어떤 정보가 숨겨져 있을 때 효과적인 정보 추정을 반복한다. 각 군집의 사후 확률이 높은 순으로 군집을 할당한다. 최대우도법(MLE: Maximum Likelihood Estimation)을 사용하여 모델 변수를 추출한다. 최대우도법은 개체들에 대하여 확률분포를 따른다는 가정하에서 개체 파라미터를 가장 잘 설명하는 확률 분포를 추정하는 것이다.

7) 수집(Profiling)

수집은 복잡하고 방대한 데이터를 간단하게 서술하는 기법이다. 의사결정 나무 또는 연관규칙을 활용하여 고객에 대한 다양한 요구사항을 파악하거나 제품에 대한 고객의 사용방식기능 요구 등을 추출하여 제품 개발에 반영할 수 있도록 체계적으로 정리하는 데 사용되는 기법이다.

CHAPTER 03

비즈니스 애널리틱스 기술

1 비즈니스 애널리틱스(Business Analytics)의 이해

4차 산업혁명 시대와 클라우드 등 인프라 기술의 발달과 함께 소셜 미디어의 발달은 기업 경영 환경에서도 빅데이터 시대를 열게 되었다. 특히 디지털이 생활화되어 있는 현대 사회는 수많은 정보를 포함한 데이터들이 끊임없이 생성되고 있다. 과거에는 데이터가 있어도 그것을 다룰 인프라나 처리 기술이 미약하여 쓰레기로 취급받던 데이터들이 현재는 매우 중요한 인사이트를 추출할 수 있는 정보의 보고로 인식되고 있다.

바로 본격적으로 빅데이터가 기업 경영을 하는 데 있어서 필수적인 전략 요소로 쓰이게 되는 시대가 온 것이다. 경영활동에서 빅데이터를 분석하고 활용하여 정보를 추출하고 주요한 의사결정에 반영하는 작업은 기업 경쟁력을 향상시키고 있다. 이러한 기업 경영활동에 빅데이터 분석 기술을 적용하는 것을 비즈니스 애널리틱스라고 한다. 비즈니스 애널리틱스란 데이터 분석이 기업의 경영활동에 직접적으로 효용성을 제공하기 위하여 기업 내외부의 데이터를 분석하여 미래를 예측하고 기업 경영의 의사결정을 지원하는 기술이라고 할 수 있다. 기업의 경영활동을 지원하는 기술로써 비즈니스 인텔리전트(BI: Business Intelligence)와 비교되기도 한다.

비즈니스 애널리틱스와 비즈니스 인텔리전스 모두 직접적으로 경영활동에 활용된다는 측면에서는 비슷하지만 그 목적과 방향에 있어서는 차이가 있다. 비즈니스 인텔리전스는 구체적이고 일관된 지표들을 가지고 과거의 성과를 측정하고 그 결과를 기반으로 미래의 사업을 계획하는 데 활용된다. 과거 데이터를 기반으로 현재 상황을 이해하려는 목적으로 직관적인 데이터 시각화, 각종 보고서, 차트 등을 이용하여 데이터를 표현하고 탐색하는 기술이다. 이용자가 실시간으로 데이터에 접근하고 상호작용하여 대규모이면서도 복잡한 데이터베이스를 이용하여 유용한 정보를 빠르게 추출하게 한다. 이러한 비즈니스 인텔리전스는 기업의 목표와 성과를 명확하게 하고 가시화하여 조직간의 협력과 역량을 향상시키는 구체적인 목표와 지표를 제공한다.

이에 반하여 비즈니스 애널리틱스는 기업의 주요한 사안에 대한 의사결정 시 필요한 정량적인 데이터를 산출하는 기술로 다양한 데이터 분석 방법을 포함하고 있다. 비즈니스 애널리틱스는 복잡한 데이터 분석 기술을 포함하여 기업의 경영과 관련된 모든 데이터를 탐색하고 정보를 추출하며 미래를 예측하는 모든 과정을 포함한다. 다양한 통계적 방법을 활용하여 모호한 개념을 명확하게 하여 인사이트를 도출하고 최적의 답을 제공함으로써 비즈니스 미래를 효과적으로 예측하는 데 있다. 비즈니스 애널리틱스는 이러한 비즈니스 인텔리전스와 효율적으로 결합하여 기업 경영활동에 적용하여야 한다.

비즈니스 애널리틱스에서는 비즈니스 인텔리전스에 비하여 보다 고도화된 분석 방법이 동원된다. 이러한 이유는 비즈니스 인텔리전스가 정형화된 데이터베이스 기반에서 출발하여 범용적 분석기술을 통해 비즈니스에 다가갔다면 비즈니스 애널리틱스는 기업 경영의 문제 해결이라는 요구사항을 충족하기 위하여 분석을 활용한다고 볼 수 있다. 일반적으로 비즈니스 인텔리전스가 활용되는 모습은 기업이나 산업군이 다르더라도 정형/비정형 리포팅, OLAP 기술을 비슷하게 사용한다. 이에 비해 비즈니스 애널리틱스는 그 시작이 기업 경영 중에 발생하는 특정 상황에서 변수들 간의 관계를 분석하고 해결하기 위한 예측과 최적화를 위한 방법들이 활용된다. 비즈니스 인텔리전스보다 더욱 모호하고 추상적이지만 기업 경영활동에서는 더 유용할 수 있다고 할 수 있다. 비즈니스 분석의 유형으로는 크게 서술적 분석, 예측적 분석, 지시적 분석, 의사결정 분석으로 구분된다.

그림 6-20 비즈니스 애널리틱스 유형

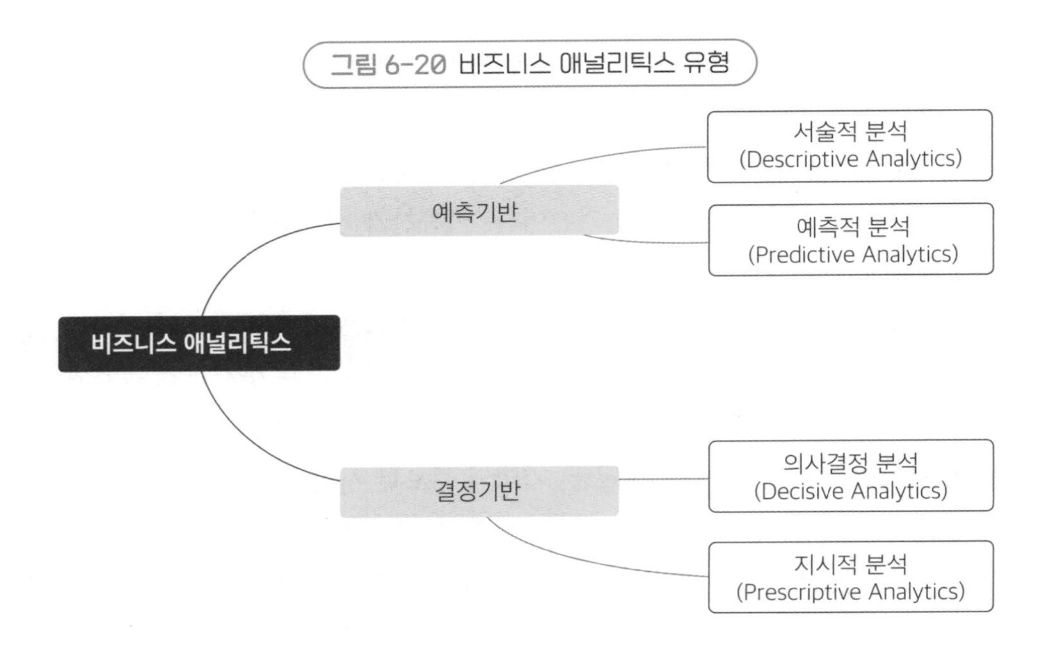

서술적 분석(Descriptive Analytics)은 실제로 일어난 사건에 대하여 분석하고 그 현상에 대한 정보를 제공한다. 과거의 사례를 이용하여 향후 발생할 유사 사례에 대한 대응책을 수립하게 해준다. 비즈니스 인텔리전스(BI)가 주로 하는 역할이며 명확한 지표와 데이터를 활용한다. 예측적 분석(Predictive Analytics)은 기존 데이터를 기반으로 미래에 대한 합리적인 결과를 예측하는 목적이다. 고객이 제품을 구매할 확률을 구하는 등 미래 비즈니스 결과를 예측하고 촉진하는 마케팅 전략 등을 수립할 수 있다. 예측 모델링, 머신러닝, 딥러닝 기법이 예측적 분석에 활용될 수 있다.

지시적 분석(Prescriptive Analytics)은 복잡하고 예측이 여려운 상황에서 최적화를 통해 전문적인 대응을 지시해 주는 분석이다. 의사결정 분석은 다수의 선택지에서 각각의 선택에 따른 결과를 분석하는 방법으로 회사가 가진 선택지와 이에 따른 결과를 제시하고 예측해 준다. 설명적 분석, 진단 분석, 예측적 분석에서 구한 결과를 기반으로 최신 기법을 활용하여 예상되는 의사결정에 따른 영향도를 평가하고 의사결정 시나리오에 따라 최적의 의사결정을 한다.

2 비즈니스 애널리틱스의 절차

비즈니스 애널리틱스 기술을 기업의 경영활동에서 적용하기 위해서는 체계적이고 효율적인 단계를 수립하고 수행하여야 한다. 일반적으로 비즈니스 애널리틱스 절차는 총 7단계로 비즈니스 요구사항 규정 → 데이터 탐색 → 데이터 분석 → 예측 → 최적화 → 의사결정 및 성과측정 → 시스템 업데이트 순으로 진행한다.

1단계는 분석을 통한 목표를 수립하는 단계이다. 직접적 데이터에 대한 분석보다는 해당 산업이나 기업의 이해관계를 파악하고 목표 방향을 설정하는 데 집중한다. 2단계는 비즈니스 요구사항을 충족시킬 데이터를 찾는 단계이다. 보유하고 있는 데이터를 탐색한다. 보유하고 있는 데이터에서 불필요한 부분을 제거하고, 유의미한 데이터를 분리와 분류하고 추출하는 단계이다. 잘못된 정보가 섞여 있을 경우 오류 입력으로 인한 나쁜 의사결정 결과가 나타날 수 있기 때문에 불필요한 부분을 정제하는 과정이 중요하다고 할 수 있다. 3단계는 데이터 분석이 이루어지며 고급 분석 기술이 요구되는 단계이다. 조금 더 정교하게 데이터를 다루어 데이터의 가치를 창출해 내는 단계이다.

그림 6-21 비즈니스 애널리틱 단계

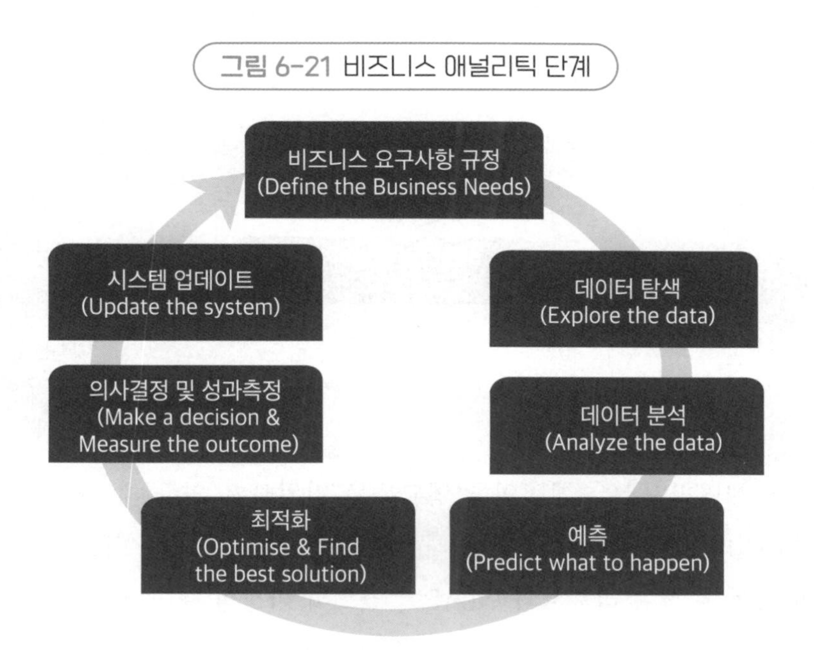

4단계는 향후 일어날 일에 대한 예측작업을 수행하는 단계이다. 그리고 5단계는 4단계의 예측을 바탕으로 최적화 작업을 수행하여 예측모델을 구축하고 최적의 솔루션을 수립하는 단계이다. 6단계는 의사결정 수행의 성과를 측정하는 단계이다. 의사결정을 수행해 보고 예측된 결과를 도출하고 의사결정 결과에 따른 성과를 측정한다. 마지막 7단계는 전과정에서 발생하는 개선사항을 점검하고 보완하여 개선하는 업데이트 단계이다. 이러한 전반적인 비즈니스 애널리틱의 전개는 수립된 모델이 지속적으로 개선되고 추가 요구사항이 반영될 수 있는 체계로 이루어져야 한다.

3 비즈니스 애널리틱스의 구성 및 주요 기술

비즈니스 애널리틱스의 주요 구성요소는 탐색을 목적으로 하는 정형/비정형 리포트, OLAP, Alert 등이 있으며, 예측 기반으로는 통계분석, 시계열 예측, 예측모델링, 최적화 등이 있다.

그림 6-22 비즈니스 애널리틱 구성 요소

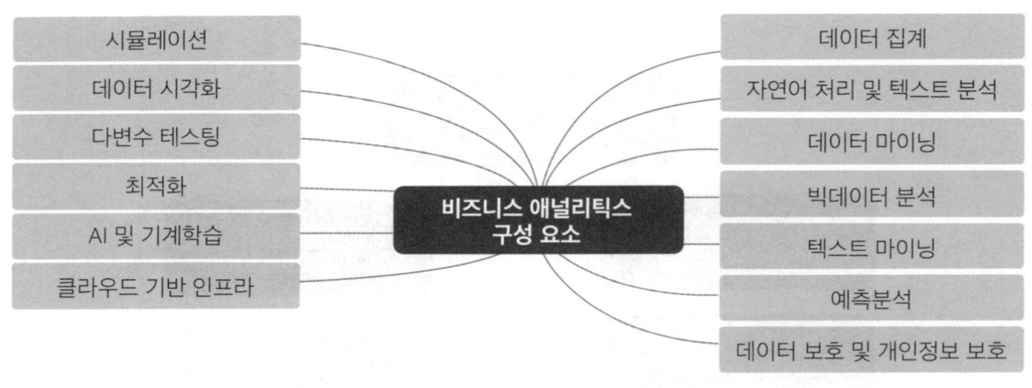

비즈니스 애널리틱스는 기업의 경영활동을 지원하기 위한 데이터 분석의 모든 구성요소가 있다고 할 수 있다. 정형 데이터를 탐색할 수 있는 비즈니스 인텔리전스 기반의 정형/비정형 리포트와 OLAP이 있으며 비정형 데이터를 전처리할 수 있는 데이터 집계 기능이 있어야 한다. 추출된 데이터에서 빅데이터 분석이 가능하도록 하는 데이터 마이닝과 각종 통계적 분석이 가능하도록 구성되어야 하며, 추출된 데이터를 표현하는 시각화 기술을 포함해야 한다. 그리고 이러한 분석이 가능하도록 클라우드 기반의 애널리틱 인프라가 구성되어야 하며, 다루는 데이터의 기밀을 보호하고 개인정보와 같은 주요한 정보를 보호하기 위한 기술이 적용되어야 한다.

4 비즈니스 애널리틱스의 기업 적용 사례

비즈니스 애널리틱스는 활용 용도가 방대하며 사용자의 목적에 따라 그 효과가 천차만별이라고 할 수 있다. [그림 6-23]은 빅데이터와 인공지능 플랫폼을 기반으로 하여 농작물의 생육을 파종 단계에서 예측하고 가격 정보와 결합하여 효과적인 거래 기반의 SaaS 서비스를 제공하는 에스엔이 컴퍼니의 서비스 메인화면이다. 농작물 거래라는 비즈니스 모델을 인공지능과 빅데이터의 최신 기술을 적용하여 각종 서비스를 제공하는 혁신적인 기업이다.

그림 6-23 에스엔이 컴퍼니의 비긋 플랫폼 메인화면

이는 비즈니스 애널리틱스의 활용이 매우 유연하며 요구사항의 추출부터 확실한 사용목적이 있어야 함을 나타낸다. 특히 빅데이터 애널리틱스는 어떠한 한 가지 접근법이 아니라는 것을 인식하고 다양하고 민첩하게 분석하고 적용해야 한다. 농작물의 상품 거래에 있어서 신뢰성 있는 가격을 통해서 생산자와 소비자가 거래를 활성화하고 파생된 데이터를 통해 각종 산업에서 활용이 가능하도록 데이터를 공급하는 서비스와 아울러 농작물의 파종에서부터 작황까지를 인공지능 기반으로 분석하는 SaaS서비스를 제공하고 있는 혁신적인 사례라고 할 수 있다.

그림 6-24 에스엔이 컴퍼니의 비즈니스 적용 사례 세부 분야

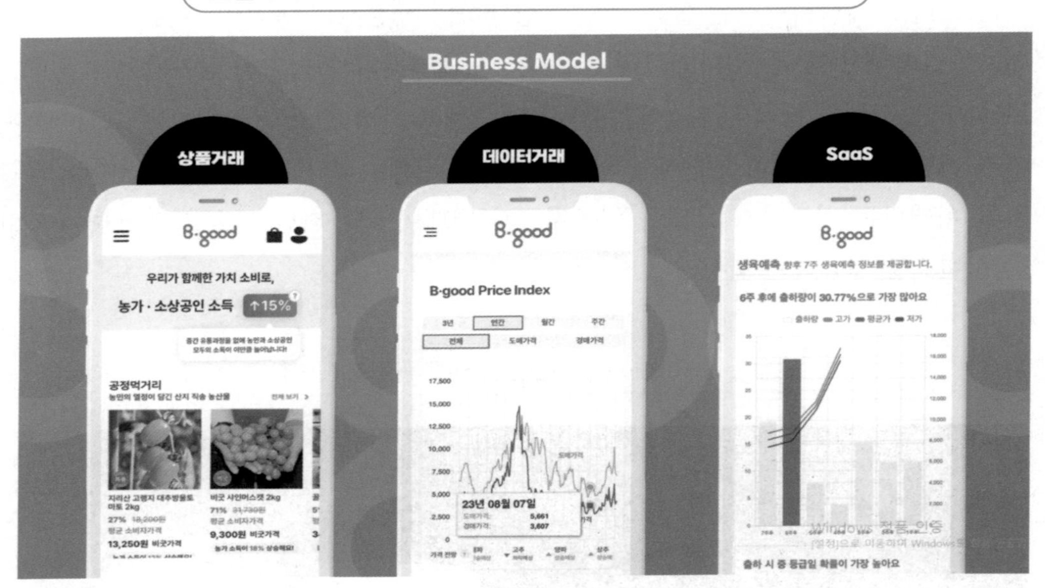

[표 6-5]는 각 산업별로 적용된 사례를 정리한 것이다. 비즈니스의 전략적인 차원에서 본다면 빅데이터와 인공지능 기술을 통해서 기존의 산업에는 혁신이 될 수 있으며 새로운 통찰력과 융합을 통해서 새로운 산업의 탄생을 가속화하고 있는 것이다.

| 표 6-5 | 비즈니스 애널리틱스 기업 적용 사례

산업	적용 사례
제조업	제조 공정에서 발생하는 센서 데이터, 이미지로그, 텍스트 정보 등 많은 데이터를 저장, 분석하여 생산 공정의 예측 정확도를 향상시켜 품질 향상과 불량률을 감소하는 데 활용하고 있으며 기존의 데이터 분석보다 신속하게 적용하여 빠른 대응을 하고 있다. 따라서 생산 장비의 예지 보전, 품질 향상, 최적화된 생산 구조 등에 적극 활용하고 있다.
프랜차이즈업	빠르게 변하는 시장 상황에 대처하기 위하여 소비자 수요 예측에 기반한 프로모션을 기획하여 판매 가격과 마케팅 프로모션에 따른 매출 등을 분석하여 고객과 시장 반응을 예측하고 판매량 예측의 정확도를 향상시켜 재고 물량에 대한 관리 효율성을 높이는 데 활용하고 있다.
물류업	배송 과정에서 발생하는 상품의 지연 및 파손에 대하여 분석하여 사전에 대응하고자 날씨, 교통상황, 파업 등과 같은 다양한 배송 위협 요소들을 수집하고 분석하여 각종 위기 상황을 최소화하고 뉴스 기사를 실시간으로 분석하여 다양한 리스크를 사전에 탐지하여 실시간으로 대응하는 등 물류적 측면에서 최적의 배송 경로를 추천받아 지연 배송 및 파손율을 최소화하는 데 활용하고 있다.
건설업	최적의 아파트 구조를 설계하기 위하여 실내에서 발생하는 기기의 각종 센싱 정보를 획득하여 세대별, 연령별 습관 및 생활 동선을 파악하여 입주자별 효율적 동선과 인테리어에 기반한 시뮬레이션을 실시하여 설계안을 도출하고 사용자의 선호도를 조사하여 최적의 설계안을 도출하여 적용하는 데 데이터를 활용하고 있다.
금융업	보이스 피싱 및 금융 사기가 증가하고 있어 고객 보호와 금융 안정을 위하여 기존에 발생했던 사고 계좌의 사례를 기반으로 거래 건수, 상담내역, 거래 주기, 고객 성향 등 다양한 각도로 빅데이터 기반 분석을 통하여 학습하고 해당 내역 발생 시 알람과 주의를 발생시켜 모니터링을 강화하는 데 적용하였다.

PART 07

빅데이터 시스템의 운영 및 관리

OVERVIEW

운영 및 모니터링 기술

7. 빅데이터 시스템의 운영 및 관리

보안 기술

업그레이드 기술

학습 목표

빅데이터 구현 후 시스템을 운영 및 관리하는 모니터링 및 보안 그리고 업그레이드 기술에 대해 알아본다.

학습 항목

- 빅데이터 시스템 및 플랫폼
- 시스템 운영 및 모니터링
- 빅데이터 시스템 보안의 이해
- 오픈소스 기반 빅데이터 플랫폼의 운영 및 업그레이드

키워드

소프트웨어 정의서, 플랫폼 업그레이드, 시스템 운영

기술분류

모니터링, 운영, 보안, 빅데이터 시스템

NOTICE

최근 정보기술의 급속한 발전으로 우리의 생활은 많은 변화를 맞이하고 있다. 정보기술은 디지털 기술로서 빅데이터 기술과 결합하여 우리가 필요로 하는 정보의 접근과 획득을 획기적으로 바꾸어 놓았다.

수십 년 전 필자가 전화 회선을 통해 세계적인 데이터베이스인 다이얼로그(DialLog) 또는 법률정보 데이터베이스인 렉시스 & 넥시스(Lexis & Nexis)에 접속하여 연구에 필요한 각종 정보를 얻기 위해서는 많은 시간 및 비용을 지불해야만 하였다. 구체적으로는 해외의 데이터베이스에 접속하기 위해 해외 전화망을 사용해야 하기 때문에 접속비용이 상당히 고가였으며, 각각의 서비스 제공 기관에 가입을 하는 비용 또한 지불해야 했다. 이것뿐 아니라 정보를 검색한 후 필요한 정보를 얻기 위해서는 추가적인 비용을 지불해야 했다. 이러한 측면에서 볼 때 접근성이라는 정보를 취득하기가 매우 용이해진 것을 알 수 있다.

접근성이라는 것은 정보의 접근을 통해 취득하고 이를 이해 및 활용하고 공유하는 것을 의미한다. 이러한 접근을 가능하게 하는 것은 기술적으로 익스플로러와 같은 도구가 있고 이를 활용할 때 비용에 수반하는 경제적 의미에서의 필요한 비용과 자원의 장벽이 낮다는 것을 의미한다. 물론, 현재도 고급 정보를 얻기 위해서는 많은 비용과 노력이 들어가는 것은 다를 바가 없지만 인터넷 상에 존재하는 고품질의 정보는 적절히 활용한다면 매우 의미있는 활용이 될 것이다. 이러한 의미에서 기업에서 발생한 각종 정보를 수집하고 저장하며 활용하는 것이 기업의 경쟁력 차원에서 매우 의미 있는 일이고 지속 가능한 성장을 하기 위해서는 필수불가결한 요소이기 때문에 이에 대한 거버넌스 및 체계를 구축하는 것은 기업의 핵심역량으로 볼 수 있다. 따라서 기업의 업무에 활용하는 방대한 빅데이터 시스템을 어떻게 운영하고 관리하는 것이 효율적인지에 대한 기술적인 부분을 알아보도록 하겠다.

운영 및 모니터링 기술

빅데이터는 기업의 핵심 자원으로 활용되고 있다. 이러한 빅데이터 시스템은 사용의 목적에 따라 다양한 시스템적 구성에 의해서 구현, 운영되고 있다. 효율적인 시스템 체계를 통해 운영의 효율성을 꾀하고 기술 발전에 부응할 수 있는 기술 지원 체계를 구축하는 것이 매우 중요한 부분이다. 이러한 운영적 측면에서 고려해야 될 부분은 다음과 같은 측면이 있다.

1) 시스템 리소스의 관리

대용량의 데이터를 처리하기 위해서는 대규모의 시스템적 리소스가 수반된다. 이러한 리소스는 소프트웨어적 측면과 하드웨어적 측면이 있을 것이다. 리소스는 병렬과 분산처리 기반의 인프라 스트럭처가 포함되는데, 이는 클러스터 자원을 운영에 필요한 관리와 최적화를 통해 이루어진다.

그림 7-1 클러스터 상태 모니터링 화면

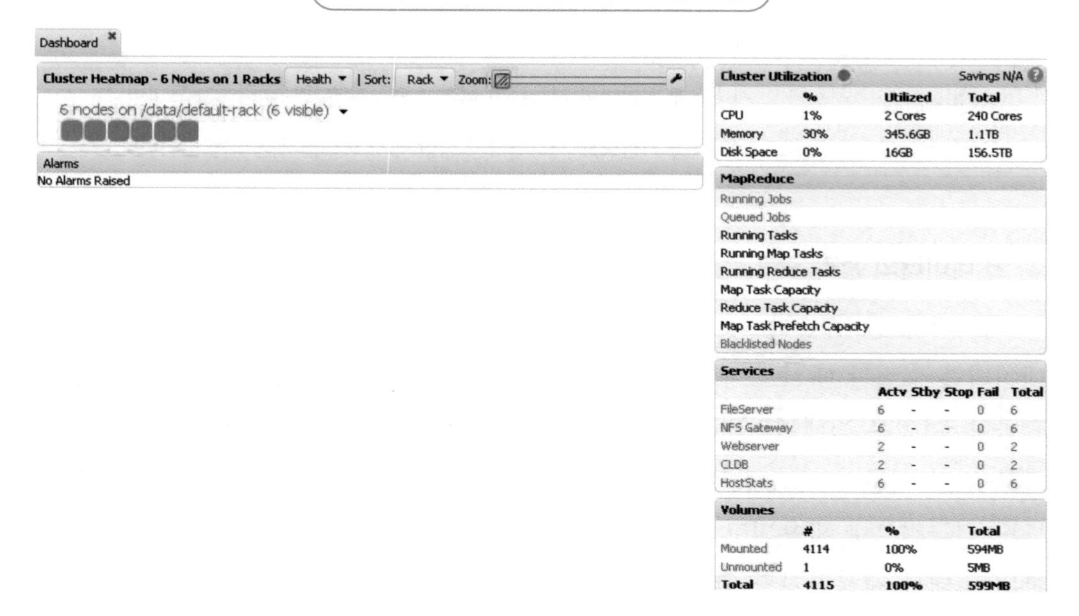

그것은 소프트웨어 및 데이터 자원을 할당하고 효과적인 관리 도구를 활용하여 구성하게 된다. 특히, 하둡의 2.x대 버전에서 사용된 YARN과 같은 리소스 매니저를 통해서 작업을 관리하고 자원을 할당하는 것도 포함이 된다.

[표 7-1]은 빅데이터 시스템에서 핵심 기능으로 활용하는 하둡의 자원을 관리하고 모니터링하는 도구를 설명한 것이다. 목적 및 구성에 맞는 도구를 활용하여 자원을 모니터링하는 기능을 제공한다. [표 7-1]에 제시된 도구 이외에도 상용화되어 있는 하둡 제공사에 따라 다양한 관리 및 모니터링 도구가 존재한다.

| 표 7-1 | 하둡 기반의 자원 관리 도구

도구	활용 기능
Ambari	하둡 클러스터 관리 및 모니터링 도구로서 클러스터의 구성 및 관리, 모니터링하는 기능을 제공하며 광범위하게 많이 사용되고 있는 도구이다.
Ganglia	클러스터의 리소스 사용 및 성능 등을 모니터링하는 도구로, 실시간적으로 사용률 등을 모니터링하는 시각화를 제공하는 도구이다.
Nagios	빅데이터 시스템 및 네트워크를 모니터링하는 도구로서 이벤트 기반으로 상태 및 알람 제공 도구이다.

Zabbix	대규모 클러스터링 환경에서 시스템 장비 및 구동 소프트웨어, 가상 머신 등 다양한 리소스를 모니터링하는 도구이다.
Prometheus	시스템 및 서비스에 기반한 이벤트를 수집하고 분석하여 모니터링하는 도구이다.
Grafana	각종 로그 데이터를 기반으로 시각화하기 위한 데시 보드를 제공하는 도구이다.

2) 데이터의 관리 도구

데이터를 관리한다는 것은 수집과 저장 측면에서 매우 중요한 항목이다. 따라서 데이터를 수집할 때 소스에 대한 다양한 연계 기반의 인터페이스 측면의 고려가 필요하다. 이것은 빅데이터의 특성 중 데이터는 속성을 기반으로 복잡한 연계를 수반하고 있기 때문이다. 수집된 데이터를 효율적으로 저장하기 위한 방식으로 클라우드도 적극적으로 활용되고 있고 역할별로 온프로미스 방식과 클라우드 방식이 혼합된 형태를 사용하기도 한다. 뿐만 아니라 각종 시스템적 장애 및 엔지니어의 실수 등을 포함한 데이터의 유실에 대비하기 위해 빅데이터 시스템에 대한 백업을 지원하는 효과적인 도구를 사용하는 것도 좋은 방법일 수 있다.

백업의 정책적인 측면에서 상용화 하둡 제공사의 기능 중 스냅샷 기능을 활용하는 것도 있을 수 있으며, 오픈소스 기반의 각종 도구를 활용하는 것도 좋은 방법일 수 있다. [표 7-2]는 빅데이터 기반 시스템에서 백업의 기능을 수행하는 각종 도구를 설명한 것으로 목적에 맞는 도구의 사용이 검토가 필요하다.

| 표 7-2 | 데이터 기반의 백업 도구

도구	활용 기능
Apache Hadoop DistCp	HDFS 데이터의 복사를 위한 분산 데이터 복제 도구로서, 다용량의 다양한 데이터셋을 목적하는 위치 또는 타 클러스터에 복사하는 기능을 제공하는 도구이다.
Apache Falcon	대용량 데이터 파이프라인의 관리 정책 및 스케줄에 의해서 복제하고 복구하는 정책 기반 백업 자동화 도구이다.
Apache Hudi	대용량 하둡에서 데이터에서 변경 데이터의 추적 및 관리를 위한 일종의 데이터 관리 라이브러리를 할 수 있으며 하둡에서 변경된 데이터를 쉽게 업데이트 및 백업 관리 도구로 데이터의 정합성 및 신뢰성을 유지하는 데 도움을 주는 도구이다.

3) 클러스터링 기반 성능 개선

빅데이터 시스템 구성에 활용되는 자원은 대규모의 노드로 구성된 시스템 자원으로 구성되어 있다. 이러한 클러스터 기반의 시스템은 지속적인 성능 및 기능 개선에 많은 관심이 필요하다. 따라서 최적화된 각종 데이터의 흐름, Job의 관리, 자원 할당, 맵리듀스 작업 설정 등을 통한 기능 및 성능 개선이 이루어져야 하며 다양한 오픈소스 소프트웨어로 이루어져 있어 버전 업그레이드나 기능 개선 시 각종 컨테이너 도구를 활용하여 있을지 모르는 장애에 대비하는 것도 하나의 방법이다.

그림 7-2 클러스터 노드 디스크 Fail 시 레포트 화면

```
############################## Disk Failure Report ############################

Disk                :    /dev/sdd
Vendor              :    [vendor]
Model Number        :    [model]
Serial Number       :    [serial]
Firmware Revision   :    [firmware]
Size                :    [total]
Failure Reason      :    I/O error
Time of Failure     :    Fri Jan 31 12:48:00 GMT 2014
Resolution          :
   Please refer to MapR's online documentation at http://www.mapr.com/doc on how to handle disk failures.
   In summary, run the following steps:
   a. If this appears to be a software failure, go to step b.
      Otherwise, physically remove the disk /dev/sdd.
      Optionally, replace it with a new disk.
   b. Run the command "maprcli disk remove -host 127.0.0.1 -disks /dev/sdd" to remove /dev/sdd from MapR-FS.
   c. In addition to /dev/sdd, the above command removes all the disks that belong to the same storage pool, from MapR-FS.
      Note down the names of all removed disks.
   d. Add all the above removed disks (exclude /dev/sdd) and the new disk to MapR-FS by running the command:
      "maprcli disk add -host 127.0.0.1 -disks <comma separated list of disks>"
      For example, If /dev/sdx is the new replaced disk, and /dev/sdy, /dev/sdz were removed in step c), the command would be:
                 "maprcli disk add -host 127.0.0.1 -disks /dev/sdx,/dev/sdy,/dev/sdz"
      If there is no new disk, the command would just be:
                 "maprcli disk add -host 127.0.0.1 -disks /dev/sdy,/dev/sdz"
```

[그림 7-2]는 빅데이터 시스템 운영 시 하둡 클러스터상의 노드에 디스크 Fail이 발생했을 경우 관리도구에서 생성되는 레포트이다. 이러한 레포트를 보고 원인을 파악하고 정상인 디스크를 교체한 후 디스크의 인식을 확인하는 작업 등을 거쳐서 정상 운영한다.

하둡은 오픈소스 기반 소프트웨어의 특성상 기술적 문제 발생에 대한 책임 및 기술지원에 해당하는 영역에 도움을 받기가 매우 어렵다. 그리고 하둡 같은 경우는 시스템 내에 구성되는 버스(BUS) 기술 또는 디스크의 펌웨어(Firm Ware) 등 시스템 구성상의 문제로 인해 노드 내에 포함된 각종 영역에서 버그 및 에러의 문제가 발생할 가능성이 높다. 따라서 다양한 문제가 발생했을 때 이를 해결하고 정상적으로

운영이 가능하게 하기 위해서는 노드 및 디스크의 추가, 삭제, 변경 등에 대한 기술적 스킬을 높이는 과정을 반복하여 학습하는 것이 필요하다.

데이터를 관리하는 측면에서 디스크의 Fail 발생 시 정상 디스크로 교체하고 데이터를 복구하는 작업을 거치는 데이터의 운영 정책에 따라 내부 디스크의 크기도 복구하는 데 많은 영향을 미친다. 따라서 운영에 필요한 각종 도구를 적용하여 지속적인 시스템 자원의 모니터링이 매우 중요한 부분이라고 할 수 있다.

지금까지 빅데이터 시스템을 구성하는 하둡 기반의 플랫폼에서 운영에 필요한 데이터 관점에서 알아보았다. 빅데이터 시스템에는 복잡한 연계 구조를 기반으로 오픈소스 기반의 소프트웨어가 활용된다. 따라서 운영 정책에 기반한 소프트웨어의 버전 관리 현황도 지속적으로 업데이트해야 할 것이다. 이러한 부분에 대해서 각 영역별로 오픈소스 및 상용화 도구를 중심으로 세분화하여 각 영역별로, 즉 1) 운영 관점에서는 배포의 모니터링 영역, 2) 성능 튜닝 영역, 3) Job의 흐름 관리 영역에서 중요한 부분 위주로 설명하였다.

1) 배포 및 모니터링 관리 영역

| 표 7-3 | 운영 관점에서 배포 관리 영역 도구

도구	활용 기능
CM (Coudera Manager)	상용화 도구로 클라우데라에서 기본으로 제공하는 클러스터 배포 및 확장, 업그레이드 등과 같은 기능 제공하고 있으며 자동화된 기능을 함께 제공한다.
MCS (MapR Control System)	상용화 도구로 HPE에서 제공하는 MapR의 하둡 제품에 포함된 기능으로 흔히 MCS라고 한다. 직관적인 대시보드를 통한 클러스터의 관리 및 모니터링 기능을 제공하고 있다.

2) 성능 튜닝 영역

| 표 7-4 | 운영 관점에서의 성능 튜닝 도구

도구	활용 기능
Cloudera Navigator	사용화 하둡인 클라우데라에서 제공하는 도구로 하둡의 성능 관리 영역 부분에서 활용하면 데이터 관리에 효율적인 도구로 활용이 가능하다. 도구에서 제공하는 각종 기능을 통하여 기업 및 조직 내에서 데이터의 생명 주기 관점에서 데이터 관리가 가능하다. 뿐만 아니라 데이터 Audit 기능을 통하여 Audit 기능 및 데이터의 접근, 변경, 삭제 등의 이벤트를 자동적으로 감지 및 추적하고 관리하는 데 사용하는 매우 유용한 도구이다.
MapR MCS	MapR의 클러스터 관리 및 모니터링 그리고 튜닝이 가능한 도구이다. 이 도구를 통해 클러스터의 상태 및 리소스의 사용 그리고 데이터 관리에 대한 기능을 통하여 실시간으로 모니터링하고 클러스터의 변경 및 성능 위한 튜닝 기능을 제공하고 있다. 이 또한 상용화된 MapR Data Fabric의 지원 기능에 포함되어 있다.

3) Job의 흐름 관리 영역

| 표 7-5 | 운영 관점에서의 Job의 흐름 관리 도구

도구	활용 기능
Oozie	우지(Oozie)는 워크플로우 정의를 기반으로 하둡 클러스터 내에서 실행되는 복잡한 데이터 처리 작업을 스케줄링하여 쉽고 편하게 관리하게 해주는 Job 흐름 관리 도구라고 할 수 있다. 워크플로우 기반의 작업 스케줄링, 각종 Job의 실행, 모니터링 기능 제공 도구로 인공지능 기반의 분석 모델 및 알고리즘 정의 등 다양한 요구사항에 기반한 응용 플랫폼을 만들 수 있어 많이 사용된다.
Nifi	나이파이(Nifi)는 데이터 흐름 관리 도구로 정의할 수 있으며, 대규모의 데이터 통합 및 처리 작업을 간편하게 구축하고 관리해 줄 수 있어 많은 빅데이터 프로젝트에서 사용되고 있다. 나이파이는 GUI(Graphic User Interface)를 기반으로 작업의 흐름을 구성하고 관리하는 것이 특징이다. 따라서 사용자는 시각적으로 표현된 각종 컴퍼넌트들을 간편하게 구성할 수 있다.

CHAPTER 02

보안 기술

빅데이터 시스템을 구축할 때 가장 중요한 요소로서 보안이 있을 수 있다. 보안은 데이터에 대한 기밀성, 무결성, 가용성 등을 보장하고 제반 사항에 대한 법률적 사항을 포함한 규정을 준수하여야 한다. 우리는 이러한 측면을 고려하여 시스템을 구축할 때 데이터의 안전한 관리 및 보호가 가능할 수 있을 것이다. 각국의 보안 관련한 법규 및 가이드라인이 빠르게 제정되고 있으므로 이에 대한 준비 또한 서둘러야 할 것이다.

빅데이터 보안적인 측면에서 크게 일곱 가지의 주요 사항이 있다.

첫째, 정당한 사용자의 인가(Authorization)에 대한 인증(Authentication)이 필요할 수 있으며, 이에 대한 인증 방법으로 LDAP, OAuth 등이 있을 수 있으며 데이터에 대한 접근 권한 및 제어 등에 대한 사항도 포함되어야 한다. 정당한 사용자에 대한 확인을 기반으로 인가되어야 하기 때문에 인증적 요소에 대한 기술적 검토사항이 필요하다고 하겠다.

둘째, 데이터의 보안성에 기반한 암호화(Encryption)를 위해 데이터의 전송 및 저장에 활용할 암호화 방법 그리고 SSL 등과 같은 통신 보안에 대한 측면도 포함되어야 할 것이다. 특히, 저장에 활용할 암호화는 빅데이터 특성에 기반으로 하기 때문에 다양한 데이터베이스 및 하둡, 그리고 NoSQL 등의 영역도 데이터의 속성 등을 고려하여 검토되어야 한다.

셋째, 정보시스템의 취약점 측면이다. 특정 영역에서 시스템 및 소프트웨어 그리고 개발 과정에서 나타나는 취약점을 효과적으로 관리하고 대응하는 것을 의미한다. 이는 시스템의 취약점에 대한 정기적인 점검을 통해 이에 대한 패치 및 보안 업데이터가 해당될 수 있다.

넷째, 데이터 보호이다. 데이터에 대한 보호는 보안적인 측면과 운영적인 측면의 두 가지를 의미하는데 데이터 생명 주기 등 정책과 함께 보관된 데이터의 안전한 이용 및 백업을 포함한 마스킹, 암호화 기술을 적용한 데이터의 보호를 의미한 것이다.

다섯째, 네트워크 보안적 측면이다. 네트워크는 인체에서 혈관과 같은 것이다. 트래픽의 관리, 방화벽 등을 통해 외부의 해킹으로부터 보호하고 안전하게 이용, 전송하게 하는 것을 의미한다.

여섯째, 주기적인 보안정책에 기반한 감사 및 모니터링 기능으로 데이터 접근에 대한 로그 등을 지속적으로 모니터링하고 이상 징후 탐지했을 경우 이에 대한 적극적으로 대응하여 안전한 운영이 가능한 형태를 의미한다.

일곱째, 거버넌스에 기반한 법규 및 정책의 준수를 의미한다. 내부 데이터와 시스템을 보호하고 안전하게 운영하기 위한 전사적인 조직을 운영하고 법규 및 규정 준수를 위한 GDPR(General Data Protection Regulation), HIPAA(Health Insurance Portability and Accountability) 등 관련 법규 및 가이드 라인 등 규정을 준수하는 것이 포함될 수 있다. 이러한 법규의 준수는 실제 보안 사고가 발생했을 때 실체를 규명하거나 법리적인 판단에 많은 영향을 미칠 수 있는 부분으로 데이터를 다루는 정보기술 운영자 및 보안 관련 책임자가 수시로 확인하고 대응해야 할 것이다.

지금까지 빅데이터의 보안적인 측면에서 일곱 가지를 알아보았다. 위 일곱 가지 항목을 기반으로 구체적인 기술적 도구 및 관련 규정의 준수가 초기 빅데이터 시스템을 설계할 때부터 다양한 부분에 적용하여 이루어져야 한다.

다음 [표 7-6]은 보안 영역에서 활용되는 각종 도구를 설명한 것이다. 이러한 부분은 다양한 연계 소프트웨어 도구로 구성이 되는데, 상용화된 도구와 오픈소스 기반의 도구로 크게 나누어진다. 각 도구들의 기능 및 버전별로 다양한 시험 및 환경 구성 등을 통해 시스템의 구성에 최적화된 환경을 설정하여 활용한다. [표 7-6]의 각종 도구들은 빅데이터 시스템 관점에서 사용되는 데이터 및 각종 에코 소프트웨어의 보안 영역을 담당하는 주요 도구로서 데이터의 접근 및 제어, 인증 및 인가, 그리고 메타데이터 관리 및 데이터 자산관리 등의 다양한 보안 기능을 제공하여 전체 빅데이터 플랫폼의 안전성을 강화하는 데 사용된다.

| 표 7-6 | 빅데이터 시스템의 보안 영역에서 활용되는 각종 소프트웨어 도구

도구	활용 기능
Apache Ranger	오픈소스 보안 관리 프레임워크로서 하둡 기반 영역에서 데이터 접근 제어 및 보안 정책 관리를 위한 오픈소스 보안 도구이다. 데이터베이스, 파일 시스템뿐만 아니라 메시징 도구인 Kafka, 검색 도구인 Solr 등 다양한 하둡 컴포넌트의 보안을 관리할 수 있다. 다양한 기술 스택을 통합하여 사용될수 있는 장점이 있으며 보안 정책을 중앙에서 관리하고 일관된 보안을 기능을 제공한다.
Apache Knox	오픈소스 기반 보안 게이트웨어로서 하둡 클러스터의 웹서비스 인증 및 인가 게이트웨이 기능을 수행하는 도구이다. 외부 요청을 받아서 인증 및 인가 프로세스를 거친 후 내부 서비스로 전달한다. 분만 아니라 Knox를 통해 외부와의 통신을 안전하게 관리가 가능하며 인증 및 SSO 기능 및 암호화된 데이터 전송을 가능하게 한다. Konx를 통해 하둡 및 클러스터의 영역에 대한 보안 및 접근을 안전하게 관리하는 데 사용한다.
Apache Sentry	하둡 기반 빅데이터 시스템에서 데이터 접근 권한을 제어하고 관리하기 위한 오픈소스 도구이며 테이블, 열, 파일 등의 세분화된 수준에서 데이터 접근 권한을 설정할 수 있으며, 보안 정책을 중앙에서 관리하는 기능을 수행한다. 주로 SQL On Hadoop과 HDFS 등과 같은 데이터 저장 및 처리 시스템의 보안 관리 기능을 통하여 데이터 보호와 보안을 강화하는 측면에서 광범위적으로 사용하는 도구이다.
Cloudera Navigator	상용화 하둡 제조사인 클라우데라에서 제공하는 데이터 관리 도구이다. 네비게이터는 데이터 및 메타데이터관리 도구로서 빅데이터 시스템을 관리하고 보안을 강화하는 영역에서 사용되는 강력한 도구이다. 데이터를 관리하는 기능과 더불어 분류 및 분석 그리고 시각화의 기능까지 제공하므로 데이터의 접근성과 보안을 향상시키며 데이터의 관계 및 유용성 측변의 분석을 지원하여 향상된 플랫폼으로 진화가 가능하게 한다.

지금까지 빅데이터 시스템의 보안 측면을 알아보았다. 빅데이터 하둡 및 관련된 에코 소프트웨어 그리고 관련 데이터의 보안을 강화하여 안정적인 시스템 운영이 가능하도록 지원하는 도구로서 기본적인 데이터의 변경, 내역, 삭제 등에 대한 관리 기능을 통해 보안에 대한 위협을 탐지하고 각종 규정을 준수하도록 도와준다.

업그레이드 기술

빅데이터 시스템을 구축하고 운영할 때 나타나는 이슈 중 하나는 단위 업무의 기능 개선이나 하둡 플랫폼의 업그레이드 등과 같은 이슈이다. 이러한 일들을 효과적으로 수행하기 위해서는 세밀한 시스템 업그레이드 기술을 기획하고, 혹시 발생할 수 있는 다양한 문제들에 대한 사항 등을 도출하여 대비해야 한다.

그림 7-3 하둡 기반 시스템 업그레이드 절차 및 주요 항목

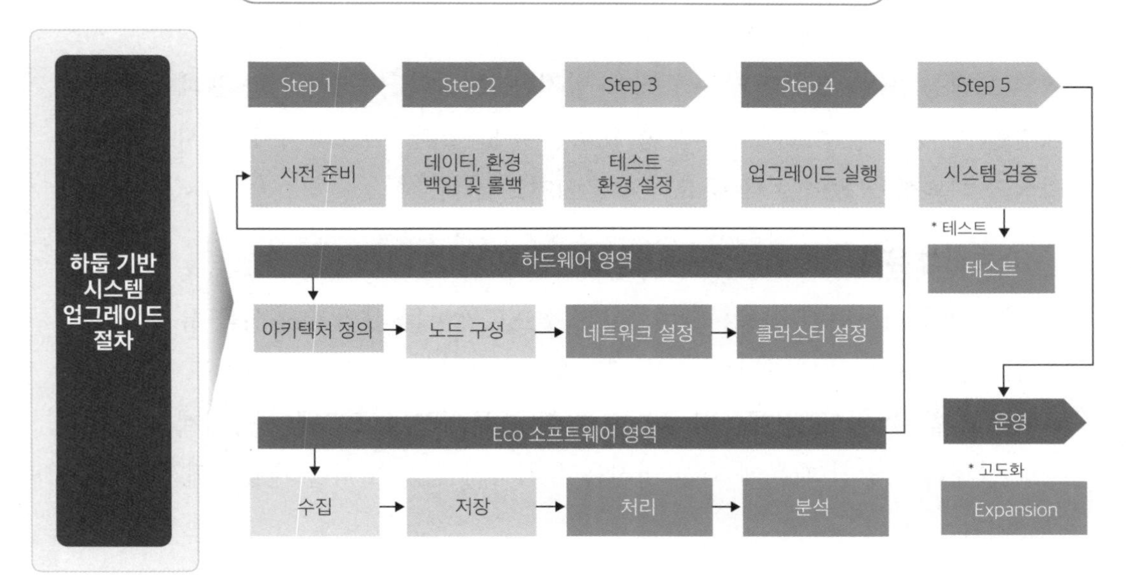

[그림 7-3]은 하둡 기반 빅데이터 시스템을 업그레이드할 때 절차를 설명한 것이다. 크게 하드웨어 중심의 인프라 스트럭처 영역과 하둡을 중심으로 에코 소프트웨어 영역으로 나누어 진행을 하게 된다. 이러한 단계를 통해 세부적인 5가지 스텝을 통해서 실질적인 운영 단계에 이르게 되는 것이다. 하둡과 관련 에코 시스템으로 구성된 다양한 빅데이터 시스템의 업그레이드는 필수적 요소로서 다음과 같은 필요성에 기인하고 있다.

1) 신기술의 적용 측면

시스템을 업그레이드한다는 것은 신기술을 적용하는 측면이 매우 강하다. 신기술이라고 하면 하둡 3.x대 버전에서 제공되는 Erasure Conding과 같은 기술과 Python에서 라이브러리 형태로 제공되는 각종 기능 및 인공지능 관련 모델 등이 있을 수 있다. 그리고 안정적으로 시스템 운영상 필요한 기능도 포함할 수 있다. 이러한 기능을 보다 효과적으로 적용하여 운영하기 위해서는 업그레이드가 필수적인 요소이다. 뿐만 아니라 보안적인 측면에서 보안을 강화하고 취약점을 해결하고 시스템을 보호하기 위한 부분도 포함될 수 있다.

2) 버그의 수정

빅데이터 시스템에 사용된 각종 도구들에서 발견된 각종 버그를 발견하여 시스템의 오작동 또는 예상치 않은 동작을 방지할 수 있다. 이러한 기능은 패치를 통해 해결할 수 있으나 업그레이드의 한 요소일 수도 있다. 버그의 수정은 시스템의 안정성과 신뢰성을 높이는 데 주요한 부분이기도 하다.

3) 호환성 유지

빅데이터 시스템에 적용된 각종 에코 소프트웨어들 간의 호환성을 유지하고 각종 컴퍼넌트들 간의 발전된 기능이 무리 없이 수행되도록 하기 위해서도 필요한 항목이라고 할 수 있다. 빅데이터 중심으로 한 오픈소스 소프트웨어 생태계는 지속적으로 발전하고 있기 때문에 최신 버전을 유지하기 위한 노력을 게을리해서는 안 될 부분이다.

4) 성능 개선 및 유지 보수

빅데이터 기반의 대용량 데이터 시스템은 많은 데이터 및 복잡한 연계를 기반으로 플랫폼이 구성된다. 따라서 여러 가지 성능적인 부분의 기능 개선을 위해서는 최적화된 안정화된 버전을 기반으로 구성하게 된다. 뿐만 아니라 안정된 시스템은 성능에 관련된 부분도 포함되는 영역이라 성능 개선을 통해 각종 시스템적 요구사항을 작업성의 효율성을 높여 시간과 비용을 절약하는 것도 포함된다. 따라서 오픈소스 기반 커뮤니티 및 일부 상용화 영역의 기술 벤더들과 주기적으로 업그레이드 및 지원이 가능하도록 하는 부분도 포함될 수 있을 것이다.

지금까지 안정적인 운영이 가능하도록 하는 업그레이드 절차를 중심으로 업그레이드에 관련된 세부 내역을 진행하여야 한다.

1 하둡의 업그레이드 기술

빅데이터의 기반이 되는 하둡은 그의 목적별 용도별로 상용화 제품 및 오픈소스 기반으로 사용되고 있다. 과거 1.x를 기반으로 한 버전에서 출발하여 3.x까지 다양한 버전이 출시되어 있다. 일반적으로 소프트웨어는 Major와 Minor 업그레이드로 구분된다. 통상적으로 Major 업그레이드는 소프트웨어의 버전의 앞자리가 1.0.0에서 2.0.0 등으로 증가한다. 소프트웨어의 기능상 주요 기능이 추가되거나 설계될 경우 구조적 변화가 발생하였음을 의미한다. 이것은 새로운 아키텍처를 기반으로 대규모의 코드 변경이 일어나는 것을 의미한다.

하둡에서는 1.x에서 2.x로 변경은 YARN이 추가됨을 의미하고 2.x에서 3.x로 버전이 증가하는 것은 Erasure Coding 기능 등을 포함한 대규모 처리 아키텍처가 변경됨을 의미한다. 이러한 버전의 변경으로 인해 기존에 사용되었던 Hive 등 SQL on Hadoop 등과 같은 에코 소프트웨어를 더 이상 사용하지 못하고 버전을 업그레이드해야 정상적인 하둡의 기능을 수행할 수 있다. 이것은 하둡 3.x를 사용하면 SQL On Hadoop과 연계하여 주요 기능을 사용을 하기 위해서는 Hive와 같은 SQL On Hadoop도 3.x 버전으로 Major 업그레이드해야 정상적인 사용이 가능하게 되는 것이다. 따라서 Major 업그레이드할 경우 기존의 개발된 애플리케이션 및 에코 소프트웨어가 호환이 되는지 연계 API 등이 문제가 없는지 등 확인해야 될 사항이 매우 많다고 할 수 있다. 즉, Major 업그레이드를 실행할 때 세부적인 계획안이 마련되어야 한다.

Minor 업그레이드는 소프트웨어 버전명이 1.1.0에서 1.1.2로 또는 1.2.0으로 변경되는 것을 의미하며 이것은 버전의 뒷자리가 증가되면 Minor 업그레이드해야 하는 것이라고 생각해도 무방하다. 흔히 Minor 업그레이드는 버그 수정, 패치 등이 포함되며 기존의 연계 소프트웨어와의 호환성의 문제가 발생되지 않으며 작은 단위의 기능 개선을 의미한다. 따라서 Minor 업그레이드는 Mojor 업그레이드 시보다 쉽게 업그레이드가 가능한 특성을 가지고 있다.

지금까지 Major와 Minor 업그레이드의 차이점에 대해 알아보았다. 이러한 차이점은 적용 기능의 변화의 정도 그리고 추가 등의 내용을 담고 있는 차이점에서 출발한다고 볼 수 있다. 이러한 두 가지의 버전별 차이점을 기반으로 Rolling 업그레이드와 In-place 업그레이드를 고려하여 하둡을 업그레이드의 사전 준비를 진행한다.

Rolling 업그레이드는 하둡 클러스트를 단계적으로 업그레이드하는 방식으로 흔히 전원을 끄지 않고 단계별로 업그레이드를 수행하여 시스템의 다운 타임을 줄이는 방식을 말한다. 다시 말하면 기존의 클러스트의 일부 노드를 단계별로, 즉 버전 단계별로 업그레이드를 수행하고 업그레이드된 노드가 기존의 노드와 함께 동작을 수행하며 업그레이드된 노드와 기존 노드가 함께 동작하여 서비스를 수행하는 것을 의미한다.

일반적으로 이러한 단계의 업그레이드는 다음과 같은 단계로 진행하게 된다. 첫째, 백업 작업을 수행하여 기존의 수행 단계에서 데이터 및 각종 셋팅값 그리고 설정환경 등을 백업하여 추후 발생할지 모르는 장애에 대비하는 단계이다. 둘째, 부분 클러스터 업그레이드 수행을 통해 기존의 일부 노드를 업그레이드한다. 이 단계를 수행하면 업그레이드된 노드에는 새로운 버전의 소프트웨어가 설치되어 기존 노드와 함께 동작을 한다. 셋째, 클러스터 재구성을 통해서 업그레이된 노드의 정상 동작 유무를 확인한다. 이때 새로 업그레이드된 노드의 경우 새로운 버전이 탑재되어 있어야 한다. 이 부분이 정상적으로 진행될 때 다음 단계를 수행할 수 있게 된다. 넷째, 전체 단계별로 진행된 업그레이드된 노드 및 시스템이 정상적으로 동작을 하는지를 확인하며 반복적으로 노드의 업그레이드를 진행한다. 다섯째, 이전 단계까지 수행이 완료되었을 때 테스트 및 검증 단계를 거쳐 전체적인 시스템 환경을 확인한다. 그리고 이러한 부분에서 예상하지 못한 부분이 생겼을 때 실행되는 롤백 계획도 세워 놓는 것이 바람직하다.

이러한 Rolling 업그레이드 방식은 기존의 Docker와 같은 컨테이너를 활용하여 업그레이드 시 사전에 동일한 구성 환경을 구축하여 적용하여 일어날 수 있는 다양한 장애에 대처하는 방식도 최신에는 많이 사용되고 있다.

다음은 In-place 업그레이드 방식이다. 기존의 하둡 클러스트를 업그레이드하는 방식으로 기존의 클러스터에 새로운 하둡 버전을 설치하고 구성 파일을 업데이트하는 방식이다. 하지만 예상치 못한 위험한 사항이 발생할 때 대처하는 것에는 한계가 있어 Major 업그레이드 방식에는 적용하지 않는 방식이다.

In-place 업그레이드 방식은 단계는 다음과 같다. 첫째, 업그레이드 시 기존의 데이터 및 환경을 백업을 통해 발생할지 모르는 문제에 사전적으로 대응한다. 둘째, 각 클러스터 노드에 새로운 버전의 소프트웨어를 설치한다. 셋째, 설치된 클러스터의 각 노드에 각각 구성 파일을 업데이트하여 구성 환경을 최적화한다. 넷째, 클러스터 환경을 다시 재시작하여 모든 서비스를 기동한다. 다섯째, 업그레이드 후 각종 기능을 수행하고 정상적으로 수행되고 있는지 확인하고 검증한다.

지금까지 Rolling와 In-place 업그레이드에 대해 알아보았다. 이러한 업그레이드 방식에는 각각 장단점이 존재하며 하둡의 클러스터 규모 그리고 기타 시스템적 특성 및 요구사항, 업그레이드 시간 등을 고려하여 계획을 수립하고 진행하는 것이 바람직하다.

2 하둡의 업그레이드에 대한 단계별 주요 사항

하둡의 업그레이드 계획 시 주요 단계는 다음과 같다. 본 장에서 하둡은 하둡만을 지칭하는 것이 아니라 하둡의 에코 소프트웨어 전체를 의미하는 것으로 시스템을 구성하는 다양한 주요 요소의 도구를 지칭하는 것을 의미한다. 따라서 이러한 시스템을 이루는 플랫폼 전체의 업그레이드 계획을 세우는 것은 매우 중요한 단계이며 단계별로 검토해야 될 부분이 있다. 그럼 계획 수립 시 단계는 다음과 같은 과정을 통해 계획 수립 절차를 설계한다.

1) 업그레이드 계획 수립

빅데이터 플랫폼의 업그레이드에 대한 목적과 범위를 정의하는 부분이라고 할 수 있다. 오픈각 소스를 기준으로 하둡의 배포 재단인 Apache 재단에서 적용하려는 하둡 및 에코 소프트웨어의 버전별 특성을 사전 점검한다. 하둡의 버전에 기반한 각각의 에코 소프트웨어의 버전별 기능 및 항목, 호환성에 대해 사전 조사하여 업그레이드 계획에 적용한다. 이 부분에는 전체적인 노드 기반의 서버 및 네트워크, 리소스에 점검도 함께 추가되어야 하며 업그레이드 시 시간은 어떻게 되는지 대한 사전 점검도 포함되어 전반적인 계획이 수립되어야 한다.

2) 업그레이드 계획서 작성

업그레이드 시 진행하려는 단계별 항목을 조사하여 계획서를 작성한다. 계획서에는 현재 시스템에 대한 사항 및 구성 소프트웨어 항목별 세부 버전 내역서, 각각 적용 소프트웨어의 테스트 및 결과서, 호환성 테이블 내역서 등을 작성한다.

3) 업그레이드 환경 구성

환경 구성 단계에서는 이전 단계인 업그레이드 계획 시 작업된 현 시스템 구성에 기반한 환경을 기반으로 실제 환경과 동일한 테스트 환경을 구성한다. 실제 운영 환경과 동일한 또는 유사한 환경을 만들어 실제 테스트하는 용도로도 활용한다. 이러한 환경설정은 업그레이드를 진행할 플랫폼 내지는 하둡 내의 core-site.xml, hdfs-site.xml 등의 환경설정을 포함한다.

그림 7-4 하둡 환경설정 중 hdfs-site.xml의 예

```
<configuration>
<property>
   <name>dfs.datanode.data.dir</name>
   <value>/data/hadoop/hdfs/datanode</value>
 </property>

  <property>
   <name>dfs.replication</name>
   <value>3</value>
 </property>

<property>
   <name>dfs.namenode.backup.address</name>
   <value>xxx.xxx.xxx.xxx:50100</value>
 </property>

 <property>
   <name>dfs.namenode.restart.timeout</name>
   <value>300</value>
 </property>

 <property>
   <name>dfs.namenode.checkpoint.period</name>
   <value>3600</value>
 </property>

 <property>
   <name>dfs.namenode.checkpoint.txns</name>
   <value>1000000</value>
 </property>

 <property>
   <name>dfs.client.block.location.enabled</name>
   <value>true</value>
 </property>
</configuration>
```

[그림 7-4]의 hdfs-site.xml에서 dfs.datanode.data.dir은 하둡 시스템 내의 데이터 노드의 데이터 디렉토리 경로를 설정하고, dfs.replication은 파일의 복제 팩터를 설정하는 것을 의미한다. 그 외에도 네임노드 백업 주소, 네임노드 재실행 시간 제한, 파일 시스템 체크포인트 주기, 클라이언트 읽기 요청 제한 등 다양한 설정이 포함될 수 있으며 이러한 환경설정은 요구사항 및 데이터 관련 정책에 기인하여 설정한다고 볼 수 있으므로 다양한 환경설정에 대한 경험이 수반된다고 할 수 있다. 따라서 실제로 사용할 hdfs-site.xml의 설정은 클러스터의 요구사항과 환경에 따라 달라질 수 있다.

4) 업그레이드 테스트

구성된 업그레이드 환경에서 실제 업그레이드를 실행한다. 소프트웨어를 업그레이드하여 클러스터별 노드가 각각 정상적으로 실행이 되고 있고 정상적인 기능이 무리 없이 실행되는지 확인한다. 업그레이드 단계 중 매우 중요한 단계이므로 예상치 못한 상황이 발생했을 때 어떻게 대비해야 하는지도 도출해내야 한다.

5) 롤백 전략 수립

앞 단계에서 무리 없이 업그레이드가 되었다고 하더라도 실제적으로 완료되어 수행될 때 발생할 수 있는 문제를 기반으로 시스템 이전 상태로 복고하는 롤백 전략을 수립한다. 롤백이란 어떠한 변경 사항을 이전 상태로 돌리는 것을 의미한다. 특정 작업을 수행할 때 문제가 발생하거나 예상치 못한 결과가 만들어졌을 때 이전의 정상적인 상태로 되돌려 시스템의 일관성을 유지하는 것을 의미한다. 빅데이터 시스템의 업그레이드를 위해 작업을 진행할 때 문제가 발생하여 이전의 정상적인 상태로 되돌리는 것은 업그레이드 차원에서는 매우 중요한 작업 중 하나일 수 있다. 이러한 세심한 롤백 전략은 다양한 방식이 존재한다. 그중 하나가 스냅샷 등의 기능을 활용할 수 있다. 스냅샷은 특정 싯점의 상태를 포착하여 기록하는 것을 의미하며, 시스템적으로 해당 싯점에서의 데이터, 환경설정, 상태 등을 저장하여 이후 복원하는 기능으로 상용화된 언터프라이즈 서브 스크립션 하둡에서 기본 기능으로 제공하고 있기도 하다.

6) 업그레이드 작업 수행

모드 업그레이드 완료되었을 때 롤링 업그레이드를 수행할 것인지, 클러스터를 중지 후 수행할 것인지에 대해서 결정한 후 적정한 방법으로 수행한다. 이때, 시스템 설계 시 적용된 아키텍처 및 관련 적용 소프트웨어 세부 명세서가 있으면 수월하게 진행이 가능하며 이전에 버전과 이후의 버전을 비교하면서 단계별로 업그레이드를 진행하면 앞의 롤백도 손쉽게 수행이 가능하다.

7) 테스트 및 검증

하드웨어 및 소프트웨어 등의 필요 업그레이드를 모두 완료한 후 모든 서비스 및 작업이 올바르게 작동하는지 확인한 후 단계이다. 이 단계에서 발생하는 예상치 못한 결과 또는 문제가 발생했을 때 세부적인 수정 작업을 진행한다.

지금까지 하둡을 중심으로 한 빅데이터 시스템의 업그레이드에 대한 단계별 계획에 대해 알아보았다. 하둡을 중심으로 한 빅데이터 시스템은 설계 단계의 요구사항정의 단계에서부터 관련된 도구 및 응용 프로그램의 개발 그리고 대용량의 비정형 데이터 등을 다루기 때문에 복잡하고 세밀한 단계를 거쳐 관련 프로젝트를 진행하게 된다.

3 하둡의 업그레이드 시 주요 환경설정 항목

빅데이터 시스템에서 하둡은 중요한 역할을 수행한다. 물론, 다양한 데이터와 서비스에 기반을 하기 때문에 시스템의 구성 요소 중 하둡이 적합하지 않을 수도 있다. 하지만 수집에서부터 저장, 처리, 분석 단계에 이르는 각 단계별 적용하여 사용하는 에코 소프트웨어를 사용하기 위해서라도 하둡을 기반한 클러스터를 사용할 것을 권장한다. 하둡의 환경설정에는 다양한 구성 파일이 존재하며 구성 파일을 통해서 환경을 설정하여 다양한 역할을 수행하게 된다. 각 구성 파일은 특정한 컴퍼넌트내지는 도구의 기능을 설정하거나 제어하기 위해 사용된다. 따라서 몇가지 하둡의 구성 파일 중 환경설정에 관련된 파일을 중심으로 설명하도록 하겠다.

1) core-site.xml

하둡의 환경설정 구성 파일 중 가장 핵심적인 설정파일이며 하둡 클러스터의 구성을 정의하는 파일이다. 주로 하둡 클라이언트와 노드 간의 통신 설정, 파일 경로, 보안과 인증 등을 포함하여 환경설정이 포함되어 있다. 중요한 구성 요소로는 fs.defaultFS, hadoop.tmp.dir, io.file.buffer.size, ipc.client.connect.max.retries 등이 있다. 이러한 구성을 통하여 다음과 같은 구성의 환경설정이 가능해진다. 다시 말해 하둡 클러스터의 기본 파일 시스템을 지정, 임시 파일 및 경로 지정, 파일 시스템의 I/O 버퍼 사이즈 설정 등을 할 수 있다.

다음 [그림7-5]는 core-site.xml의 환경설정에 대한 예를 나타낸 것이다. fs.defaultFS 속성을 사용하여 HDFS 네임노드의 주소를 환경을 설정하였다. hadoop.tmp.dir 속성은 하둡의 임시 디렉토리 경로를 나타낸다. 일반적으로는 /tmp/hadoop과 같은 경로를 사용하기도 한다.

그림 7-5 하둡 환경설정 중 core-site.xml의 예

```
<configuration>
<property>
  <name>fs.defaultFS</name>
  <value>hdfs://localhost:9000</value>
 </property>

<property>
  <name>hadoop.tmp.dir</name>
  <value>/tmp/hadoop</value>
 </property>


 <property>
  <name>hadoop.security.authentication</name>
  <value>kerberos</value>
 </property>

 <property>
  <name>hadoop.proxyuser.yarn.hosts</name>
  <value>*</value>
 </property>
```

또한 hadoop.security.authentication 속성은 Hadoop의 보안 인증 방식을 설정하는 부분이다. 실제로 사용할 core-site.xml의 설정은 클러스터의 요구사항과 환경에 따라 각각 달라질 수 있으며 요구사항이나 시스템 구성상 필요한 추가 설정 등이 있을 수 있다.

2) hdfs-site.xml

하둡 클러스트 내에 HDFS의 구성을 정의하는 구성 환경을 정의를 설정하는 부분으로 HDFS의 동작과 관련된 설정을 포함한다. 이것은 하둡의 일반적인 교과서적인 기능 복제, 블록사이즈 설정 등을 포함하고 있어서 저장, 공간설정 등도 포함되어 있다. 구성 요소는 dfs.replication, dfs.blocksize, dfs.datanode.data.dir 등이 있으며, 이러한 구성을 통해 복제 개수의 설정, 블록 사이즈의 설정, 데이터 및 네임 노드의 로그 디렉토리 설정 등이 포함된다.

그림 7-6 하둡 환경설정 중 hdfs-site.xml의 예

```
<configuration>
 <property>
  <name>dfs.replication</name>
  <value>3</value>
 </property>

 <property>
  <name>dfs.blocksize</name>
  <value>134217728</value>
 </property>

 <property>
  <name>dfs.datanode.data.dir</name>
  <value>/data/hadoop/hdfs/datanode</value>
 </property>

 <property>
  <name>dfs.namenode.name.dir</name>
  <value>/data/hadoop/hdfs/namenode</value>
 </property>
</configuration>
```

[그림 7-6]은 하둡의 설정에 관련된 기본적인 예를 나타낸 것이다. dfs.replication을 통해 3벌 복제를 정의하였고 dfs.blocksize는 134,217,728 byte라고 정의한 것은 블록사이즈를 128Mb로 설정한 것이다. 그리고 dfs.datanode.data.dir과 dfs.namenode.name.dir은 데이터 노드 및 네임 노드의 로그 디렉토리를 경로를 설정한 환경 구성이다. dfs.datanode.data.dir에서 설정은 실제 데이터를 저장하는 역할을 수행하는 것을 나타낸다. 따라서 데이터 저장을 위한 디스크 공간을 의미한다. Hdfs-site.xml 파일은 하둡의 HDFS의 동작에 관련된 부분을 포함하기 때문에 적용 빅데이터 시스템의 구성 및 사용 목적에 따라 구성이 달라질 수 있다.

3) mapred-site.xml

빅데이터 시스템에서 하둡은 분산과 병렬처리를 기반으로 하고 있다. 따라서 mapreduce는 하둡에서 대용량 분산처리 프레임워크라고도 한다. Mapred-site.xml 파일은 Mapreduce 작업을 구성하기 위한 환경설정파일이다. 따라서 Mapreduce 작업 관련 설정에 대한 일반적인 구성을 포함하고 있으며 이와 관련된 작업 설정도 포함하고 있다. 구성 요소는 Mapreduce.jobtracker.address, mapreduce.jobhistory.address, mapreduce.jobhistory.webapp.address, mapreduce.map.maxattempts 등이 있으며 이러한 구성을 통해 다음과 같은 기능을 수행한다. 맵리듀스의 작업을 관리하고 클러스트의 리소스를 조정하는 역할을 수행하는 Job Tracker의 경로를 설정하는 기능, 맵리듀스 작업의 실행 이력과 상태에 정보를 제공하는 기능, 맵리듀스의 작업 이력 및 통계를 확인하는 설정 등이 포함된다.

그림 7-7 하둡 환경설정 중 mapred-site.xml의 예

```
<configuration>

  <property>
    <name>mapreduce.jobtracker.address</name>
    <value>localhost:54311</value>
  </property>

  <property>
    <name>mapreduce.jobhistory.address</name>
    <value>localhost:10020</value>
  </property>

  <property>
    <name>mapreduce.jobhistory.webapp.address</name>
    <value>localhost:19888</value>
  </property>

  <property>
    <name>mapreduce.map.maxattempts</name>
    <value>4</value>
  </property>
</configuration>
```

[그림 7-7]에서 mapreduce.jobtracker.address는 Job Tracker의 경로를 설정하는 것이며 mapreduce.jobhistory.address 속성은 잡 히스토리 서버의 경로를 설정한 것이다. 잡 히스토리 서버는 맵리듀스 작업의 실행 및 상태에 각종 정보를 제공하는 역할을 한다. Mapreduce.jobhistory.webapp.address는 잡 히스토리 서버의 웹 인터페이스 주소를 설정하는 환경을 정의하는 것이다. 이러한 경로를 통해 저장된 로그를 통해서 작업 이력 및 제공되는 통계정보를 확인할 수 있게 된다. 환경 구성을 빅데이터의 목적 및 이용환경에 따라 각각 구성을 달리 적용하게 되므로 구성의 환경을 각각 다르다고 할 수 있다.

4) yarn-site.xml

하둡 2.x 버전에서 추가된 가장 핵심적인 기능이 YARN이다. YARN은 Yet Anther Resource Negotiator의 약자로서 하둡 클러스터의 리소스 관리 및 작업 스케줄링을 담당하는 핵심 컴포넌트이다. 하둡 1.x 버전에서 하둡 2.x 버전으로 Major Update가 이루어지면서 리소스에 대한 관리 기능이 추가되어 하둡이 본격적으로 빅데이터 시스템의 핵심 도구로 활용되게 되는 역할을 하게 되었다. 따라서 yarn-site.xml 파일은 YARN 클러서터의 동작 방식을 제어하고 환경을 구성하는 데 사용되는 환경설정파일이다. 환경설정파일에 사용되는 구성은 yarn.resourcemanager.address, yarn.resourcemanager.scheduler.class, yarn.nodemanager.resource.mamory-mb 등으로 구성된다.

이러한 구성을 통해서 리소스 매니저의 경로의 설정 및 클러스터 리소스 할당 및 작업 스케줄링을 관리하는 기능과 함께 리소스 매니저의 스케줄러 설정을 통한 리소스의 할당 및 결정을 설정하게 된다. 뿐만 아니라 노드 매니저의 사용 가능한 메모리 용량 등을 설정하게 된다. 이러한 기능을 통해 클러스터의 성능 및 효율적인 운영을 가능하게 한다.

그림 7-8 하둡 환경설정 중 yarn-site.xml의 예

```
<configuration>
  <property>
  <name>yarn.resourcemanager.address</name>
  <value>localhost:8032</value>
 </property>

 <property>
  <name>yarn.resourcemanager.scheduler.class</name>
  <value>org.apache.hadoop.yarn.server.resourcemanager.scheduler.capacity.CapacityScheduler</value>
 </property>

 <property>
  <name>yarn.nodemanager.resource.memory-mb</name>
  <value>8192</value>
 </property>

 <property>
  <name>yarn.nodemanager.resource.cpu-vcores</name>
  <value>4</value>
 </property>
</configuration>
```

[그림 7-8]은 yarn-site.xml의 환경 구성에 대한 예를 나타낸 것으로 yarn.resourcemanager.address를 통해서 리소스 매니저의 경로를 설정한다. 이것은 리소스 매니저를 통하여 클러스트의 리소스 할당 및 작업 스케줄링을 관리하는 역할을 한다. 뿐만 아니라 클러스터 리소스의 할당하는 yarn.resourcemanager.scheduler.class와 함께 yarn.nodemanager.resource.memory-mb를 환경설정을 통해 노드 매니저의 사용 가능한 메모리 용량 등을 설정한다. 환경 구성에 사용하는 메모리는 모두 Byte를 기준으로 하고 있기 때문에 환경설정 시 사용되는 메모리의 구성을 모두 byte로 환산하여 설정에 적용해야 한다.

지금까지 하둡의 환경 구성 설정에 대해서 알아보았다. 환경 구성은 향후 적용될 빅데이터 시스템에서 하둡의 성능 등에 많은 영향을 미치기 때문에 세심한 환경 구성상의 설정이 필요하다고 할 수 있다. 이러한 구성 환경을 통해 빅데이터 시스템에서 하둡은 다양한 데이터를 효과적으로 분석하고 활용하기 위한 기반 구조의 역할을 수행하게 된다. 뿐만 아니라 이를 효율적으로 수행하기 위해서 아파치 재단에서 제공하는 하둡 호환성 점검 툴이 있기도 하다.

그림 7-9 아파치 재단의 하둡 호환성 점검 툴

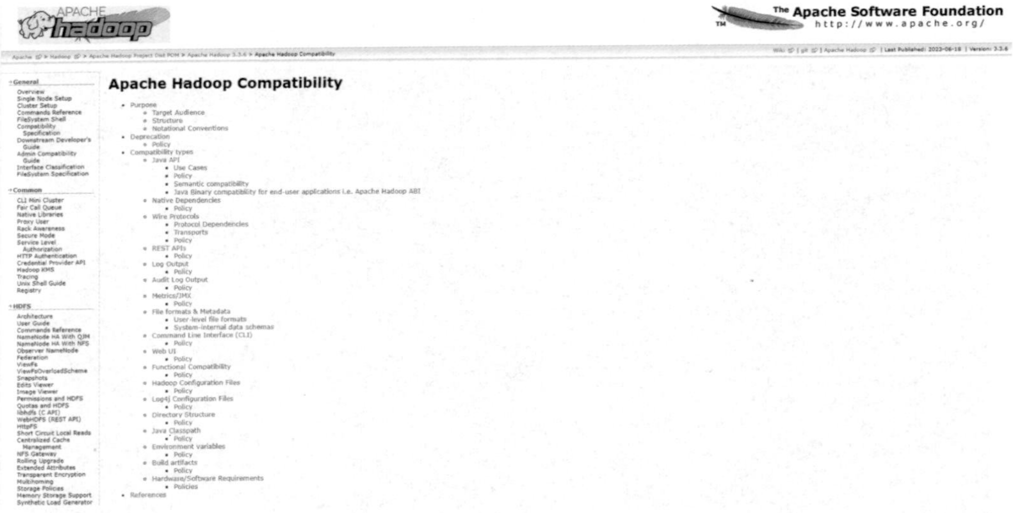

출처: hadoop.apache.org

업그레이드를 효율적으로 진행하기 위해 아파치 하둡 호환성 도구를 사용하여 업그레이드 전에 맵리듀스 및 YARN과 같은 주요 구성 요소에 대한 호환성을 점검하면 많은 도움이 될 수도 있다. 뿐만 아니라 클라우데라 같은 기업 하둡 벤더에서 제공하는 Cloudera Upgrade Wizard 같은 클라우데라의 버전을 용이하게 업그레이드를 가능하게 해주는 제품 또한 있다. 하지만 이러한 도구들은 업그레이드에 필요한 일부 기능을 자동화해주는 데 초점이 맞춰져 있으므로 업그레이드 구성 및 상황에 따라 다를 수 있다.

4 운영상의 주요 요소

빅데이터 시스템의 운영은 기존의 정보계의 운영과는 기술 요소에서 많은 고려 사항을 수반하고 있다. 기존의 정보계인 데이터웨어하우스에서는 시스템 구축에 있어 수집, 저장, 처리, 분석 단계는 획일적으로 구성이 가능하지만 이를 이루는 기술 요소에서는 많은 차이점이 존재한다. 뿐만 아니라 기존의 정보계는 시스템 구축 시부터 운영까지 모든 부분을 제조사 중심의 벤더 의존성 있다면 빅데이터 시스템은 오픈소스 중심으로 구성되어 있어 구축 시부터 운영 시까지 모든 부분을 시스템 사용 오너 중심으로 되어 있는 큰 차이점이 있다. 따라서 사용하는 오너의 기술적 역량 및 경험에 의존하기 때문에 많은 시행착오를 거치게 된다.

그러면 빅데이터의 효율적인 운영을 위한 주요 요소에 대해 알아보겠다. 하둡 클러스터는 많은 노드를 기반으로 클러스터 구성되어 있다. 각 노드의 해당 역할별 기능에 대한 리소스의 세밀한 구성이 필요하다. 다양한 인터페이스 및 연계를 기반으로 데이터가 수집되고 저장되어 처리되기 때문에 메모리, CPU 등을 하드웨어 자원에 대한 할당이 중요하다. 뿐만 아니라 리소스 전반에 사용되는 도구들 간의 충돌 및 비효율적인 운영을 방지해야 되며 클러스터 전반에 걸친 리소스의 사용에 대한 정책에서도 세밀한 가이드가 제공되어야 한다.

하나의 분석과제 또는 서비스를 실행하기 위해 시스템 전반의 리소스를 과도하게 사용하게 되면 전체 시스템에 문제가 발생하게 되어 다른 작업도 처리가 불가능하게 되기 때문이다. 예를 들어, 분석 서비스를 수행하는 도구들 간의 비효율적인 리소스 운영을 방지하기 위해서 각 도구별로 로드 발렌싱을 필요로 할 수도 있고 처리를 위한 기능에 적합한 NoSQL 및 데이터베이스를 선정·활용할 수도 있을 것이다. 또한 쉬운 분석 구현을 위해서 과도하게 Hive와 같은 SQL-On-Hadoop을 사용하게 되면 개발할 때는 시간과 리소스를 절약하게 되지만 결과적으로 Hive에 전적으로 의존하게 되면 전체적인 시스템 성능에 문제를 야기하기도 한다. 따라서 리소스 측면에서 클러스터 관리에 대한 효율적인 운영은 빅데이터 시스템에서 가장 중요한 항목일 수 있다.

뿐만 아니라 추후 데이터의 증가분 그리고 서비스의 확장에 따른 확장 및 용량 계획을 산정하여 체계적으로 클러스터를 증설해야 한다. 이러한 부분은 SWAP Space, 가용 공간, 데이터의 증분 등에 기반한 노드 및 하둡의 정교한 모니터링도 필요한 항목이라고 할 수 있다. 따라서 원천 데이터를 기반으로 한 메모리 용량 운영 측면에서의 SWAP SPACE 등을 고려한 시스템 용량 설계를 위한 기술적 내용은 PART 04의 하둡 영역에서 자세히 설명해 두었다.

그 외에도 효율적인 운영을 위해서는 주기적인 데이터 생애 관리에 기반한 데이터 백업 계획 및 운영, 저장된 데이터에 포함된 민감한 개인정보 및 중요 데이터의 보안 대책, 접근과 그와 관련된 통제 관리, 기술의 진보에 따른 기능 개선 및 버전 업그레이드 등도 효율적인 운영 항목에 포함되어야 할 것이다.

5 하둡 기반 시스템에서 용량 산정

하둡 기반의 빅데이터 시스템을 구축할 경우 가장 중요한 것이 용량을 산정하는 것이다. 용량을 산정한다는 것은 기반 시스템 중 하드웨어의 구성을 어떻게 할지를 결정하게 되는 요소로 다양한 요소를 고려해야 할 것이다. [표 7-7]은 하둡 기반 시스템을 구성할 때 용량을 산정하는 구성 예시를 표로 나타낸 것이다. 기존 원천 데이터가 100GB 정도의 용량을 가지고 있다고 가정할 때 우리는 고려해야 될 항목이 다음과 같은 것이 있을 것이다.

첫째, 복제 개수(Replication)을 정의하는 것이다. 하둡에서는 통상적으로 데이터의 유실 등 운영의 안정성을 고려하여 3벌을 복제하는 것을 권장한다. 이때, RAID 등과 같은 기술 및 가상화, 외장스토리지 풀(Pool)은 적용하지 않는 것을 전제로 했음을 가정하였다.

둘째, 스왑 공간(SWAP Space)에 대해 고려해야 한다. 스왑 스페이스는 흔히, 디스크에 페이지들을 정할 수 있는 일정공간을 의미하며 활용하는 차원의 스왑 공간(SWAP Space)은 활용 용도에 따라 다양한 방식이 존재하므로 효율적인 비율을 정해야 한다.

셋째, 데이터의 증가율을 산정해야 한다. 데이터의 증가율은 통상적으로 연 단위를 지칭하며 일, 월, 분기 등의 세부 데이터 증가율을 적용하여 최종 데이터 증가율을 산정한다. 따라서 데이터의 증분은 전체적인 시스템 클러스터를 구성할 때 내부 스토리지 풀의 적정량을 산출하는 데 있어 매우 중요한 항목이라고 할 수 있다.

넷째, 예비율 및 압축률과 같은 산정 또한 매우 중요한 부분이라고 할 수 있다. 이러한 기반 지식을 통해서 통상적으로 아래과 같은 산정 공식을 통하여 전체 시스템 스케일을 정하게 된다.

[표 7-7]은 원천 데이터를 100G라고 가정했을 때 다양한 시스템 운영 정책에 따라 산정하는 방식을 예로 구성한 것이다.

| 표 7-7 | 하둡 기반시스템에서 용량 산정 항목 예시

산정요소	상황	사이즈 및 수량	산정방식
기존 비정형 데이터	100GB	100	
복제 개수	3개(Erasure Code 제외)	3	A=(기존 비정형 데이터×복제 개수)
연 데이터 증가율	5년에 5% 기준	0.25	B=(A(1+연 데이터 증가율(1+년×%))
Swap Space (Mapreduce data)	30%	0.3	C=(B+(B×Swap Space))
예비율(Non HDFS)	30%	0.3	D=(C×(1+예비율))
압축률	None	1	E=(D/압축률)
Node당 디스크 수량	Server	8	F=((E/Name(Data) Node 수량)/ Storage Bay 수량)
	Storage Bay	8	

이러한 용량 산정 기준에는 그외에도 다양한 요소들이 있으며, 세부 내역은 동시 사용자 수, 사용자 업무 수 및 평균 트랜젝션, 시스템 운영 시 피크타임 및 그의 부하율, 애플리케이션 구조 및 응답 시간, 배치 및 실시간 처리 대역폭 등이 있을 수 있다. 시스템의 용량을 산정하는 부분은 전체 시스템의 운영 및 유지 관리 측면에서 매우 중요한 부분이라 다양한 업무적 경험이 많은 엔지니어와 함께 고려하는 것이 타당하다고 할 수 있다.

PART 08

데이터 융합 기술

OVERVIEW

학습 목표

다양한 데이터를 융합하여 완성되는 빅데이터는 기반 기술이 데이터 처리와 하드웨어적인 기술의 발전을 들 수 있다. 따라서 OLAP과 OLTP를 이해하고 시스템 관점에서의 SMP, MPP에 대한 기술적 접근을 통해서 융합적인 시스템을 이해하고 구현한다.

학습 항목

- 빅데이터 시스템 및 플랫폼의 기반 구조의 이해
- 데이터 융합 기반 시스템 구조
- 인프라 스트럭처의 적용 기술
- 가상화 기술의 활용

키워드

빅데이터 시스템 기반 구조, HCI, 컨테이너, 오케스트레이션

기술분류

OLAP, OLTP, HCI, 오케스트레이션 기술

OLTP와 OLAP

오늘날 대부분의 기업에서는 업무 특성에 기반한 많은 빅데이터가 생성되고 있다. 특히, 이러한 데이터는 디지털 기술과 데이터베이스 기술이 발달하면서 거래활동의 정확성과 신속성을 보장하고 네트워크의 발달로 시간과 장소의 제약을 받지 않는 거래의 발생은 소비자에게 많은 편리함을 제공함과 동시에 기업에게는 대량 거래에 따른 데이터의 관리라는 중요한 기능이 생기게 되었다. 기업은 이러한 데이터로부터 고객에게 거래에 따른 결과나 매매 정보 등을 제공할 뿐 아니라 기업의 경영 상태를 확인할 수 있는 매출 및 원가 정보를 비롯한 회계정보 등을 편리하게 관리할 수 있게 되었다. 뿐만 아니라 다양한 데이터를 통하여 시장을 분석하고 소비자의 트렌드를 파악하거나 미래의 의사결정에 대해 지원을 받을 수 있게 되었다. 이처럼 현대 기업 경영에서 데이터의 관리는 기업 경쟁력을 높이기 위하여 더욱 부각되고 있다.

기업이 데이터를 다루는 방법은 크게 나누면 OLTP(On-Line Transaction Processing)와 OLAP(On-Line Analytical Processing)으로 구분될 수 있다. OLTP는 이름에서 알 수 있듯이 트랜잭션을 관리하는 기술이다. 한마디로 기업 활동과 직접적으로 관련되어 발생하는 모든 트랜잭션 내역을 저장하고 집계해서 관리하는 기술이다. 이러한 데이터의 종류에는 금융 기관과의 거래나 쇼핑몰이나 백화점에서의 상품 구입 등 기업 활동과 직접적으로 관련된 모든 활동이 포함된다. 또한 고객의 신규 가입이나 고객 정보 등도 해당된다. 이에 반해 OLAP은 데이터의 분석에 초점을 맞춘 기술이라고 할 수 있다. 직접적 거래에서 발생한 데이터를 분석이 용이하게 가공하여 기업의 의사결정을 지원할 수 있도록 하는 기술이다.

이러한 분석 기술을 바탕으로 기업은 미래 기업 활동의 전략을 수립하고 고객을 분석하여 마케팅 프로모션을 계획하며 새로운 사업의 전략을 세우는 데 활용하고 있다. 이러한 분석 기술은 기업 활동이 복잡해지고 다양해지면서 필요성이 높아지고 있는 중이다.

OLTP와 OLAP은 둘 다 데이터를 다루기 때문에 특정 데이터베이스 시스템을 활용한다는 점에서 비슷하다고 할 수 있지만 그 용도에 있어서 확실한 차이가 있기 때문에 데이터베이스 구축 측면에서도 많이 다르다고 할 수 있다. 우선 OLTP는 발생하는 트랜잭션을 저장하고 관리하기 때문에 매우 빠른 속도가 필요하며 트랜잭션의 특성상 트랜잭션의 모든 단계에서 오류가 발생하면 저장을 되돌려서 데이터의 무결성이 유지되는 것이 중요하다. 특히 실시간 거래의 응답이 매우 중요하므로 조회 속도가 매우 빨라야 한다. 이러한 특성으로 기업에서는 주로 관계형 데이터베이스 기반의 테이블 구조로 많이 구축하는 편이다.

이에 반해 OLAP은 분석이 주된 목적으로 쓰기(Write) 기능보다는 조회(Read) 기능에 더 초점을 맞춘다. 직접적인 트랜잭션과 관련된 데이터의 조회는 OLTP에서 가능하므로 OLAP의 데이터는 OLTP에서 저장된 대용량 데이터를 1차 가공하여 단순 테이블 구조보다는 다차원의 큐브 형태로 저장하며 필요에 따라 데이터 마트 또는 데이터웨어하우스 형태로 구축된다. 다양한 측면에서 분석할 수 있도록 설계하고 저장하여 분석이 용이하도록 할 뿐 아니라 직관적으로 판단할 수 있는 정형/비정형의 레포트 기능과 시각화로 표현될 수 있는 각종 기능들이 함께 제공된다.

[표 8-1]은 OLTP와 OLAP의 차이점에 대하여 간단하게 정리한 것이다.

| 표 8-1 | OLTP와 OLAP의 비교

기준	OLTP	OLAP
목적	실시간 트랜잭션을 관리하고 처리	데이터를 분석하여 의사결정 지원
데이터 쿼리	빈번한 수정과 쓰기 발생	주로 읽기 조회
데이터 소스	단일 소스, 실시간 트랜잭션 데이터	여러 소스의 기록 및 집계 데이터
데이터 구조	일차원 관계형 데이터베이스	다차원 관계형 데이터베이스
데이터 모델	정규화되거나 비정규화된 모델	별, 눈송이 등 다양한 스키마
데이터 볼륨	OLAP 대비 소용량 스토리지	비교적 대용량 스토리지
응답 시간	밀리초	수 초~수 분

OLTP와 OLAP은 기업 활동에서 모두 갖추어 있는 것이 일반적이다. 기업 활동의 특징이나 규모에 따라 어느 한 부분이 더 크게 적용되기도 하지만 기업의 경영 활동에서는 두 기술 모두 필요하며 적절한 수준에서 상호작용할 수 있도록 시스템을 갖춰 놓아야 한다.

1 OLTP의 개요

1) OLTP의 특징

OLTP는 기업활동에서 직접적으로 발생하는 트랜잭션 데이터를 다룬다. 일반적으로 트랜잭션이라는 것은 여러 단계를 거쳐서 발생된다. 은행의 인터넷 뱅킹을 예로 들면 모바일 화면에서 송금 버튼을 누르면 이것이 인터넷 뱅킹 애플리케이션 서버로 올라가고 그다음은 WAS를 거쳐 최종적으로 계정계 DB에 저장될 것이다. 이렇듯 트랜잭션은 여러 단계를 거치게 되는데 만약에 어느 한 단계에서 문제가 발생하면 다른 단계의 트랜잭션은 취소되어야 한다. 즉, 모든 단계의 트랜잭션은 상호 연결되어 최종적으로 안정적 거래가 발생했음이 확인되고 보장되는 경우 저장된다고 할 수 있다. 트랜젝션 데이터의 이러한 특징은 트랜잭션을 다루는 OLTP에 그대로 적용되어야 한다. [그림 8-1]은 OLTP에 요구되는 특징을 나타내고 있다.

그림 8-1 OLTP의 데이터 처리 특징

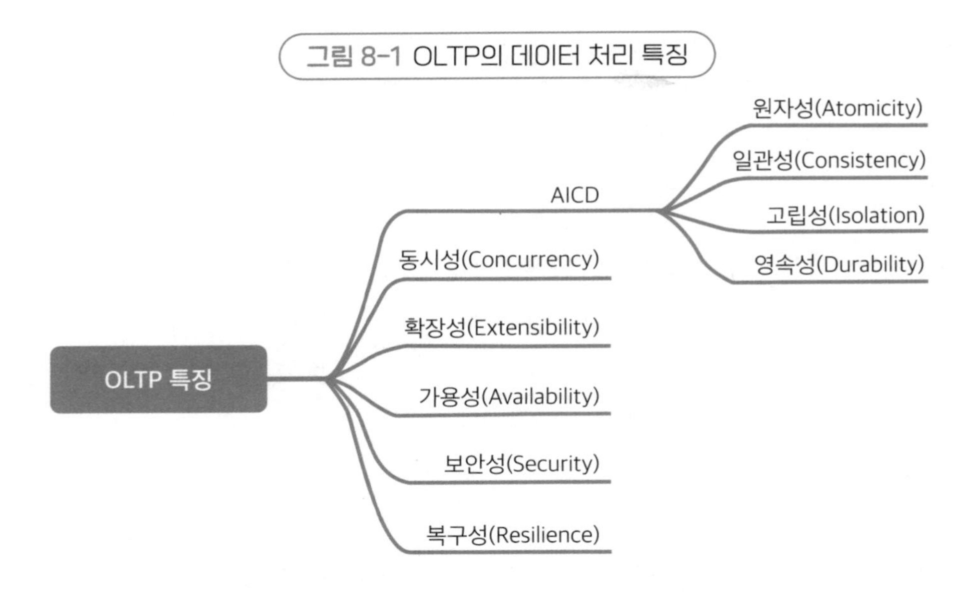

첫 번째 OLTP 특징은 ACID를 지켜야 한다는 것이다. ACID는 원자성(Atomicity), 일관성(Consistency), 고립성(Isolation), 지속성(Durability)의 첫 글자를 따서 트랜잭션의 특징과 이에 따른 OLTP에게 요구되는 기능을 의미한다. 트랜잭션은 앞에서 언급하였듯이 단일 프로그램이 여러 단계를 거쳐 실행되기 때문에 모든 단계의 실행이 정상적으로 수행되었을 때 트랜잭션이 정상 처리되고 기록되어야 한다. 어느 한 단계에서라도 오류(Fault)가 발생하면 전체 트랜잭션은 중단되고 모든 단계의 처리가 삭제되고 원상 복구되어야 한다. 이러한 OLTP 내에서 트랜잭션의 완전성을 보장하는 특징이 ACID라 할 수 있다.

원자성은 트랜잭션이 거쳐 가는 모든 단계가 단일 실행단으로서 성공적으로 완료됨을 보장하는 것이다. 트랜잭션 사이의 어느 한 단계가 실패하는 경우 나머지 모든 단계 역시 실패로 처리되어 이전 상황으로 복원되어야 한다는 의미이다. 한마디로 트랜잭션과 관련된 모든 작업들이 정상적으로 수행되었는지, 아니면 부분 실행 없이 어느 하나라도 실패하면 모두 실행이 안 되는 것으로 처리하여 완전한 트랜잭션의 성공을 보장하는 것이다.

일관성이란 트랜잭션이 성공적으로 실행되면 데이터베이스가 일관성 있게 유지되는 것이다. 즉, 이미 일관성을 유지하고 있는 데이터베이스에 새로운 트랜잭션이 발생해서 갱신되거나 삽입되었다고 하더라도 이러한 일관성은 유지되어야 한다는 의미이다. 이것을 데이터베이스 용어로 데이터베이스 무결성이라고 하며, 이를 위반하는 트랜잭션은 처리가 중단되어야 한다.

고립성은 트랜잭션이 수행되고 있는데 다른 트랜잭션이 끼어들지 못하도록 보장하는 것을 의미한다. 마치 하나의 트랜잭션은 다른 트랜잭션의 개입 없이 단독으로 실행되는 것처럼 보이며 실행되고 있는 트랜잭션 이외의 어떤 트랜잭션도 연산중인 데이터를 볼 수 없는 것이다.

이러한 것을 데이터베이스 용어로 직렬화라고 부르며 테이블을 잠그는(Lock) 형태로 구현된다. 영속성은 지속성이라고도 하며 성공한 트랜잭션이 시스템에 쓰기 직전에 장애가 발생할 경우 이미 커밋(commit)을 통하여 트랜잭션 성공에 대한 응답을 받았으면 그 커밋에 대한 행위는 보장되어야 한다는 의미이다. 한마디로 커밋 수행 후 트랜잭션의 쓰기가 실패한다 해도 트랜잭션의 결과가 손실되지 말아야 한다는 것이다. 이것은 데이터베이스 기술의 일종으로 로그(Log) 형태로 데이터베이스의 테이블 갱신 작업에 대한 기록을 남기는데 커밋 후 디스크에 반영(Flush)되기 전에 장애가 발생한다면 로그를 통해 미처 반영되지 못한 커밋된 트랜잭션을 반영할 수 있다.

두 번째 OLTP 특성은 동시성(Concurrency)이다. 동일한 데이터에 동시에 연산하려는 수많은 트랜잭션들을 무결성을 유지하면서 처리할 수 있게 수용하여야 한다는 의미이다. 한마디로 동시에 두 사용자가 하나의 데이터에 접근했다면 한 사용자에게는 잠금(Locl)을 걸어 접근 못하게 하고 다른 사용자가 처리를 완료한 후 데이터를 변경할 수 있게 하여야 한다. 이러한 것을 동시성 제어라고 하며, 대규모 온라인 트랜잭션을 안정적으로 유지할 수 있게 하여 급속한 성장이 되도록 한 기술이다. 예를 들어, 은행의 수많은 고객이 동시에 접속하여 거래가 가능한 이유는 이러한 동시성 제어가 가능했기 때문이라고 할 수 있다.

세 번째 OLTP의 특징은 확장성이 보장되어야 한다는 것이다. 대규모 사용자가 동시에 트랜잭션을 발생시킬 가능성에 대비하여 신속한 시스템의 확장과 축소가 가능해야 한다는 의미이다. 과거에는 미래에 발생할 증가량에 대비하여 미리 용량을 산정하고 구축하였으나 최근에는 실시간으로 확장하는 기술이 발달하여 트랜잭션의 변화에 따라 용량 조정이 가능하게 되었다. 그렇게 하기 위해서는 인프라의 자동화 기술도 필요하지만 OLTP를 구축하고 있는 데이터베이스가 확장성이 용이하도록 설계되어 있어야 한다.

네 번째 OLTP의 특징은 가용성 측면이다. 가용성은 언제 어디서나 트랜잭션을 처리할 수 있는 기능을 말한다. 기업의 트랜잭션 발생은 24*365로 언제나 발생할 수 있고 글로벌화되어 있는 시장에서 공간적 제약을 받지도 않아야 한다. 이러한 트랜잭션이 장애가 나서 동작을 못할 경우 기업 매출에 치명적인 손실을 가져올 뿐 아니라 기업이 쌓아 놓은 신뢰도와 평판에 많은 문제를 야기하게 된다. 따라서 온라인 트랜잭션을 다루는 OLTP는 가용성 확보를 위하여 이중화, 재난복구센터(Disaster Recovery) 등을 구축하여 대비한다. 또한 이러한 가용성 확보는 단지 트랜잭션 처리에만 머무는 것이 아니라 높은 처리량과 더불어 신속한 응답을 제공하여야 한다. 일반적으로 OLTP에서 요구되는 응답속도는 밀리초 단위로 유지할 것을 요구한다.

다섯 번째는 보안성으로 데이터의 침해나 유출에 대응하는 기술이다. 트랜잭션 데이터는 직접적 거래에서 발생하기 때문에 중요한 정보가 많으며 개인정보 등 민감정보도 많이 있다. OLTP는 외부 침입이나 공격에 대비하여 저장된 데이터를 보호해야 하는 기능이 필수적이다. 주요 테이블 정보를 암호화하거나 권한관리를 통하여 접근을 통제하기도 하며 주요 민감정보는 데이터 비식별 처리를 통해 변경시키기도 한다.

마지막으로 복구성이다. 가용성이 확보된 시스템이라고 할지라도 시스템이 모두 정지되어 거래가 중단될 수 있는 상황은 발생할 수 있다. 실제로 이러한 장애가 발생한 경우 신속한 복구가 이루어져 시스템 중단 시간을 최소화하여야 할 것이다. 그렇게 하기 위해서는 복구성이 뛰어난 시스템을 갖추어야 하며 복구에 대한 체계적인 프로세스와 시스템 복구 방법을 갖추어야 하고 정기적인 훈련을 통해 숙련된 복구가 가능해야 할 것이다.

2) OLTP의 구조

OLTP 시스템의 구조는 비교적 간단한 편이며 통상적으로 3티어(Tier) 구조로 구성된다. [그림 8-2]는 OLTP의 간단한 시스템 구조를 나타내고 있다.

그림 8-2 OLTP의 구조

우선 사용자가 접속할 수 있는 Client Tier로 Presentation 기능을 보여준다. 여기서는 일반적으로 사용자가 상호작용하는 인터페이스를 제공하게 되는데 웹 애플리케이션이나 모바일 앱 등의 형태로 구현된다. Logic Tier는 Application Server로 구성되어 있으며 사용자의 요청을 처리하고 비즈니스 로직을 실행한다. 사용자의 요청을 OLTP 데이터베이스로 연동하여 값을 갖고 오거나 처리하며, 이에 대한 결과를 Client로 보내는 기능을 한다. 마지막 OLTP Database는 데이터베이스 Tier로 온라인 트랜잭션에서 발생된 결과를 처리하고 저장하는 데이터베이스이다. 이러한 3계층 구조는 비교적 간단한 구조인데, 이는 OLTP 트랜잭션 처리 자체가 매우 신속하게 처리되어야 하므로 구성 아키텍처도 직관적이며 복잡하지 않고 간단하게 구성되어 최대 성능을 확보하기 위함이다.

2 OLAP의 개요

1) OLAP의 특징

OLTP가 트랜잭션의 직접적인 처리에 목적이 있다면 OLAP은 대량의 데이터를 분석하여 정보를 활용하는 데 목적이 있다. 그렇기 때문에 OLAP은 OLTP에 비하여 보다 복잡한 기능과 대용량의 저장장치를 요구하는 경향이 있다. OLAP은 사용자가 직접 데이터베이스에 접속하여 대화식으로 정보를 분석하고 활용하는 도구이다. 그렇기 하기 위해서는 단순히 저장된 데이터가 아니라 다차원으로 구성하여 분석이 용이한 형태로 가공된 데이터를 구축하여야 한다. 이러한 가공된 데이터를 데이터웨어하우스(Data Ware House)라고 하며 OLAP을 적용하기 위해서는 반드시 필요한 요소이다. [그림 8-3]은 OLAP의 간단한 구성을 보여주고 있다.

그림 8-3 OLAP의 구성도

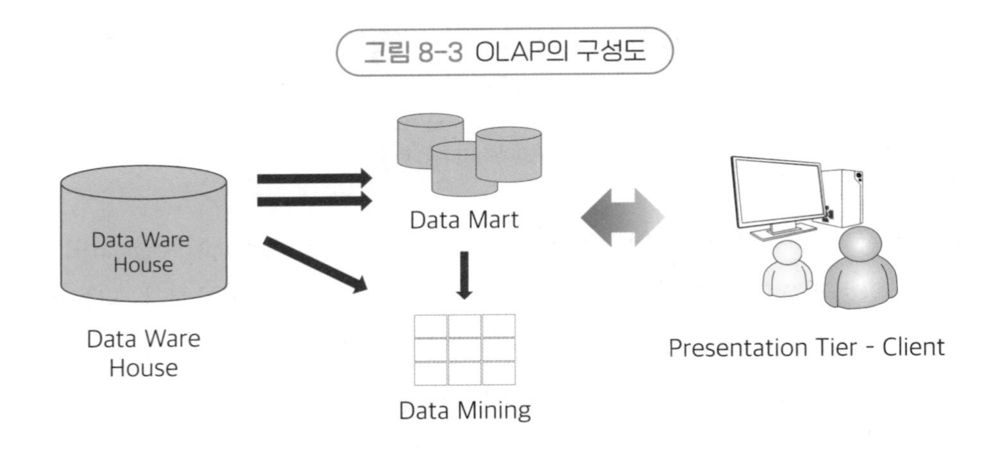

OLAP은 대용량 데이터를 담고 있는 데이터웨어하우스(Data Ware House)를 1차적으로 구축하고 이 DW에서 필요에 따라 소규모의 데이터 마트를 여러 개 구축할 수도 있다. 그리고 DW나 데이터 마트에서 데이터 마이닝을 수행하여 필요한 정보를 추출하고 가공한다. 사용자는 직접적으로 대화형으로 접속하여 필요한 정보를 다각도로 분석하여 결과를 도출한다. OLAP은 DW와 데이터 마트의 데이터 티어에서 사용자를 연결해서 실시간으로 정보를 제공해주는 전반적인 기술을 통칭하며 OLAP 프로그램에서는 Drill Down, Roll Up, Drill Across, Drill Through, Pivot, Slice, Dice 등 OLAP 네비게이션 기능을 기본적으로 갖추고 있어 분석에 활용한다. [표 8-2]는 간단한 OLAP 기능을 보여주고 있다.

| 표 8-2 | OLAP의 네비게이션 기능

기능	내용	비고
Drill Down	큰 범위에서 작은 범위로, 단계적으로 접근하는 분석 방법	자동차 → 승용차 → 세단/SUV
Roll Up	작은 범위에서 큰 범위로, 단계적으로 접근하는 분석 방법	세단 → 승용차 → 자동차
Drill Across	다른 차원으로 접근하여 분석하는 기법	자동차 제품 영역에서 소비자 소득 수준으로 접근하여 분석
Drill Through	데이터 원천인 DW나 데이터 마트의 상세 데이터에 접근하여 분석	직접 데이터 저장소의 로우(Raw) 데이터에 접근
Pivot(Rotate)	분석 축을 변경하여 분석	T-SQL문에서 Pivot/Unpivot 기능
Slice	한 차원에서 특정한 개체 값을 선택했을 때 나타나는 부분 집합	세단 승용차의 30대 여성 판매 추이
Dice	Slice된 결과를 Drill Down, Roll Up 등을 이용하여 분석하는 방법	다양한 Slice의 다차원 분석

2) OLAP의 유형

OLAP은 다차원으로 접근하여 다양하게 분석하고자 하는 목적이 있다. 대용량 데이터베이스와 다차원 데이터 구축은 매우 복잡하면서도 규모가 커 비용이 많이 드는 기술이다. 따라서 모든 데이터에 대해 필요하지도 않은 데이터를 다차원으로 구축한다면 매우 소모적이 될 것이다. 또한 분석하고자 하는 목적과 데이터에 대해 철저한 사전 준비를 하고 구축 후 활용 방안에 대해 충분한 계획을 갖고 있어야 한다.

그렇지 않을 경우 DW를 구축하는 시간과 비용이 매우 클 뿐 아니라 구축된 OLAP을 효과적으로 사용하지 않고 방치하여 고비용을 들여 구축한 시스템이 제 기능을 발휘하지 못하는 경우가 비일비재하기 때문이다. 이에 OLAP을 구축할 때는 분석하고자 하는 목적에 맞게 다양한 형태의 OLAP에 대해서 검토하여 구축해야 한다. OLAP의 유형은 크게 ROLAP(Relational OLAP), MOLAP(Multi-dimensional OLAP), DOLAP(Desk Top OLAP), HOLAP(Hybrid OLAP)이 있다.

그림 8-4 OLAP의 유형

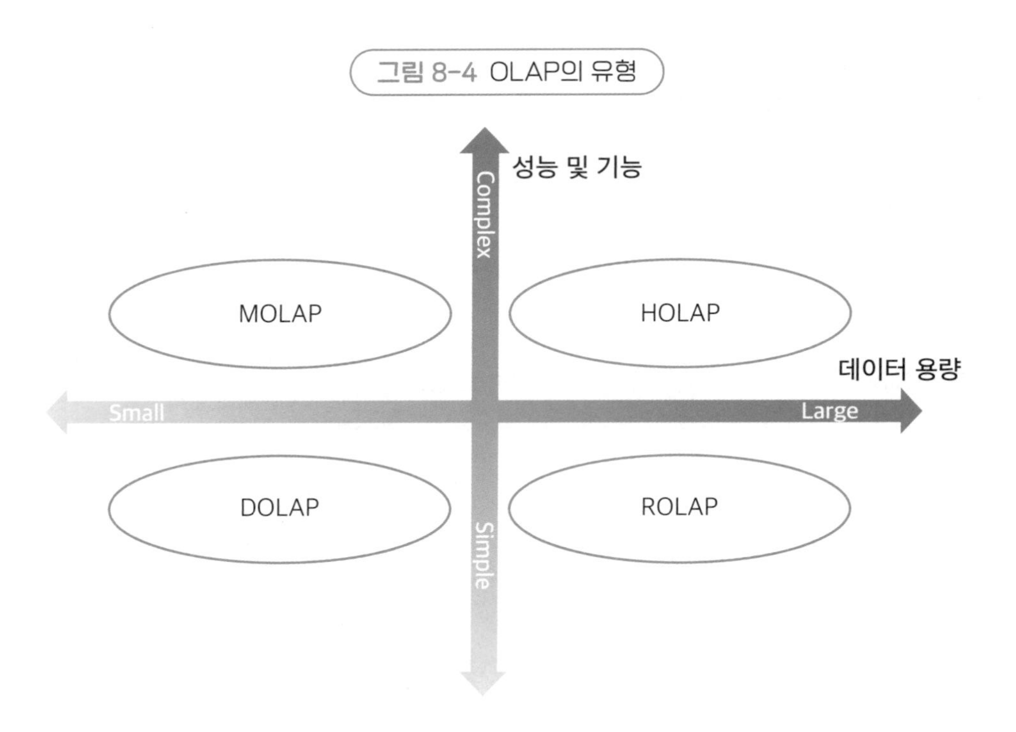

ROLAP은 전형적인 3Tier 구조로 관계형 데이터베이스를 기반으로 SQL 형태의 질의어를 사용하여 다차원 데이터를 저장하고 분석한다. 대용량으로서 전사적으로 구축하는 데 적합하며 확장성이 뛰어나며 직접적으로 원시 데이터를 검색할 수 있다는 장점이 있다. 그러나 다차원 분석을 위해 기존의 SQL 질의만을 사용해야 하는데, 이것만으로는 다차원 분석에 한계가 있고 관계형 기반이라 정규화를 적용하기 때문에 응답속도가 느릴 수 있다는 단점이 있다.

MOLAP은 이름에서 알 수 있듯이 다차원 데이터베이스를 활용하여 특수한 구조의 다차원 데이터를 구축한다. 다차원 데이터베이스로 용량이 작고 분석 속도가 빠르며 다양한 차원의 분석이 가능한 장점이 있다. 그러나 다차원 분석을 위한 데이터를 사전에 구축해야 하며 분석 과정에서 추가적으로 요구되는 차원은 다시 다차원 데이터 구축을 하여야 하며 즉각적으로 반영하기가 어려워 유연하지 못하며 확장성이 부족하다. 또한 직접적으로 원시 데이터에 접근하여 데이터를 추적하는 것이 어렵다. DOLAP은 Desk Top에서 직접 DW에 접근하여 분석 후 PC에 저장하는 형태이다. 비용이 적고 빠르며 구축이 용이하다는 장점이 있으나 대용량 데이터를 처리하는 데 한계가 있고 데이터 정합성을 유지하기가 어렵다는 단점이 있다.

HOLAP은 ROLAP과 MOLAP의 장점을 결합한 형태이다. ROLAP 형태로 DW를 구축하고 데이터를 저장하면서 분석은 MOLAP을 사용하여 정교한 다차원 분석이 가능하다는 장점이 있으나 구조가 복잡하고 구현이 어렵다는 단점이 있다.

3 기업에서의 OLTP와 OLAP의 적용 사례

일반적으로 기업의 경영활동에서는 OLTP와 OLAP은 모두 필요하며 상호 연관되어 있다고 할 수 있다. 가장 원초적인 트랜잭션 데이터는 OLTP로 구축하고 여기에서 OLAP을 위한 DW의 데이터를 추출하는 것이 일반적이다.

그림 8-5 기업에서 OLTP와 OLAP의 융합

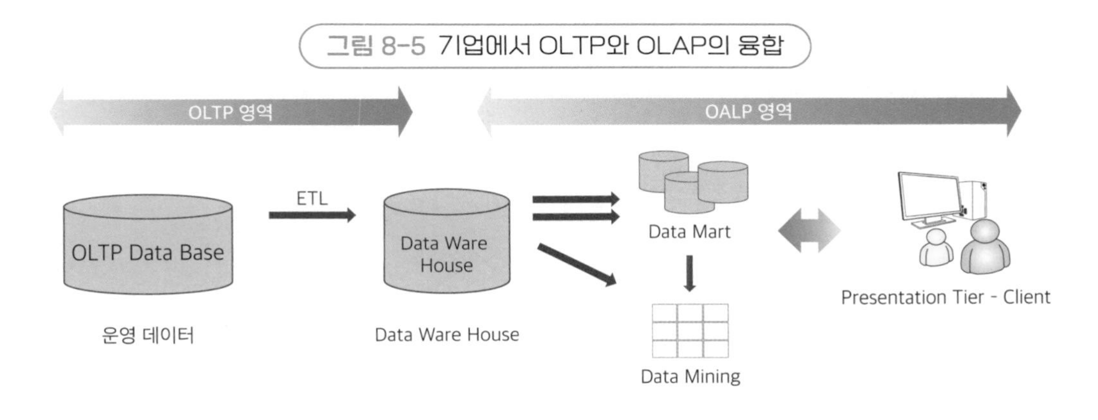

트랜잭션 데이터를 저장 관리하는 OLTP 데이터는 기업의 운영에 직접적으로 발생하는 데이터를 저장한다. 그리고 분석 목적의 OLAP을 위한 DW를 구축하기 위해 다양한 활동에서 발생하는 트랜잭션 데이터에서 추출하고 가공하여 구축한다. 이때 트랜잭션 데이터를 직접적으로 DW에 적재하는 것이 아니라 ETL을 통하여 분석이 용이한 형태로 전환하여 적재하게 된다. ETL은 추출(Extract), 변환(Transformation), 적재(Load)라고 하며 다음과 같은 기능을 갖고 있다.

추출은 다양한 데이터 원천으로부터 분석에 활용할 데이터를 선택하는 과정이다. 동일 기종이나 이기종일 수 있으며 내부일 수도 있고 외부일 수도 있다. 분석 목적에 맞게 우선 적재해야할 데이터의 선별이라고 할 수 있다. 변환은 추출된 데이터가 분석의 용도에 맞도록 변형하는 단계이다. 다양한 형태로 추출된 데이터는 데이터 유형이나 구조가 다를 수 있으며 DW와 분석에 맞게 포맷이나 형태를 변경하는 작업이다. 적재는 이러한 데이터를 DW나 데이터 마트에 저장하는 작업이며 마지막 단계이다. 일반적으로 기업에서는 트랜잭션 데이터와 분석 데이터를 모두 사용하게 되며 특히 대용량 데이터베이스를 기반으로 하는 작업들은 구축에 많은 기간과 비용이 소요되는 중요한 작업으로 기업의 비즈니스 특성에 맞게 OLTP와 OLAP이 상호보완하며 균형적으로 구축한다.

SMP와 MPP 시스템 기술

1 최적화된 시스템의 필요성

빅데이터 시대가 도래하면서 이를 처리하는 시스템에도 많은 변화가 생겼다. 일단 기존의 인프라로는 처리가 감당이 되지 않을 정도로 데이터의 양이 폭발적으로 늘어났으며 이러한 빅데이터 수요에 대한 증가는 기존의 아키텍처로는 처리가 불가능한 상황이 발생하였다. 무한정 인프라를 확장하는 것은 비용이나 성능 측면에서도 한계에 다다르게 되면서 빅데이터 처리에 맞는 새로운 아키텍처가 부각되게 되었다.

지난 PART 02에서 학습한 빅데이터 병렬 및 분산처리 기술은 기존의 폰노이만 구조의 컴퓨팅 처리 한계를 극복하고 빅데이터 처리가 가능하도록 발전하였다. 2000년대에 들어 새로이 설립한 글로벌 스타트업들은 전세계 사용자들을 대상으로 수많은 트랜잭션을 처리해야 했는데 기존의 단일 처리 구조로는 비용과 성능 면에서 많은 한계가 있음을 알고 병렬, 분산처리라는 방식을 적극적으로 도입하였다. 하나의 집중된 서버에서 처리하는 것을 다수의 병렬 컴퓨터로 분산하여 동시에 처리하는 방식은 클러스터링 기술의 적용으로 하나의 거대한 단일 서버처럼 운영이 가능하면서도 분산 병렬처리로 인한 성능 향상을 가져올 수 있었다. 더구나 x.86이라는 범용 컴퓨터가 클러스터링을 통해 병렬 연결이 가능해지면서 빅데이터 처리의 대세가 되었다. 다중처리 시스템에는 다양한 유형이 있다. [표 8-3]은 다양한 병렬처리 유형이 나와 있다.

| 표 8-3 | 병렬처리 구분

분류기준	사례
Flynn의 분류 (프로세서 처리 명령어 및 데이터 스트림 개수에 따른 분류)	SISD, SIMD, MISD, MIMD
메모리 공유에 따른 분류	SMP, MPP, NUMA

우선 Flynn에 의한 분류로 프로세스 처리 명령어와 데이터 흐름을 기준으로 SISD(Single Instruction Single Data), SIMD(Single Instruction Multi Data), MISD(Multi Instruction Single Data), MIMD(Multi Instruction Multi Data)로 구분된다. 순차적으로 처리하는 SISD로부터 시작하여 하나의 제어장치와 다수의 연산장치로 이루어진 SIMD, 다중 명령어에 의해서 단일 데이터 처리를 하는 MISD 그리고 다수의 제어기와 처리기가 서로 다른 명령어로 데이터를 처리하는 MIMD가 있다. MIMD에는 우리가 잘 아는 SMP, MPP, NUMA 등 멀티 프로세싱이 해당된다.

메모리나 입출력 공유 방식에 따라서는 SMP(Symmetric Multi Processing), MPP(Massively Parallel Processing), NUMA(Non-Uniform Memory Access Model)로 구분된다. SMP는 단일 OS에서 메모리와 입출력 장치를 공유하고 다수의 프로세스가 처리하는 구조이며 MPP는 개별 프로세서당 OS와 메모리, 입출력을 개별적으로 소유하며 프로그램을 분할하여 각각의 프로세서가 동시에 처리하는 구조이다. NUMA는 다수의 프로세서가 메모리와 IO를 공유하는 Quad가 여러 개 존재하는 구조로 전역적으로 개별 Quad에서 접근할 수 있는 Global Memory를 두는 구조로 다양한 Access 시간 조정과 확장성이 뛰어난 구조이다. 이러한 병렬처리 방식에서 SMP와 MPP는 가장 많이 사용되는 아키텍처로 하둡을 비롯한 빅데이터 처리와 인공지능 학습과 분석에 활용되는 등 대용량의 복잡한 데이터의 처리가 가능한 인프라의 기초가 되고 있다. 이러한 병렬처리의 유형과 더불어 시스템 성능 확장에 대한 방법도 이해해야 한다.

| 표 8-4 | 인프라 확장 방식 비교

구분	스케일 업	스케일 아웃
확장방식	서버의 메모리, CPU 등 리소스 증가	비슷한 성능의 서버 대수 증가
확장성	확장성 한계	무한 확장
용이성	보유 리소스 증가로 쉬움	별도 노드 추가로 어려움
유지보수	비교적 단순	노드 증가로 관리 어려움
장애	서버 집중으로 치명적	분산 노드로 유연

기본적으로 성능의 한계에 다다른 시스템은 추가적인 리소스의 장착을 통하여 성능을 확장하게 된다. 인프라 성능 향상 방식에는 스케일 업(Scale Up)과 스케일 아웃(Scale Out)이 있다. 스케일 업은 단일 시스템에서 해당되는 리소스를 추가하는 형태로 한마디로 크기를 늘리는 방식이다. 이러한 방식은 예를 들어 서버의 CPU나 메모리를 확장하는 방식이다. 서버의 성능을 향상시켰기 때문에 수직적 확장(Vertical Scaling)이라고 한다.

추가적인 네트워크 연결 없이 용량을 증강할 수 있으며 관리 비용이나 운영 이슈가 적고 사양만 올리면 되기 때문에 비교적 쉬운 편이지만 무한정 성능을 올리기에는 한계가 있다. 메모리나 CPU를 증가시키면 거기에 따른 메인 보드나 입출력 장치 등의 증설 요인도 발생하기 때문에 기본적으로 최대치 성능확장의 한계가 있다. 이에 비해 스케일 아웃은 동일한 서버의 개수를 늘리는 방식이다. 서버를 추가로 확장하기 때문에 수평적 확장(Horizontal Scaling)이라고도 한다.

스케일 아웃은 확장에 유연성이 있는 편이다. 운영 중 성능 이슈가 발생한다면 비슷한 서버의 동일한 구조로 추가하면 되기 때문이다. 그러나 서버 대수가 늘어날수록 연결되는 노드가 증가하는 형태로 관리와 유지 보수가 복잡해지며 로드발란싱과 같은 부하 분배 기능을 추가해야 하는 등의 단점도 있다. 스케일업은 일반적으로 OLTP와 같은 신속한 단순 처리 시스템에 유용하며 스케일 아웃은 OLAP과 같은 복잡하고 대용량의 처리 시스템에 매우 적합하다.

2 SMP(Symmetric Multi-Processing) 개요

SMP는 대칭형 다중처리 방식으로 하나의 운영체제하에서 다수의 프로세서가 메모리를 공유하여 함께 사용하는 컴퓨팅 아키텍처이다. [그림 8-6]은 간단한 SMP의 구조를 보여주고 있다.

그림 8-6 SMP의 구조

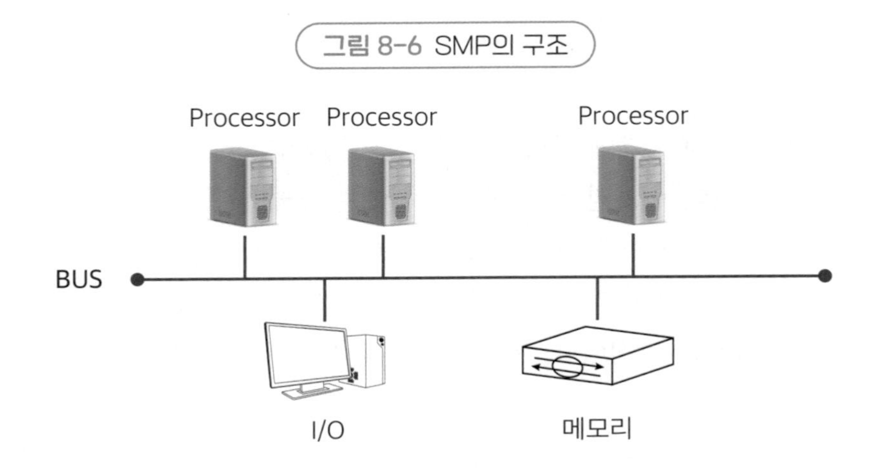

[그림 8-6]에서 보는 바와 같이 SMP는 다수의 프로세서가 단일 OS하에서 메모리와 입출력을 공유하며 다수의 프로세싱을 하는 구조이다. 작업을 위한 메모리상의 데이터의 위치에 상관없이 작업할 수 있으며 단일 OS로 모든 프로세서를 관리하며 메모리에 접근을 관리한다. 프로세서 간 작업 스케쥴을 쉽게 조절할 수 있고 부하를 효율적으로 분배할 수 있다. 단일 OS에 의한 메모리 공유 방식이며 기존의 단일처리 시스템과 동일한 인터페이스를 사용하여 입출력 IO를 공유하므로 MPP에 비해 병렬 프로그래밍이 비교적 쉽고 작업 스케줄링이 용이한 편이다. 그러나 메인보드의 한계에 의하여 서버 내부에서 확장 가능한 프로세스의 개수가 한정적이며 입출력과 메모리 공유에 따른 트래픽 이슈가 발생될 수 있다. 인프라 성능 확장은 스케일업 방식으로 근본적으로 확장에 제한이 있다. SMP는 많은 사용자가 동시에 접근하여 작업하는 OLTP 작업에 효율적이다.

3 MPP(Massively Parallel Processing) 개요

MPP는 고도 병렬처리 방식으로 프로세서가 OS, 메모리, IO 등을 개별로 따로 가지고 처리하는 방식이다. 이러한 방식은 처리할 프로그램을 프로세서가 수행해야 하는 부분으로 상세하게 나누어 각 프로세서에 할당하게 한 후 동시에 각 할당된 부분을 수행하게 된다.

그림 8-7 MPP의 구조

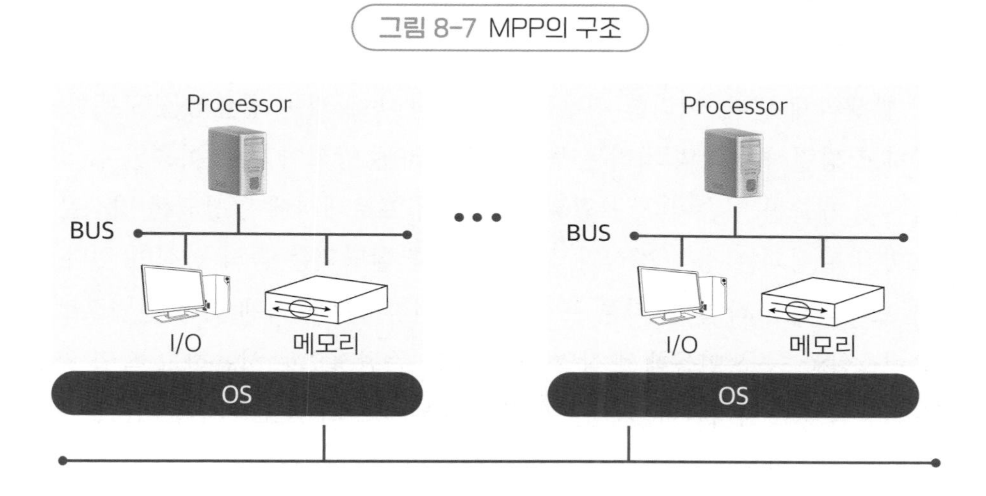

MPP의 구조에서 보면 개별 프로세서는 독립적으로 OS와 메모리 입출력을 각각 갖고 있다. 이러한 방식은 매우 큰 프로그램을 수행하기 위하여 프로그램을 분할하여 다수의 프로세서로 처리할 수 있기 때문에 프로그램을 분할한 만큼 프로세서가 할당된다면 매우 좋은 성능을 발휘할 수 있다. SMP와는 달리 별도로 프로세스마다 OS를 갖고 있으며 공유 메모리 공유 IO가 없기 때문에 프로그램 분할에 대한 프로그래밍이 어려워 작업 스케줄링이 쉽지 않다. 그리고 프로세서 간에는 직접적인 통신 I/O를 공유하지 않아 메시지 패싱 방식으로 프로세서 간 정보를 공유하는 데 시스템 규모가 크고 복잡할 경우 대량의 메시지 발생으로 인해 통신 트래픽에 의한 성능 저하가 발생할 수 있다.

성능 확장방식은 스케일 아웃 방식으로 성능 확장이 용이하며 성능에 대한 보장은 확실한 편이다. 다수의 사용자가 직접적으로 처리하는 OLTP보다는 검색과 분석 등 동시에 여러 시스템에서 처리하는 OLAP이나 의사결정 시스템에서 효과가 높으며 작고 비슷한 패턴을 반복하는 이미지 프로세싱에도 효과가 높다. 이러한 병렬처리를 구축하고자 할 때는 고려해야 할 여러 가지 요소들이 있다. 대표적으로 분할 이슈, 스케줄링 이슈, 동기화 이슈, 캐시메모리 이슈 등이 있다.

분할 이슈는 프로세서가 처리할 프로그램을 분할할 때 어떻게 분할할 것인가의 이슈이다. 특히 하나의 순차적인 큰 프로그램의 경우 프로그램의 순차성을 유지하면서 프로세서 간의 병렬처리를 확보해야 한다. 이때 지나치게 크게 분할하였을 경우에는 스케줄링은 용이하나 병렬처리의 효과가 떨어지며 반대로 지나치게 작게 분할하였을 경우에는 프로그램의 순차성을 유지하기가 쉽지 않고 스케줄링에 부하가 많이 발생하게 된다. 이러한 경우는 프로그램 내에 있는 병렬성을 모두 찾아 내어 분할하고 병렬성 이외의 처리는 묶어서 처리하는 방식이 많이 이용된다.

다음은 스케줄링 이슈이다. 분할된 Task들이 프로세서에 할당되는 방식은 컴파일시에 미리 결정되는 정적 방식과 실재 수행 중 할당되는 동적 방식이 있다. 동기화는 한 프로세서가 작업 중 다른 프로세서가 변경하지 못하게 하는 방법으로 세마포어나 버스잠금 등을 이용해서 작업 중 자원을 독점적으로 사용하고 작업 완료 후 해제하는 방식으로 처리한다. 케시메모리 이슈는 다수의 프로세서가 버스를 공유하여 메모리에 접근하므로 성능 이슈가 발생하지 않게 충분한 케시를 확보해야 한다.

초융합 컴퓨팅 기술(HCI)과 클라우드

초융합 컴퓨팅의 개념

1) HCI의 등장 배경

초융합컴퓨팅 기술(HCI: Hyper Converged Infrastructure)은 단일 플랫폼에서 가상화, 컴퓨팅, 네트워킹, 스토리지를 결합하는 통합 시스템으로 정의할 수 있다. 먼저 HCI를 이해하기 위해서는 초기 인프라의 구성 방식을 살펴 보아야 한다. 매우 간단한 초기 인프라는 스토리지-네트워크-서버의 단순한 3Tier 구조이다. [그림 8-8]은 초기 인프라의 구성을 간단하게 보여주고 있다.

그림 8-8 전통적 인프라 구조

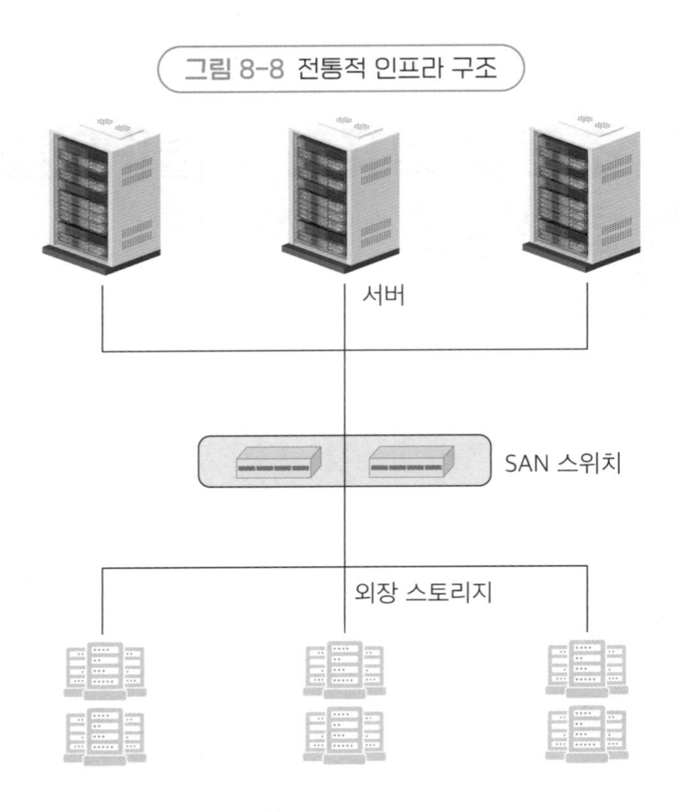

즉, 저장소 스토리지가 네트워크를 통하여 구성되며 서버와 연결되어 있는 구조이다. 애플리케이션이 단순할 뿐 아니라 구조도 간단하여 구축이 용이하다. 그러나 단일 Stand Alone 형태로 구축되는 경우가 아닌 기업에서 대규모로 여러 대의 서버를 포함한 인프라를 구축하는 경우 많은 제약이 발생하였다. 우선 초기 인프라 구축 비용이 많이 들 뿐 아니라 확장성에 문제가 생기게 된다. 그리고 스토리지에 병목현상이 발생하게 된다. 그러나 무엇보다도 대수가 증가하는 만큼 효과적으로 용량이 증가하는 것도 아니며 관리해야 할 요소들이 많아지는 문제가 가장 크다고 할 수 있다. 더구나 애플리케이션이 복잡해지면서 가상화 기술이 발전함에 따라 인프라관리자는 서버, 스토리지에 가상화까지 관리해야 하는 관리의 이슈도 발생하였다.

이러한 문제점을 해결하고자 등장한 기술이 융합 인프라(CI: Converged Infrastructure)이다. CI는 말그대로 서버, 네트워크, 스토리지, 가상화를 총망라하여 통합한 인프라 기술이다. 하나의 박스에 서버, 네트워크, 스토리지가 통합된 형태로 제공되어 공장에서 출시된 박스에 전원만 연결하면 되는 구조로 설치와 관리가 용이하게 되었으나 개별 서버, 네트워크, 스토리지 등 각 구성요소의 성능적 확장이 어렵고 기존의 인프라 구축 방식에 비하여 크게 효율성이 높지 않은 결과를 갖게 되었다. 특히 스토리지 확장을 위하여 외장형 스토리지를 공유하는 아키텍처 방식은 스토리지 병목현상이라는 성능상의 문제도 있고 비용적 측면에서도 기존 방식에 비해 효율적이지 않았다. HCI는 이러한 CI의 문제점을 해결하고 인프라의 확장성과 관리의 용이성을 해결하기 위하여 등장하게 되었다.

2) HCI의 특징

HCI는 한마디로 모든 인프라를 단일 인터페이스로 관리하게 해주는 플랫폼이라 할 수 있다. 서버, 스토리지, 네트워크, 가상화, OS까지 모든 인프라를 통합하여 융합된 기술이다. 이러한 면에서 CI와 유사하다고 할 수 있으나 HCI는 근본적으로 차별화된 융합기술이다. 우선 고비용의 외장형 스토리지를 사용하지 않고 x.86 서버와 내장형 디스크를 이용하여 소프트웨어 정의 기술을 이용한 SDS(Software Defined Storage)를 적용하여 내장형 디스크를 통합하여 마치 네트워크에 연결된 공용 스토리지를 구축한 것과 같은 효과가 있다. [그림 8-9]는 HCI의 간단한 개념도이다.

그림 8-9 HCI 구성도

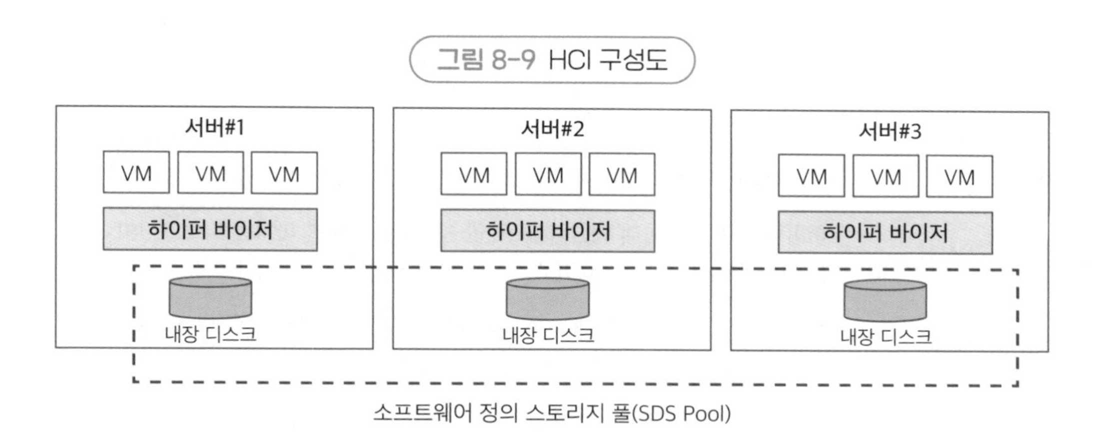

HCI가 단순한 물리적 디바이스를 하나의 박스에 통합한 것이라면 HCI는 소프트웨어 정의 기술을 이용하여 서버 내부의 디스크를 가상화 통합하여 마치 하나의 커다란 외장형 스토리지를 쓰는 것처럼 상호 사용이 가능하도록 통합한 스토리

지 풀을 제공한다. 이러한 기술이 가능한 이유는 디바이스에 대한 소프트웨어 정의(Software Defined) 기술의 발달과 하이퍼 바이저(HyperVisor)라는 기술이 적용될 수 있었기 때문이다.

하이퍼 바이저 기술은 호스트 컴퓨터에 다수의 OS를 사용하기 위한 기술이다. 네이티브 베어메탈 방식이라고 하여 하드웨어에서 바로 동작하는 방식과 다른 OS 위에서 동작하는 방식이 있다. 우리가 잘 알고 있는 Docker나 vSphere는 네이티브 방식이며 Virtual Box 등이 OS상에서 동작하는 방식이다. 소프트웨어 정의 기술(SDx: Software Defined Everything)은 소프웨어 기술을 통해 하드웨어나 디바이스를 제어하고 환경을 관리하여 상호 유연성과 운용성을 증가시키는 기술이며 스토리지(SDS), 네트워크(SDN), 데이터 센터(SDDC) 등 해당 디바이스를 가상화 기술을 이용하여 직접 제어하여 상호 통합하게 하는 기술이다.

HCI에서는 SDS 기술을 활용하여 스토리지 가상화를 통해 내부 스토리지를 외장형 스토리지처럼 통합이 가능해졌으며 SDN 기술을 통하여 네트워크에서 데이터 전송 부분을 분리하여 라우팅과 가상 IP를 통해 패킷 경로를 제어하여 부하분산과 운영 효율성을 높일 수 있었다.

| 표 8-5 | HCI 기술요소

기술요소	내용
하이퍼 바이저	호스트 컴퓨터에서 다수의 OS를 실행시키기 위한 플랫폼으로 HCI에서 서버와 애플리케이션 각종 디바이스를 가상화시켜 연동할 수 있는 자원 할당 기술이다.
가상화	하이퍼 바이저를 통해 애플리케이션을 운영하는 VM뿐 아니라 디스크, 네트워크 등 구성 장치들을 소프트웨어로 가상화 하여 제어하는 기술이다.
SDS	Software Defined Storage로 소프트웨어적으로 각각의 내장 디스크를 클러스터링하여 Storage Pool을 생성하는 기술이다.
SDN	Software Defined Network로 소프트웨어적으로 네트워크 포워딩 기능을 하드웨어에서 분리하여 데이터 전송 자체는 하드웨어적으로 하나 패킷의 전송을 제어할 수 있게 하는 기술이다.
통합기술	소프트웨어를 기반으로 하여 스토리지, 네트워크, 프로세스, OS, API 등 서비스를 위한 요소들을 통한하여 단일 인터페이스로 관리하는 기술이다.

HCI기술을 사용하면 범용 x.86 서버에 DAS(Direct Attached Storage)를 IP 기반 네트워크와 소프트웨어 정의 기술(SDS, Software-Defined Storage)로 통합해 SAN(Storage Area Network)와 유사한 스토리지 풀(Storage Pool)로 무한 확장이 가능하다. 어플라이언스 기반 HCI는 제조 후 출시 이후 바로 사용이 가능하며 나날이 커지는 기업의 인프라 환경에서 시스템 구조의 복잡성을 제거하고, 확장이 용이할 뿐 아니라 관리 효율 및 비용 절감이라는 효과를 기대할 수 있는 인프라 최적화 기술이다. 더 나아가 클라우드 환경에서 Private Cloud나 VDI를 구성할 수도 있다. 결국 기업은 HCI를 적용함으로써 비용 절감과 신속한 기업용 인프라 및 Private Cloud를 구축할 수 있으며 무한확장을 통한 성능 향상과 확장 유연성을 확보할 수 있다.

2 초융합 컴퓨팅 기술(HCI)과 클라우드의 융합

HCI는 소프트웨어 정의 스토리지, 소프트웨어 정의 컴퓨팅, 범용 하드웨어와 통합 관리 인터페이스를 기반으로 공유 컴퓨팅과 스토리지 리소스를 제공하고 관리할 수 있는 기능을 제공한다. 중앙의 서버나 외장형 스토리지 구성 형태의 병목구조가 아니고 SDx(Software Defined Everthing)를 적용한 개별 스토리지 컨트롤러가 분석하는 구조이다. 제한 없이 컴퓨팅 성능을 확장할 수 있고 필요에 따라 노드 단위로 증설할 수 있다.

데이터는 로컬에 유지하면서 하드웨어 세대에 구분 없이 클러스터를 구성할 수 있다. 표준화된 x.86서버를 소프트웨어 기반으로 여러 대 병렬로 묶고, 컴퓨팅 리소스를 단위 서버에 국한되지 않고 유연하게 확장, 분배, 재배치, Fail-Over 등이 자유로운 인프라스트럭처 기술이다.

기존에 있던 x.86 서버와 분산 파일시스템, 하이퍼바이저, 데이터 관리 기술 등 가장 활발하게 사용되어 온 인프라 기술들의 집합체라 볼 수 있으며 이 모든 기술들이 소프트웨어 정의 기술을 통해 HCI Platform 기술이 탄생하고 자원을 제어하고 통합 관리한다. 클라우드 서비스는 기업에게 더 이상 인프라에 대한 고민을 하지 않게 안정적이고 편리한 인프라 환경을 제공한다. 클라우드의 서비스 영역은 단지 인프라 서비스(IaaS)에 그치지 않고 플랫폼(PaaS)과 소프트웨어(SaaS) 영역까지 확장하고 있다.

기업에서 클라우드와 같은 편리하게 인프라를 운영하기 위해서는 HCI의 적용이 필요하다. 어플라이언스 장비 자체로 도입되는 HCI는 네트워크, 스토리지, 서버를 소프트웨어적으로 제어하여 확장과 유지보수가 용이하다. 마치 클라우드에서 안정적인 서비스를 받는 것처럼 HCI를 통해 프라이빗 클라우드를 구축할 수 있다. 기업이 인프라를 구축하는데 클라우드를 적용하는 것은 대세가 되어가고 있다. 그러나 이미 많은 비용을 투입하여 구축한 온프레미스(OnPremise) 환경의 기업용 인프라를 버리고 바로 클라우드 환경으로 전환하기에는 무리가 있다. 이러한 경우 HCI는 점진적으로 기업용 인프라환경을 클라우드와 유사하게 만들면서 점진적인 클라우드로의 전환이 용이하게 할 수 있다.

HCI 방식을 도입하면 기업 인프라 환경이 대폭 간소화되고 하이브리드 클라우드로 이전하는 시간과 비용을 줄일 수 있다. 그리고 퍼블릭 클라우드와 온프레미스 서버 간에 데이터와 애플리케이션을 쉽게 이동할 수 있다. 이러한 HCI기술은 클라우드 기반 데이터 분석을 위한 인프라를 제공할 수 있다. 빅데이터 분석은 대용량의 데이터와 분석 프로그램이 사용된다. 하나의 트랜젝션 같은 데이터 흐름을 따라 가면서 분석하기보다는 짧고 단편적인 데이터를 매우 다양하게 분석하는 형태이다.

이러한 빅데이터 분석은 MPP 방식의 병렬 프로세싱을 활용하면 매우 편리하다. MPP 방식에서 병렬 데이터 처리 프로그래밍을 할 경우 각 프로세서마다 할당된 부분과 각 프로세서와 인프라 간의 통신 그리고 리소스의 제어는 사람이 일일이 지정하고 모니터링할 수 없는 수준으로 복잡하다. HCI를 도입하면 대용량 데이터 처리를 할 수 있는 스토리지 풀(Storage Pool)을 가상화하여 무한 확장할 수 있으며, 또 이를 처리하는 네트워크역시 SDN을 통하여 확장하며 프로세서와의 통신을 원활하게 해줄 수 있다. 결국 빅데이터 분석을 위한 인프라는 HCI 형태로 구축된 클라우드 환경에서 최적의 효과를 낼 수 있으며 기업에게는 Private 클라우드 형태로 빅데이터 분석을 위한 플랫폼을 구축할 수 있는 기반이 된다.

오케스트레이션 기술

1 오케스트레이션 개요

오케스트레이션 기술은 이름에서 알 수 있듯이 전체를 조율하고 관리하는 것을 의미한다. 여러 악기와 연주자로 구성된 오케스트라를 조화롭게 하는 지휘자와 같이 수많은 하드웨어와 소프트웨어로 구성된 IT 시스템을 효율적으로 관리하는 기술이라고 할 수 있다. 이러한 오케스트레이션 기술의 목표는 복잡성을 최소화하고 시스템의 효율성을 최적화하며 성능의 확장 및 애플리케이션 배포를 편리하게 하는 등 관리자의 운영 효율성을 높이는 데 있다. 이러한 IT 시스템에서의 오케스트레이션 영역은 모든 IT 영역에 해당된다고 할 수 있다.

| 표 8-6 | IT 시스템에서의 오케스트레이션 영역

영역	내용
애플리케이션 오케스트레이션	여러 개의 애플리케이션을 통합하여 프로세스를 자동화하거나 데이터 동기화를 지원하며 공통 기능인 메시지 라우팅, 보안, 로깅 등을 애플리케이션에서 분리하여 공통 기능으로 추가할 수 있으며 중앙에서 통합하여 모니터링하는 기술이다.
서비스 오케스트레이션	퍼블릭 클라우드 및 온프레미스에 걸쳐 있는 시스템을 조율하고 관리 기능을 제공하며, 마이크로서비스 오케스트레이션, 네트워크 오케스트레이션, 워크플로 오케스트레이션으로 구성된다.

컨테이너 오케스트레이션	컨테이너 관리와 조율을 자동화하고 최적화하여 컨테이너에 대한 프로비저닝, 배포, 리소스 배정, 실행 상태 모니터링, 데이터 보안 및 고립성 보장을 위한 컨테이너 제어 및 자동화를 제공한다. 컨테이너의 로드밸런싱, 프로비저닝, 확장 작업을 수행하며 쿠버네티스, Docker Swarm 등이 유명하다.
클라우드 오케스트레이션	프라이빗 클라우드와 퍼블릭 클라우드의 연결을 자동화하고 최적화로 제공하며 여러 클라우드에 분산되어 있는 애플리케이션 및 리소스의 종속성을 관리하고 배포하며 스토리지 및 컴퓨팅 용량의 프로비저닝과 모니터링을 수행한다.
보안 오케스트레이션	인프라 및 애플리케이션의 보안 위협 및 취약성을 종합적으로 관리하며 자동화하여 위협 발생 시 신속한 조치와 대응을 수립하게 한다. 보안 침해에 대한 모니터링과 발견 시 알람기능과 함께 필요에 따라 차단 및 격리 조치를 자동화하여 수행할 수 있다.
데이터 오케스트레이션	여러 스토리지에 분산되어 저장된 데이터들을 결합하여 정리하고 분석에 사용할 수 있도록 통합하는 기능을 제공한다. 빅데이터 처리를 위한 대용량 데이터를 정리하고 복잡성을 낮춰 생산성을 향상시키며 중요 데이터 일관성 위배 시 알람 발생하며 특히 공간만 차지하고 사용율이 낮은 데이터를 발견하여 정리할 수 있게 해준다.
DevOps 오케스트레이션	회사 전체의 개발과 운영 배포에 관한 DevOps 절차를 준수하며 자동화하여 문제 발생을 최소화하고 릴리즈 출시의 안정성을 확보하는 기능을 제공한다.
프로세스 오케스트레이션	개별 작업들의 전 과정을 프로세스로 통합하고 커넥터, API, 어댑터 등을 종합적으로 통합하여 효율성을 높이며 프로세스 수명주기 전체를 관리하고 모니터링한다. 이를 통해 복잡성을 감소시키고 관리를 중앙 집중화하여 관리 효율성을 향상시킬 수 있다.

[표 8-6]에 나타나 있듯이 오케스트레이션의 요구사항은 거의 모든 IT 영역에 적용된다고 할 수 있다. 특히 IT 인프라와 애플리케이션이 발전할수록 그것이 가능하게 하는 인프라와 애플리케이션 아키텍처는 사용자와 개발자에게 편리함을 주기 위해 구성 요소들이 매우 복잡하게 구성된다. 이러한 구성요소를 일일이 사람이 개입하여 관리하고 제어한다는 것은 거의 불가능하며 이러한 시스템을 적용하고 운영하기 위해서는 자동화와 최적화를 거쳐 시스템 효율성과 관리 편리성을 극대화시키는 것이 오케스트레이션 기술이다. 이러한 측면에서 자동화와 비슷한 개념이라고 할 수 있지만 근본적으로 자동화와 오케스트레이션은 편리함을 향상시킨다는 목적은 비슷하지만 근본적 차이점이 있다.

자동화는 인간의 개입을 최소화하고 기계 스스로 실행되도록 하는 작업이라고 할 수 있지만 자동화의 개념은 어느 하나의 프로세스나 흐름에 국한된다고 할 수 있다. 그러나 오케스트레이션은 부분적인 요소에서 자동화를 적용할 수도 있지만 전체적인 관점에서 효율성과 최적성을 고려한다는 점에서 차이가 있다. 한마디로 자동화는 단일 태스크 범위에서 고려하여 자동화를 구현하며 오케스트레이션은 전체적인 관점에서 프로세스나 구성요소를 모두 고려하며 특히 프로세스 간의 상호작용이나 오케스트레이션 구성 항목 간의 상호작용을 모두 고려하여 구현하는 것이다. 개별 단위 태스크(Task)에서 자동화가 모두 구현된다고 하더라도 이를 전체 시스템의 조화와 통합 관점에서는 최적화되지 않을 수 도 있기 때문에 오케스트레이션 관점에서의 최적화는 개별 시스템의 자동화를 포함한 보다 확장된 개념이라고 할 수 있다.

그렇기 때문에 IT시스템에 오케스트레이션을 적용하기 위해서는 적용하고자 하는 모든 프로세스와 디바이스에 대해서 철저히 분석하고 상호 복잡하게 얽히고 섥힌 프로세스들을 정리하여 최적화와 자동화하려고 하는 부분에 대한 철저한 이해가 선행되어야 한다. [표 8-7]은 IT 시스템에서의 오케스트레이션의 효과에 대해 이야기하고 있다.

| 표 8-7 | IT 시스템에서의 오케스트레이션 효과

효과	내용
비용 절감	시간과 비용 그리고 소요되는 자원을 최적화하여 낭비되는 것을 최소화하고 관리되는 인적 자원을 최소화하여 비용 절감을 유도한다.
정확성 개선	반복적이고 사람이 개입되는 작업은 실수에 의하여 오류가 발생할 수 있으며 자동화와 최적화를 통해 일관성과 신뢰성을 제공하고 인적 오류를 제거할 수 있다.
생산성 최적화	관리자가 인프라 모니터링에 시간을 소비하지 않고 보다 고부가가치의 업무에 집중할 수 있게 관리 효율화를 제공한다.
프로세스 표준화	오케스트레이션의 선행 작업으로 모든 프로세스에 대한 분석과 플로우차트를 통하여 프로세스의 개선과 상호연동 관계를 분석하고 최적화한 후 적용하므로 프로세스 표준을 수립하기 용이하다. 표준 프로세스 수립 후 신규 프로세스의 추가 및 제거가 용이하여 생산성이 향상된다.
사용 편리성	모든 인프라에 대한 제어 및 모니터링을 할 수 있는 통합 인터페이스를 제공하고 인프라 현황을 한눈에 판단할 수 있는 대시보드를 통해 직관적이면서도 편리하게 관리할 수 있다.

2 컨테이너 오케스트레이션

1) 컨테이너 기술

오케스트레이션 기술이 주목받게 된 배경에는 컨테이너 기술과 애플리케이션 아키텍처의 발달과 매우 밀접한 관계가 있다. 컨테이너란 애플리케이션이 구동되기 위한 가상 환경을 패키징하는 기술이다. 컨테이너의 장점으로는 애플리케이션이 구동될 모든 OS에 따라 개발이 달라져야 하지만 컨테이너 런타임이라는 환경에서 동작하게 하고 그 컨테이너를 배포한다면 OS에 구애받지 않고 개발과 배포가 용이해진다는 점이다. 흔한 개발 공정인 개발 서버에서 개발 후 테스트 서버에서 테스트하고 운영 서버로 배포한다고 했을 경우 개발, 테스트, 운영 서버의 환경이 모두 동일한 경우는 거의 없다. 연동되는 디바이스도 다를 수 있으며 OS의 하위 버전이 다른 경우도 있을 것이다. 한마디로 같은 OS라고 하더라도 상세 버전이나 하드웨어의 구성이 다를 수 있고 장치 구성요소들이 차이가 날 수도 있다.

실제 개발과정에서 이러한 과정을 거칠 때마다 상이한 환경을 일일이 적용하여 변경해야 하지만 컨테이너를 사용할 경우는 그럴 필요 없이 동일한 환경을 사용하는 효과가 나타난다고 할 수 있다.

그림 8-10 VM 서버와 컨테이너 서버 개념도

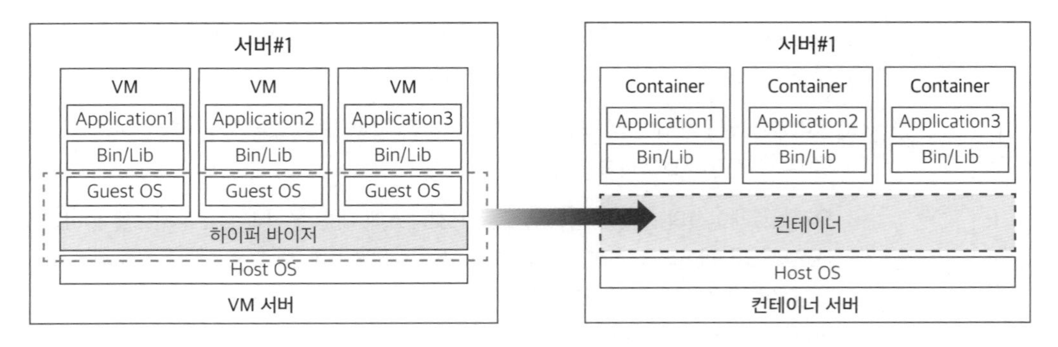

[그림 8-10]은 VM 서버와 컨테이너 서버를 비교하여 나타내고 있다. VM에서는 개별 OS와 Host OS와 커뮤니케이션하여 자원을 할당하고 제어하는 하이퍼바이저

가 있다. 이를 컨테이너로 통합하면 보다 경량화된 개발환경을 제공하면서도 개별 OS에 제약을 받지 않는 런타임 환경을 제공할 수 있게 된다. 개발자는 이러한 환경에 각자 개발한 라이브러리와 실행 파일을 묶어서 배포할 수 있으며 규격화할 수 있게 된다. 즉, VM에서의 장점을 그대로 갖고 있으면서 VM보다 더욱 경량화 되고 이식성이 높게 만들 수 있다. 이렇게 컨테이너를 사용할 때의 장점은 다음과 같다.

첫째, 개발자는 하나의 컨테이너를 생성하고 그 환경하에서 개발하게 되면 다양한 환경에 구애받지 않는 이식성이 좋은 애플리케이션을 구현할 수 있다. 다양한 OS 버전에 따라 추가적으로 변경해야 할 필요가 없게 된다. 둘째, 컨테이너를 이미지화하여 애플리케이션의 배포와 생성을 용이하게 할 수 있으며 자동화를 적용하여 애플리케이션의 생명주기를 효율적으로 관리할 수 있게 된다. 셋째, 애플리케이션을 격리된 구조로 개발하여 독립적 실행이 가능해지며 범용성과 표준화가 용이해진다. 넷째, 클라우드와 연계하여 Scale Out이 용이하여 클라우드 환경에서의 확장과 관리가 매우 효율적이 될 수 있으며 비용과 시간을 절약할 수 있게 된다. 마지막으로, 별도의 자체 OS 설치 없이 호스트 OS에서 실행되기 때문에 더욱 가볍고 백업과 수정이 용이해 지며 최소한의 컴퓨팅 자원을 사용하게 된다.

이러한 컨테이너의 장점은 복잡한 애플리케이션 개발 시 기능을 분리시켜 개별 컨테이너에서 개발하고 통합하면 운영 시 유지보수를 위한 개별 기능들을 독립적으로 업데이트할 수 있다는 점이며 클라우드 환경하에서 애플리케이션의 개발과 운영의 대표적인 방식이 되었다. 이러한 컨테이너의 대표적인 예가 우리가 잘 알고 있는 도커(Docker)이다. 도커의 경우 컨테이너 방식의 실질적 표준으로 자리잡았으며 오픈소스 기반으로 활발하게 적용되며 발전하고 있다.

2) 쿠버네티스

도커와 같은 컨테이너를 활용한 기술은 그 확장성이나 편리함으로 활성화되고 사용이 확대되었으나 반대적 측면으로 지나치게 스케일 아웃(Scale Out)되어 너무 많아진 컨테이너를 관리해야 하는 새로운 문제점이 나타나게 되었다. 한마디로 지나치게 많아진 컨테이너를 효과적으로 관리하기 위한 컨테이너 오케스트레이션 기술이 필요하게 되었다. [그림 8-11]은 컨테이너의 간단한 계층 구조를 보여주고 있다.

그림 8-11 컨테이너 계층 구조

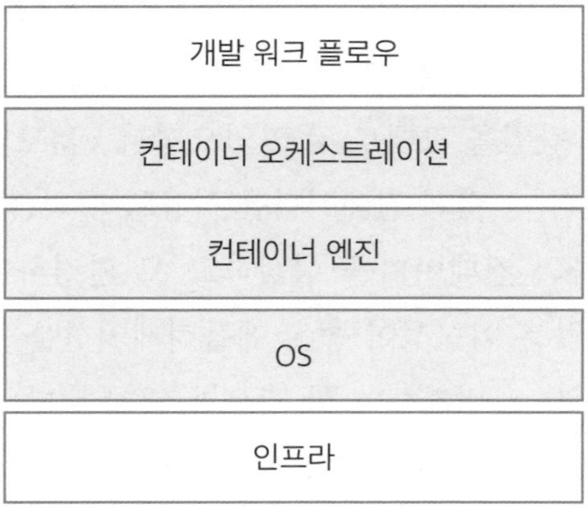

개발 워크 플로우
컨테이너 오케스트레이션
컨테이너 엔진
OS
인프라

아래 계층에는 인프라와 연동하기 위한 인프라 모듈과 상위 계층에는 애플리케이션과 연동하는 개발 워크 플로우가 있다. 본격적인 컨테이너 계층은 컨테이너 실행환경을 구성하는 컨테이너 엔진과 이러한 컨테이너를 통합 관리하는 컨테이너 오케스트레이션이 있다. 컨테이너 오케스트레이션의 기능으로는 프로비저닝 및 배포, 리소스 할당, 컨테이너 확장, 로드밸런싱, 트래픽 라우팅, 애플리케이션 설정, 컨테이너간 보안 관리 등이 있으며 컨테이너의 상태 모니터링도 함께 한다. 한마디로 수많은 컨테이너를 총괄 지휘 하는 지휘자와 같은 역할을 한다고 할 수 있다. 특히 클라우드가 무한 확장하면서 더욱 복잡해지고 수가 많아진 컨테이너를 관리하는 핵심 요소이며 이러한 컨테이너 오케스트레이션의 대표적인 것이 유명한 쿠버네티스(Kubernetes)이다. 구글 엔지니어들이 개발하던 플랫폼이었으며 구글에서 컨테이너들을 개발하고 배포하는 노하우(Know-How)를 일반적인 개발자들에게 공개한 것이 쿠버네티스이다.

| 표 8-8 | 쿠버네티스의 구성 요소

구성 요소	내용
클러스터	하나 이상의 컴퓨팅 머신이 노드 단위로 묶여 있는 형태이다.
컨트롤 플레인	태스크를 할당하고 노드를 제어하기 위한 프로세스 집합이다.
Kubelet	노드에서 컨테이너의 정상적인 실행 여부를 모니터링한다.
포드	노드에 배포된 컨테이너 그룹으로 동일 포드에 있는 컨테이너는 IP 및 호스트명 등 리소스를 공유한다.

클러스터는 컨트롤플레인과 하나 이상의 컴퓨팅 머신으로 노드 단위로 구성되며 컨트롤플레인(Control Plane)과 워커노드로 구분된다. 컨트롤플레인은 연결된 워커노드를 제어하는 마스터 노드의 역할을 한다. 컨트롤 플레인은 쿠버네티스 노드를 제어하는 프로세스들이 모여 있는 곳으로 모든 태스크를 할당하고 클러스터가 잘 동작하도록 한다. 이러한 컨트롤 플레인은 etcd, kube-api-server, kube-scheduler, kube-conroller-manager로 구성되어 클러스터 내 구성 요소와 외부 컴포넌트 간의 통신과 워커 노드의 상황을 점검하고 프로그램이 실행될 노드를 선정하여 할당한다. 또한 다양한 클러스터 컴포넌트들의 동작을 감지하고 모니터링한다.

Kubelet은 워커 노드에서 상주하여 수행되는 프로세스로 다른 노드와의 통신과 컨테이너를 실행시키는 역할을 한다. 컨테이너를 실행, 삭제하며 컨트롤 플레인과 통신을 담당한다. 그러나 Kubelet은 쿠버네티스에서 생성한 컨테이너만 관리한다. 쿠버네티스는 컨테이너 오케스트레이션을 위하여 여러 호스트 서버에 다수 컨테이너로 배포되는 애플리케이션 서비스를 효과적으로 구축하고 전체 컨테이너의 스케줄링과 확장에 대한 효율성을 제공하며 운영을 위한 상태를 모니터링할 수 있을 뿐 아니라 각 서버와 컨테이너 간에 격리된 환경을 보장하여 애플리케이션 보안을 더욱 강화하는 효과도 있다. 이러한 기술은 빅데이터 기반 플랫폼을 구성할 때 가장 기본적이면서도 핵심적인 기능으로서 관련 기술이 더욱 빠르게 발전하고 있다.

지금까지 다양한 데이터 기반 기술들을 살펴보았다. 이러한 기술을 유기적으로 통합하여 구축한다면 인공지능과 같은 다양한 분석 기반의 서비스를 효과적으로 구축할 수 있게 될 것이다.

데이터는 크게 자연적 측면과 인위적 측면의 두 가지 측면을 볼 수 있다. 첫째는 자연에서 일어나는 모든 현상이 데이터로 해석이 될 수 있을 것이고 인간의 오감적인 측면에서 자연적인 현상을 데이터로 해석하려는 경향이 있다.

예를 들면, 인류의 삶과 밀접한 관계가 있는 기후에 대해 알아보자. 지구는 적도를 기준으로 위도와 경도로 나누어지고 남쪽과 북쪽을 기준으로 위도는 기후를 결정하는 중요한 요소 중 하나이다. 특정 지역의 위치는 위도와 경도로 알 수 있게 되며 인위적으로 정해 놓은 지역적 구분에 따라 기후가 달리 나타나는 특징을 가지고 있다. 인류의 발생적인 측면에서 볼 때 인류는 기후와 깊은 관계가 있었으며 수렵 또는 농업의 시대를 거쳐 산업혁명 이후의 지금까지도 기후의 영향은 인류의 삶과 깊은 관계 있다는 것을 알 수 있다. 이러한 기후를 예측하기 위해 시계열적으로 발생한 모든 관련 요소, 즉 온도, 습도, 강우량, 풍향 등의 요소가 데이터라는 형태로 수집하여 저장하고 활용한다. 이렇게 발생한 자연적인 현상을 데이터로 바꾸어 재해석하는 과정은 슈퍼 컴퓨터와 인공지능 기술을 통해서 날씨를 예측하여 일기예보에 활용하기도 하고 농작물을 효과적으로 키울 때도 활용하기도 한다.

인간이 데이터적인 측면에서 활용하지 않고 버리는 것이 대다수였지만 과학 기술이 발전하면서 자연적인 부분의 대다수가 데이터로 가공되어 축적되고 있다. 다시 말하면 비가 오고 눈이 오고 바람이 불고 기온이 낮아지고 하는 일련의 모든 것이 데이터로 재해석되고 있지만 우리가 데이터라고 인식하는 부분이 현상과 가장 가까운 부분인지는 새로운 접근 방법이 모색되어야 할 것이다. 날씨를 예측하기 위해서는 자연적인 현상을 어떻게 데이터화해야 하며 이렇게 해석된 데이터를 이차적인 문제일 것이다. 이렇게 자연적으로 나타나는 현상을 데이터화하는 것을 자연적인 측면의 데이터라고 정의할 수 있으며 우주, 식물, 동물 등 모든 영역을 포함하고 있다고 할 수 있다.

둘째는 인위적인 측면의 데이터라고 할 수 있다. 인위적이라는 의미는 인간의 개입에 의해 만들어지는 모든 데이터를 의미한다. 인간의 개입이라는 것은 인간의 능력에 의해서 만들어지는 모든 것을 의미한다. 인간의 능력의 범주 안에 들어가는 것이 오감 내지는 인위적인 기술을 포함하는 광범위한 부분을 포함하고 있는 것이다.

예를 들어, 사물인터넷 기술을 통한 센서에서 발생하는 모든 기계적 데이터, 소셜 네트워크에 댓글로 달려 있는 단문 위주의 텍스트를 보고 긍정과 부정의 데이터를 추출하는 것 등 모두 인위적인 측면의 데이터라고 할 수 있다. 기계가 감지해서 만들어 내는 기계 데이터나 인간의 언어로 인해 만들어지는 댓글을 1차적 데이터라고 한다면 1차적 데이터를 가공하여 의미를 추출하는 2차적 데이터가 존재하고 1차적 데이터와 2차적 데이터를 융합하여 새로운 3차적 데이터를 만들어 내고 있는데, 이 모든 것을 인위적 측면의 데이터라고 할 수 있다. 소위 1차적 데이터는 원천 데이터를 의미한다. 원천 데이터는 가공되지 않는 데이터 그 자체를 의미한다. 2차적인 데이터는 컴퓨터가 이해할 수 있게 전처리된 데이터셋을 의미한다. 이러한 데이터는 지금 이 시간에도 수많은 데이터가 생성되고 축적되고 활용되고 있다. 본서를 통해 데이터 처리에 대한 기술에 대해서 알아보았다.

이러한 데이터 기반 기술은 하루가 빠르게 변화하고 발전하고 있고 인공지능으로 꽃을 피우고 있다. 앞으로 인간이 상상할 수 없을 정도로 무수히 많은 양이 쌓여질 것이고 이러한 데이터를 어떻게 활용하느냐가 국가, 기업, 개인의 성패를 좌우할 기로에 놓여 있다. 따라서 데이터 기반 기술을 발전시켜 나가는 데 본서가 작은 밀알 같은 존재가 되었으면 하는 바람이다.

저자 소개

문영상

숭실대학교 정보과학대학원에서 빅데이터 및 인공지능을 강의하고 있으며 대규모 빅데이터 및 인공지능 프로젝트를 구축, 설계, 자문하고 있다. 인공지능 기반의 객체인식 및 알고리즘, 거대 언어모델 등을 연구하고 있으며 국내 기업 및 공공기관의 빅데이터 및 인공지능 부문 기술 자문역을 담당하고 있다. 대한민국 신지식인으로 선정되었으며 정보공유를 통한 국가 경쟁력 강화로 행정안전부장관 표창을 받았다.

현재 국가기술표준원 ISO 전문위원으로 있으며 저서로는 교육부의 국가직무능력표준(NCS) 빅데이터 부문을 설계 및 집필하였고 단행본으로는 『인사이트 플랫폼』(와이즈베리), 『알고리즘이 지혜가 되는 순간』(박영사), 『빅데이터 실무기술가이드』(한국데이터산업진흥원) 등이 있다.

홍성문

은행, 증권, 보험 등 다양한 금융기업에서 IT 시스템을 운영, 개발했으며 핀테크 기업의 대표를 역임하였다. 인터넷뱅킹, 홈트레이딩 시스템, 모바일 결제 시스템 등 최신의 IT 트렌드를 금융업무에 적용하여 금융혁신을 주도하였으며 애플리케이션 아키텍처로 금융업무 이외에 다양한 분야에서의 프로젝트를 수행하였다.

최근에는 인공지능 및 빅데이터를 활용한 금융업무와 투자 시뮬레이션 적용에 많은 관심을 갖고 있다. 한국은행 주최 전자금융 공모전에서 수상하였으며 『금융개발 보안 과정』(한국인터넷진흥원)의 교재를 집필하였고, 강의를 진행하였다. 고려대학교 물리학과를 졸업하고 동국대학교에서 공학박사 학위를 취득하였다. 주요 논문으로 개인투자자의 가상자산 투자 저해요인이 있다.

윤형만

지난 20여 년간 IT 분야에서 다양한 프로젝트를 진행하면서 IT 관련 다양한 실무와 경험을 하였다. 소리바다, KT, SK에서 대규모 IT 프로젝트를 기획 및 총괄하였으며 주요 업무로는 국내외 음원 서비스(Spotify, Amazon, Google, iTunes) 연계를 중심으로 한 빅데이터, 인공지능 알고리즘, 블록체인 기술 기반의 프로젝트를 리딩하였다. 주요 연구 분야는 빅데이터와 인공지능 및 XAI(eXplainable AI) 분야이다.

현재는 대학과 아카데미에서 강의하며 생성형 인공지능과 빅데이터를 융합하는 실무적인 일을 하고 있다.

감수

박준호 (주)엑스소프트 전무이사 / 빅데이터 실무기술 연구포럼 회장

컴퓨터 공학을 전공하고 미국 Wang Laboratories 한국지사 및 Eastman Kodak에서 시스템 엔지니어를 담당하였다. 현재 빅데이터와 인공지능 분야의 자연어 기반 플랫폼을 연구하고 있다. 비정형 데이터를 중심으로 한 문서 기반의 자동화 도구와 거대 언어모델의 생성형 인공지능 기술을 접목하는 다양한 시도를 하고 있다. 이 책의 감수를 통해 빅데이터와 인공지능 영역의 실무와 기술을 융합하는 데 노력하였다.

빅데이터 시스템론

초판발행 2024년 8월 30일

지은이 문영상 · 홍성문 · 윤형만
펴낸이 안종만 · 안상준

편 집 이혜미
기획/마케팅 김민규
표지디자인 BEN STORY
제 작 고철민 · 김원표

펴낸곳 (주) 박영사
서울특별시 금천구 가산디지털2로 53, 210호(가산동, 한라시그마밸리)
등록 1959.3.11. 제300-1959-1호(倫)
전 화 02)733-6771
f a x 02)736-4818
e-mail pys@pybook.co.kr
homepage www.pybook.co.kr
ISBN 979-11-303-2031-1 93500

정 가 22,000원